CAD/CAM/CAE 工程应用丛书

结构动力学分析方法
与 ANSYS Workbench 计算应用

付稣昇　编著

机械工业出版社

本书基于 ANSYS Workbench 软件平台，详细介绍了结构动力学仿真分析计算方法和技术应用。首先讲解了 ANSYS Workbench 工程数据、网格划分、Mechanical 通用设置的使用方法，然后对基本模态分析、循环对称模态分析、线性扰动分析、谐响应分析、子结构 CMS 法分析、响应谱分析、随机振动分析、刚体动力学分析、瞬态动力学分析、显式动力学分析、转子动力学分析、拓扑优化与设计、疲劳分析等各种分析类型一一进行说明。

　　对每种结构动力学分析类型的讲解中，首先介绍其基本理论，其次对 ANSYS Workbench 相关分析模块的仿真建模方法、分析设置流程中的具体选项进行详细说明，最后给出相应的结构动力学工程案例进行操作流程演示和结论评价。

　　本书适合从事结构设计、分析、优化的工程技术人员，以及 CAE 仿真分析爱好者阅读，同时适合机械、材料、汽车、航空航天等专业的高年级本科生、研究生、博士生学习。

图书在版编目（CIP）数据

结构动力学分析方法与 ANSYS Workbench 计算应用/付稣昇编著 . —北京：机械工业出版社，2024.7

（CAD/CAM/CAE 工程应用丛书）

ISBN 978-7-111-75929-4

Ⅰ.①结⋯　Ⅱ.①付⋯　Ⅲ.①有限元分析–应用软件　Ⅳ.①O241.82-39

中国国家版本馆 CIP 数据核字（2024）第 107887 号

机械工业出版社（北京市百万庄大街 22 号　邮政编码 100037）
策划编辑：赵小花　　　　　　　责任编辑：赵小花
责任校对：郑　婕　梁　静　　　责任印制：张　博
北京建宏印刷有限公司印刷
2024 年 7 月第 1 版第 1 次印刷
184mm×260mm · 21.5 印张 · 589 千字
标准书号：ISBN 978-7-111-75929-4
定价：119.00 元

电话服务　　　　　　　　　　　网络服务
客服电话：010-88361066　　　机　工　官　网：www.cmpbook.com
　　　　　010-88379833　　　机　工　官　博：weibo.com/cmp1952
　　　　　010-68326294　　　金　　书　　网：www.golden-book.com
封底无防伪标均为盗版　　　机工教育服务网：www.cmpedu.com

前　言

➤ 本书内容

本书共20章，第1~4章进行ANSYS Workbench软件平台仿真建模技术、流程搭建、前后处理等的简要介绍，第5~17章进行各动力学分析模块的技术原理、仿真项目搭建方法介绍；第18~20章进行动力学分析延伸技术介绍，包括动力学拓扑优化技术、动力学疲劳分析技术等。具体如下。

第1章结构动力学分析与ANSYS Workbench平台：对结构动力学分析目的、类型等进行简要阐述，对ANSYS Workbench平台结构动力学计算模块技术应用进行概述。

第2章工程数据：概述仿真计算工程材料属性定义基本方法和流程等。

第3章网格划分：基于ANSYS Meshing网格划分模块进行网格划分方法说明，介绍全局网格控制技术、局部网格控制技术、虚拟拓扑技术、预览和刻录创建等网格设计方法。

第4章Mechanical通用设置：对ANSYS Mechanical交互界面、菜单、工具条、导航树、明细栏等进行说明，同时对坐标系、命名选择、目标生成器、远程点这些关键建模技术进行介绍。

第5章模态分析基础：对模态分析基本原理、术语、阻尼模态、分析设置、模态评价等进行介绍，并给出分析案例。

第6章循环对称模态分析：对循环对称模态分析计算方法、基本理论进行介绍，如基本扇区建模、扇区复制方法、模态求解策略等，并给出分析案例。

第7章线性扰动模态分析：对线性扰动模态分析技术特点进行介绍，包括增加预应力效应、接触状态控制、扰动模态后处理等，并给出分析案例。

第8章谐响应分析：介绍了谐响应分析的基本原理，完全法和模态叠加法等求解方法，并给出分析案例。

第9章线性扰动谐响应分析：对线性扰动谐响应分析技术进行介绍，包括预应力效应、接触状态控制、计算结果集重启选择等，并给出分析案例。

第10章子结构CMS法分析：针对子结构CMS法在结构动力学计算中的应用进行介绍，涵盖CMS设计流程、零件压缩、子结构法求解扩展等内容，并给出分析案例。

第11章响应谱分析：介绍响应谱定义、响应谱分析基本设计流程、单点/多点响应谱分析、响应谱分析设置等内容，并给出分析案例。

第12章随机振动分析：介绍随机振动分析输入/输出功率谱密度、基本建模方法，并给出分析案例。

第13章刚体动力学分析：对刚体动力学分析中的运动副、弹簧、约束方程等进行介绍，对刚体网格定义、分析设置、载荷与约束、运动载荷求解等进行描述，并给出分析案例。

第14章瞬态动力学分析基础：介绍瞬态动力学分析基本原理、时间步长控制原理、求解与非线性控制、重启动控制、分析设置等，并给出分析案例。

第15章瞬态动力学非线性问题：介绍瞬态分析中涉及材料非线性、几何非线性、接触非线性的计算本构、接触设置等内容，并给出分析案例。

第16章显式动力学分析：进行显示动力学分析基本原理、装配体连接关系定义、初始条件定义、求解分析设置等的介绍，并给出分析案例。

第17章转子动力学分析：对转子动力学分析计算原理、分析类型、基本概念等进行介绍，并给出分析案例。

第 18 章拓扑优化与设计：介绍拓扑优化分析步骤、拓扑优化分析方法、拓扑几何重构与验证流程等内容，并给出分析案例。

第 19 章不定振幅疲劳分析：介绍疲劳分析基本原理、应力疲劳和应变疲劳分析基础、基于 Fatigue tool 的不定振幅疲劳计算方法等内容，并给出分析案例。

第 20 章频域基振动疲劳分析：系统介绍谐响应疲劳分析、随机振动疲劳分析方法与设置等内容，并给出分析案例。

本书对于支撑结构动力学模拟计算的重点理论和软件选项等不惜笔墨、详尽介绍，精心选取大量工程案例，在案例中提供详细的操作步骤，使读者通过对本书的学习能够使用 ANSYS Workbench 等软件解决具有一定复杂程度的结构动力学分析工程问题。

➤ 适读对象

本书面向 ANSYS Workbench 结构动力学模拟计算分析的中高级用户，读者需要具备 ANSYS Workbench 平台基础认知与操作能力。本书适合从事结构设计、分析、优化的工程技术人员，以及 CAE 仿真分析爱好者阅读，同时适合机械、材料、汽车、航空航天等专业的高年级本科生、研究生、博士生学习。

➤ 特别说明

本书虽以 ANSYS 平台为载体，但 Abaqus 等其他平台的计算原理和仿真思维与之类似，笔者更为希望读者通过本书掌握结构动力学分析工程应用思维、仿真计算工具驾驭思维，以迎接国家数字化大发展之后，国产分析计算技术迎头赶上的火热态势。

本书计算案例多取自实际工程模型，但工况有所简化，与工程实际评价条件差距甚大。实际工程项目计算应用与评价更要结合行业设计规范，完整考虑产品结构所处的设计环境，严谨认真、保障安全，不建议直接套用本书内容。

部分案例仅针对所在章描述内容进行设置解读，设置方法也很容易在其他章找到。

此外，本书并未指定软件版本，日新月异的菜单项会与本书中有一定偏差，但不妨碍读者学习；案例文件则考虑兼容性而采用了较低的 2021R1 版本进行求解。

➤ 致谢

感谢导师解本铭教授将我引入缤纷奇妙的数值仿真世界，以及给予我的谆谆教诲。

感谢沈阳工作期间赵北先生、李唐先生对我工作和生活上的关心和帮助，感谢北京工作期间包刚强先生、寇晓东博士、王铭女士对我工作上的帮助。

感谢仿真秀平台与出版社编辑在本书出版中给予的帮助。

感谢学习之路上曾给予技术支持的罗贤才、李利军、杨靖、郑鑫、王东、韩斌斌、王向丽、燕飞、左平、吴优、周矩、汪言等人和许多已叫不出名字的朋友们。

感谢参考文献作者和软件技术帮助文档的编写者分享技术内容。

最后，特别感谢妻子在我编写本书时的鼓励和支持，感恩一双儿女为我带来的快乐和幸福。

由于时间仓促、水平有限，虽校稿多次、力求无误，但纰漏之处在所难免，恳请读者指正书中有误的仿真计算理论与操作设置，共同推动 CAE 领域向前发展。

写作之路倍感艰辛，但若本书能使读者在结构动力学仿真计算运用上有所收获，并能将其应用于国家建设和企业产品研发中，笔者将感到莫大荣耀。

付稣昇

2023 年 8 月 18 于沈阳

目　录

第 1 章

结构动力学分析与ANSYS Workbench平台

1.1 结构动力学分析

1.1.1 结构动力学分析目的

设备结构真实服役环境与受载过程严格意义上大多处于动载荷下，满足静力学分析要求不一定能满足动力学分析要求，例如当车辆排气管固有频率与发动机固有频率相同时，尾气就可能被震散，因此动力学分析是很有必要的。动载荷与静力学常以时间变化速度进行区分，是相对结构自身动力学特性而言的：设备结构所受激励载荷频率远高于固有频率，则认为加载缓慢，可看作静载研究；如果加载频率与固有频率接近，则认为加载速度快，需要考虑动载荷作用和动力学计算特性研究。

结构动力学分析通用技术能帮助识别结构动载设计中的重要参数，改进结构设计以避免共振或使部件以特定频率进行振动，能考虑结构部件阻尼特性、结构系统惯性、机器旋转速度引起陀螺效应特性等，还能获得结构系统固有频率、认识结构不同动力载荷激励下的响应特性、结构承载力学性能状态、频率与幅值响应规律等。

此外，转子动力学分析技术可以进行高速旋转结构的临界转速判定和不平衡响应、频率随转速变化规律等的研究；多体动力学分析技术能够研究设备运动机构的运动特性、瞬态惯性、阻尼特性和考虑制造过程中的材料非线性等问题；显式动力学分析能够进行冲击、碰撞、爆炸等一系列计算分析；结构振动导致动力学激励与响应造成较高交变应力，则是工程疲劳断裂故障问题根源，要改进和避免设备振动疲劳开裂，就要对结构动力学设计环境下的应力或应力幅问题进行研究和计算。

1.1.2 结构动力学分析类型

结构动力学分析类型、分析方法和技术应用特点一般涉及如下内容。

1. 模态分析

模态分析可以确定结构固有频率、参与因子等动力学指标，指导结构设计远离固有频率以避免共振或者利用共振频率。例如，汽车尾气管装配或车辆发动机支架等结构设计中，当尾气管固有频率接近发动机固有频率时会发生震散问题，需要进行模态分析确定固有频率，修改设计以远离激励频率。

2. 谐响应分析

谐响应分析通过计算频率和响应关系来获得峰值响应，可据此改进结构、规避共振频率、克服共振最大响应，或指出共振频率响应下结构承载设计裕度是否满足要求。谐响应分析也是振动疲劳分析的计算基础，可用于定频、扫频等疲劳问题计算。

谐响应分析技术的应用有旋转振动筛设备支座、涡旋运动冲击海洋平台、车辆振动台架等，这些经受简谐载荷作用的结构需要确定激励频率与固有频率是否远离，或确定激励与最大响应的承载能力是否满足要求，也需要研究频域振动疲劳破坏问题。

3. 响应谱分析

响应谱分析是在计算结构模态后将其与一个已知地区的地震谱叠加起来，来获得结构在谱过程中的最大位移、应力等评估项的分析计算技术，例如电力塔、停车楼等建筑设计需要考虑结构承受地震、冲击波等地震谱载荷，这是结构抗震计算问题。

4. 随机振动分析

随机振动分析基于统计学分析方法，对功率谱密度、模态叠加技术进行组合，研究功率谱密度（PSD）输入与功率谱密度响应（RPSD）输出的关系，通常得到 1~3 个标准偏差下的位移变形、应力等评估项，能基于随机振动计算进一步进行结构抗随机振动疲劳问题研究和结果评价。

例如火箭发射过程、道路运输车辆路谱问题等都具有一定的载荷随机性，如何进行这种随机载荷作用下的结构响应评价、随机振动疲劳计算，是随机振动分析解决问题的范畴。

5. 多体动力学分析

机械传动结构运行载荷变化引起的机构运动特性、力学过程特性等问题，可以采用多体动力学技术考虑阻尼、惯性等动力特性因素，进行机构设计影响研究。其中，刚体运动学分析可以获得速度、加速度、运动反力等特性响应，而刚柔耦合多体动力学分析能考虑柔性零件应力、应变等运行过程的强度评价。

6. 瞬态动力学分析

建筑结构风载历程需要考虑时变载荷，包括惯性和阻尼的动力学计算，非金属材料松弛回弹等问题需要考虑材料非线性的问题，这些可以使用瞬态动力学分析。

瞬态动力学分析考虑时间历程载荷作用过程中的结构动力学响应，能够考虑惯性和阻尼特性，能够进行材料非线性、几何大变形、接触非线性等特性计算。瞬态动力学分析需要考虑计算时域积分方法、非线性求解收敛等问题。

7. 显式动力学分析

汽车碰撞、建筑物锤击拆卸、手机跌落、钣金冲压等极短时冲击问题属于显式动力学分析范畴。显式动力学能用来求解高速冲击、碰撞、挤压、失效等结构和耦合场问题。

采用显式求解方法能避免隐式求解不收敛问题，并支持更多复杂材料计算本构。

8. 转子动力学分析

转子动力学分析通过研究模态特性确定临界转速，计算不平衡质量响应确定结构力学性能，来进行产品设备的校验。

涡轮机械、航空航天应用装置等旋转机械都需要进行转子动力学分析，帮助发现机械故障、研究柔性轴承支架转子不稳定问题等。

9. 其他动力学问题

除上述动力学分析内容外，结构动力学分析计算还涉及考虑预应力扰动计算特性、多点激励振动、循环对称结构模态、子结构计算、频域基和时域基疲劳计算问题等。

1.2 ANSYS Workbench 平台

ANSYS Workbench 平台作为连接 ANSYS 旗下各类求解器功能的顶级接口，采用项目管理工具进行工程项目流程管理，将仿真分析流程紧密结合，通过工具箱窗口组件模块简单拖拽进行分析项目的搭建。

ANSYS Workbench 平台具有强大的结构、流体、热、电场、磁场、声学以及耦合场分析能力，具有与主流 CAD 软件如 CREO、CATIA、NX、SOLIDWORKS 等的双向连通性，继承并整合了 ICEM CFD、TGrid、Gambit 等网格划分功能，文件存储管理性更强。

ANSYS Workbench 平台界面如图 1.2-1 所示。

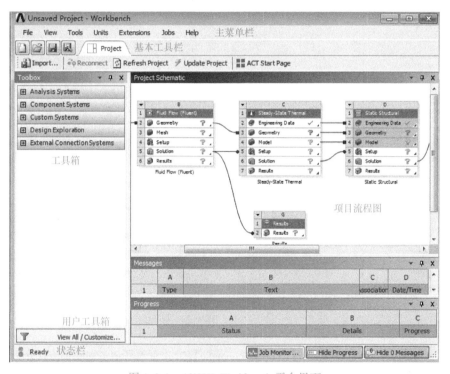

图 1.2-1　ANSYS Workbench 平台界面

1.2.1 工具箱

工具箱【Toolbox】包括工程项目分析必要的分析系统、组件系统、自定义系统、设计探索以及外部连接系统等，如图 1.2.1-1~图 1.2.1-4 所示。

- 【Analysis Systems】：分析系统，包含对物理对象模拟求解的各类分析模块。
- 【Component Systems】：组件系统，包含用于各领域分析的建模工具或独立分析功能项。
- 【Custom Systems】：自定义系统，默认为多物理场耦合系统，并支持定制分析系统。
- 【Design Exploration】：设计探索，提供参数化管理和优化设计探索系统。
- 【External Connection Systems】：外部连接系统，提供外部数据连接接口。

图 1.2.1-1　分析系统

图 1.2.1-2　组件系统

图 1.2.1-3　自定义系统

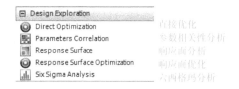

图 1.2.1-4　设计探索

1.2.2　项目流程图

ANSYS Workbench 以项目流程图【Project Schematic】方式管理复杂多物理场仿真分析，图 1.2.2-1 所示为 ANSYS Workbench 流-热-固耦合分析项目流程图示例。

（1）在组件系统中单击选中【Geometry】，将其拖入项目流程图。

（2）在分析系统单击选中【Fluid Flow（Fluent）】，将其拖到组件【Geometry】的 A2 单元格，即【Geometry】单元格（以下说明均采用编号），放开鼠标完成流体分析系统创建，此时继承组件【Geometry】几何模型。

（3）在分析系统单击选中【Steady-State Thermal】，将其拖到分析【Fluid Flow（Fluent）】的 B2、B5 单元格，放开鼠标，完成稳态热分析创建，继承分析【Fluid Flow（Fluent）】几何模型、求解结果。

（4）在分析系统单击选中【Static Structural】，拖到分析【Steady-State Thermal】的 C2 ~ C4、C6 单元格上放开鼠标，完成静力结构分析创建，共享分析【Steady-State Thermal】工程材料、几何模型、模型处理、求解结果。

（5）在组件系统中单击选中【Mechanical APDL】，将其拖到分析【Static Structural】的 D6 单元格，继承静力学求解结果。可以再次分别拖动【Static Structural】的 D3、D4 单元格，使【Mechanical APDL】读取几何、网格等。

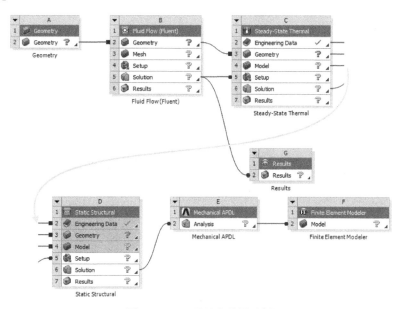

图 1.2.2-1 项目流程图示例

（6）在组件系统中单击选中【Results】，将其拖到分析【Fluid Flow（Fluent）】的 B5 单元格，采用 CFD-Post 查看流体结果。

（7）在组件系统中单击选中【Finite Element Modeler】，将其拖到建立的组件【Mechanical APDL】的 E2 单元格，获得单元信息。

（8）【Static Structural】分析系统共享【Steady-State Thermal】分析系统 2～4 单元格数据，但不能直接编辑，需通过原始数据单元格进行修改。

（9）方点连线表示关联共享数据，圆点连线表示求解结果从前一个分析系统传递给后一个分析系统，可编辑、删除。

（10）项目流程图可以通过右键快捷菜单对单元格进行编辑、复制、传递、更新、清理、重置等多种操作，如图 1.2.2-2 所示。

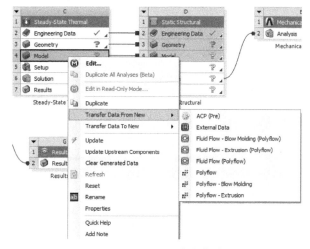

图 1.2.2-2 右键快捷菜单

1.2.3 主菜单栏

ANSYS Workbench 平台主菜单栏【Main Menu Bar】主要由【File】文件操作、【View】窗口显示、【Tools】工具使用、【Units】单位制、【Extensions】扩展、【Jobs】作业、【Help】帮助信息等构成，部分菜单项如图 1.2.3-1~图 1.2.3-5 所示。

此外，ANSYS Workbench 平台信息显示窗口包括【Status】状态栏、【Progress】进程窗、【Messages】信息窗、【Job Monitor】作业监控等。

- 【Status】：状态栏，用于显示当前系统处于阶段信息，例如存储、繁忙等。
- 【Progress】：进程窗，用于显示当前进程状态，以及人为进行暂停或终止等干涉。
- 【Messages】：信息窗，显示提示、警告、错误以及其他求解或者操作的信息内容。
- 【Job Monitor】：作业监控，用于提交远程求解控制的作业监控内容。

图 1.2.3-1　文件操作

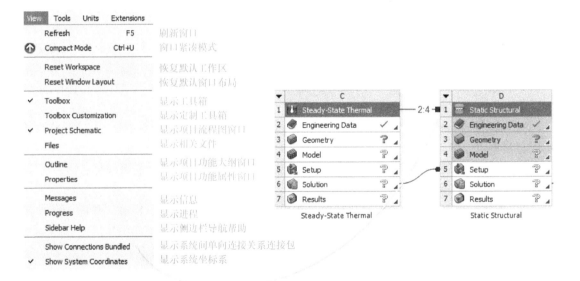

图 1.2.3-2　窗口显示

图 1.2.3-3　工具使用

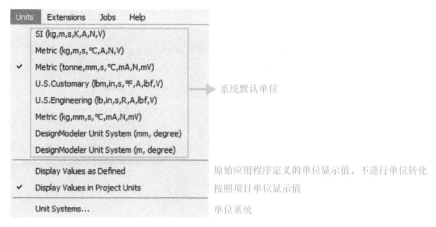

图 1.2.3-4　单位制

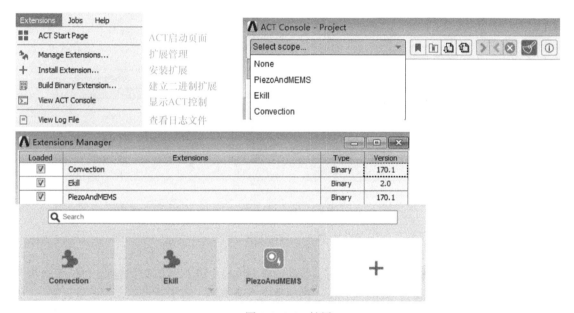

图 1.2.3-5　扩展

1.2.4　文件管理

ANSYS Workbench 创建项目文件、子目录管理相关工程分析文件，项目存储后得到 ＊.wbpj 项目文件，命名与项目名称相同。项目文件保存全部求解信息。

项目文件名称 "ANSYS.wbpj"，匹配文件夹 "ANSYS.files"，如图 1.2.4-1 所示，文件夹子目录内容因项目应用程序类型不同而有差异。

主菜单【File】中的【Archive】和【Restore Archive】工具对文件进行归档压缩与解压。

- 【Archive】：生成格式为 ＊.wbpz 且包含所有相关文件集合的压缩文件。
- 【Restore Archive】：对 ＊.wbpz 格式压缩文件进行解压。较高版本对于【Restore Archive】工具逐渐取消，解压文件直接采用打开文件形式完成存储。

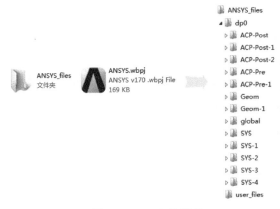

图 1.2.4-1 文件管理

1.3 ANSYS 结构动力学分析模块

ANSYS Workbench 结构动力学分析模块如图 1.3-1 所示，标准结构动力学求解模块计算能力如下：

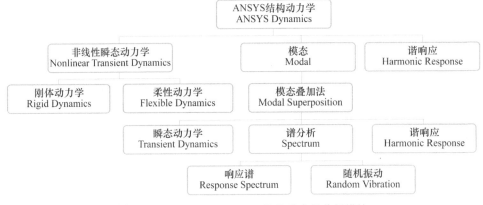

图 1.3-1 ANSYS Workbench 结构动力学分析模块

- 【Modal】：模态分析、循环对称模态、扰动预应力模态、转子动力临界转速、CMS 子结构等。
- 【Harmonic Response】：谐响应分析、扰动预应力谐响应、转子动力不平衡质量计算、CMS 子结构、定频及扫频疲劳等。
- 【Random Vibration】：随机振动分析、随机振动疲劳分析等。
- 【Response Spectrum】：响应谱分析。
- 【Rigid Dynamics】：刚体动力学、Motion 载荷结构强度等。
- 【Transient】：瞬态动力冲击、刚柔多体动力学、动力学材料非线性问题等。
- 【Explicit Dynamics】：冲击、跌落、碰撞、耦合场等显式动力学分析问题等。

1.4 本章小结

本章简述了开展结构动力学分析的意义与动力学计算模块求解计算范畴和问题解决能力；介绍了 ANSYS Workbench 平台的特点、启动方式、工作环境（主菜单、工具箱、项目流程图等）、文件管理等。

第2章

工 程 数 据

2.1 工程数据定义

2.1.1 工程数据窗口

ANSYS Workbench 采用【Engineering Data】系统对工程材料进行属性控制、创建、保存、检索。如图 2.1.1-1 所示，工程数据创建方式包括：①创建独立【Engineering Data】组件系统；②启动分析模块【Engineering Data】单元格。

双击图 2.1.1-1 所示【Engineering Data】单元格，进入工程数据窗口，如图 2.1.1-2 所示，工程数据过滤器和工程数据源按钮是重要控制工具。

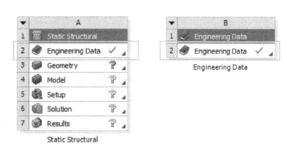

图 2.1.1-1　工程数据创建

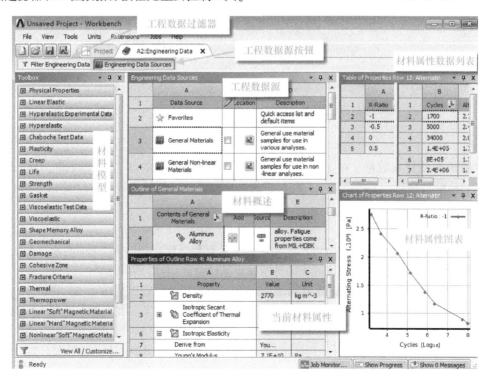

图 2.1.1-2　Engineering Data 窗口

（1）工程数据过滤器：默认开启，控制分析类型支持的材料本构和属性选项显示；关闭状态则显示软件全部分析类型支持的材料本构和属性选项等。

（2）工程数据源按钮：用于自带材料库数据检出，可将材料数据直接赋予或者修改本构后赋予计算几何，图 2.1.1-2 中为通用材料库【General Materials】→铝合金【Aluminum Alloy】的材料检出。

2.1.2 工程数据定义方法

1. 工程数据源材料检出

（1）直接使用默认材料数据。单击【Engineering Data】中的【Engineering Data Sources】按钮进行窗口激活。选择自带材料数据源，例如通用材料数据【General Materials】，找到所需材料类型后选择"+"完成材料添加，直接使用，如图 2.1.2-1 所示。

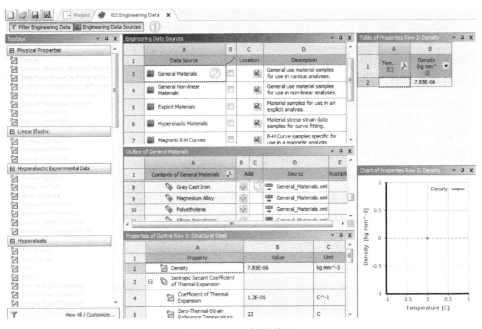

图 2.1.2-1　材料检出

（2）修改默认材料数据。在上文材料选择流程基础上再次单击【Engineering Data Sources】按钮撤销当前窗口激活，选择已添加的材料进行其属性修改，例如密度、弹性模量、泊松比、塑性材料本构、失效准则等。

2. 自定义材料本构

不激活【Engineering Data Sources】按钮，自定义材料本构，如图 2.1.2-2 所示。

（1）在工程数据中直接输入自定义材料名称。

（2）材料本构属性项通过双击工具箱中的材料本构系列对应内容获得，例如瞬态动力非线性分析所用材料可添加密度、各向同性弹性本构、金属塑性随动强化本构、真实应力-应变数据等。

3. 属性数据导入

（1）在材料属性数据列表中右击空行，选择【Import Delimited Data】，如图 2.1.2-3 所示。

（2）打开带分隔符的数据导入对话框【Delimited Data Import】，选择文件后可自动检测文件内容，查找可识别分隔符和数据，自动更改文件格式设置以匹配文件格式。

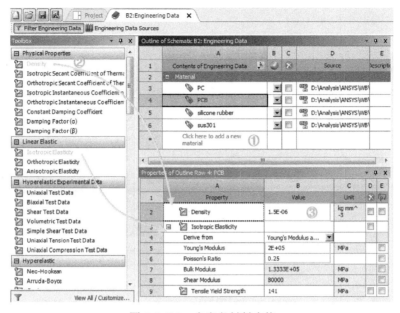

图 2.1.2-2　自定义材料本构

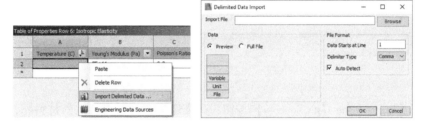

图 2.1.2-3　Import Delimited Data

（3）单击【Browse】按钮选择要导入的材料数据文件，文件示例如图 2.1.2-4 所示。

（4）在【Data Starts at Line】栏输入行数排除前面不需要识别的行。选择分隔符类型逗号（默认）、分号、空间、选项卡等进行数据分隔，如图 2.1.2-5 所示。

（5）可更改"Unit"字段以设置属性单位。

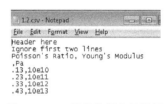

图 2.1.2-4　材料数据文件示例

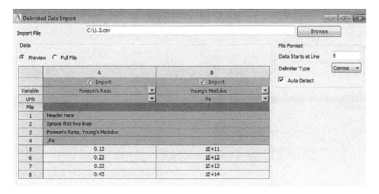

图 2.1.2-5　数据导入设置

2.1.3 自定义材料数据入库

自定义材料数据入库备用一般过程如下。

（1）在工程数据中点选将入库的自定义材料名称，如图 2.1.3-1 所示为 PCB 材料，在【File】菜单中选择【Export Engineering Data】后选择文件位置进行文件存储，文件格式为 *.xml。

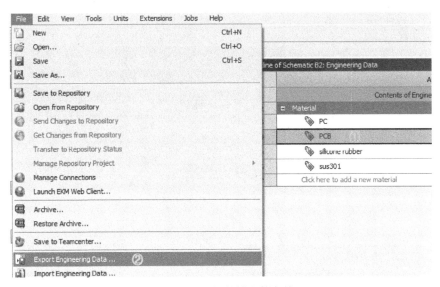

图 2.1.3-1　新材料文件存储

（2）激活【Engineering Data Sources】按钮，高亮选择新材料将录入的材料库，如图 2.1.3-2 所示为通用材料数据源【General Materials】，选择【File】→【Import Engineering Data】，选择上一步生成的新材料 *.xml 格式文件。

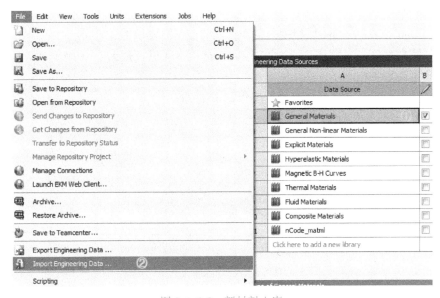

图 2.1.3-2　新材料入库

2.1.4　零件几何材料指定

Mechanical 模块通过【Geometry】→【Material】→【Assignment】进行材料指定，如图 2.1.4-1 所示。通过右键快捷菜单定义新材料数据、编辑现有材料数据，例如编辑 PCB 或替换当前材料为 PC。

图 2.1.4-1　零件几何材料指定

2.2　本章小结

本章简要概述了【Engineering Data】系统的窗口、工程数据定义、零件几何材料指定。

第 3 章

网 格 划 分

3.1 网格划分与结果评价

ANSYS Meshing 具有强大的网格划分处理能力，能对不同物理场进行网格划分。ANSYS Meshing通过独立组件系统模块【Mesh】、【Mechanical Model】启动网格划分，也能通过分析模块【Model】单元格进入【Mesh】项进行网格划分，如图 3.1-1 所示。

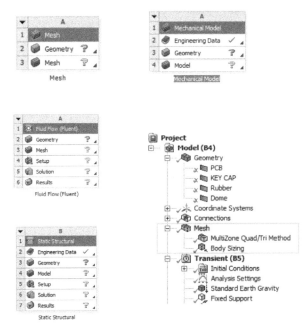

图 3.1-1 ANSYS Meshing

高质量网格能捕捉重要几何细节来获得合理计算数值解，而低质量网格会导致收敛困难，同时引起错误物理描述及错误计算结果，因此结构动力学仿真计算中需要掌握网格划分技术的模型特点、求解器设置、网格适用性、计算网格无关性判定等内容。

1. 应力奇异

应力奇异点一般出现在直边连接、点约束、点载荷等位置，结构应力奇异问题常影响计算收敛、导致错误计算结果。

解决应力奇异问题可通过建立更实际的建模几何特征、采用结构子模型切割边界法局部细化、建立更合理的载荷与约束等方式进行解决。如果奇异点不在所关心的区域，计算结果评价可以仅选择零件或表面数值解关注点，忽略奇异位置奇异值。此外，非奇异位置可通过增加网格数量来满足收敛判据获得收敛结果，而奇异区域不可以。

2. 网格无关性

网格无关性判断是检查网格数量与计算结果合理性的一种评价方法。以静力学求解为例，相同模型进行逐级网格加密，当相邻两次应力变化范围差异小于5%时，一般认为计算结果与网格数量无关，因此对于结构类计算结果收敛性应该考虑进行网格无关性验证。

3. 应力平均与非平均

网格质量检查的另一种方法是比对热点区域，计算应力平均等效应力值与非平均等效应力值。当结构没有奇异点时，正常几何特征下的平均等效应力值与非平均等效应力值的差异应该不得超过5%，如图3.1-2所示。

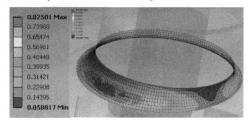

平均　　　　　　　　　　　　　　　　　非平均

图 3.1-2　平均/非平均等效应力值

4. 不同结果显式评价

默认情况应力显示为平均值，例如单元由4节点组成，则显示4节点值的平均值。其他较为不常用的结果显示评价如图3.1-3所示。

（1）【Nodal Difference】：节点差＝节点最大值–节点最小值。

（2）【Nodal Fraction】：节点分数＝节点差/节点平均值。

（3）【Elemental Difference】：单元差＝单元最大–单元最小。

（4）【Elemental Fraction】：单元分数＝单元差/单元平均值。

（5）【Elemental Mean】：单元平均值。

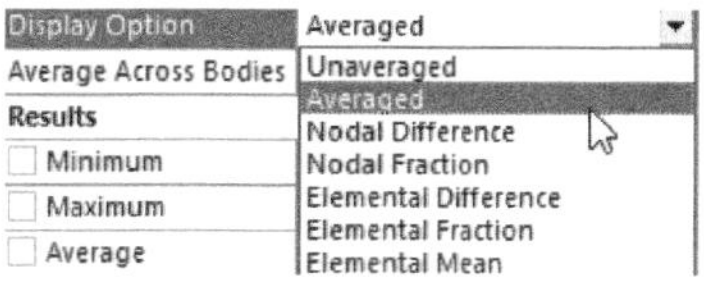

图 3.1-3　结果显示评价

5. 网格划分控制策略

计算结果合理的一个基本前提是获得一定网格质量，网格质量受划分方法、单元选择、几何缺陷控制处理手段等控制。ANSYS Meshing 网格划分控制一般包括如下基本内容。

（1）全局网格控制。

（2）局部网格划分。

（3）虚拟拓扑。

（4）预览或生成网格。

（5）网格划分问题排查。

（6）检查网格质量。

3.2　全局网格控制

全局网格控制即整体网格划分策略制定，包括尺寸函数、膨胀层、平滑、特征清除、参数输入、装配体网格输入等。

全局网格控制根据最小几何实体自动计算全局单元大小，基于偏好选择物理特性，为所需网格细化级别进行全局调整，设置曲率和曲面相邻度，设置单元质量控制和观察内容，定义高级网格选项和统计等。全局网格控制参数一般如图 3.2-1 所示。

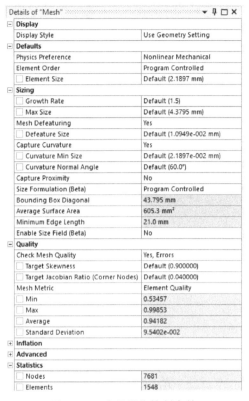

图 3.2-1　全局网格控制参数

3.2.1　总体默认设置

Defaults 栏内容设置如图 3.2.1-1 所示。

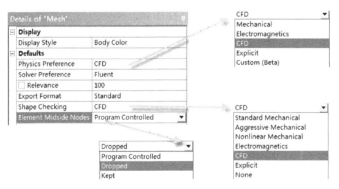

图 3.2.1-1　Defaults 栏内容设置

（1）【Physics Preference】：进行结构、流场、电磁、显式分析等计算物理场特性定义。

（2）【Solver Preference】：物理场相关分析系统基于物理参照自动调整，以适应"物理偏好"和"求解偏好"。

（3）【Relevance】：网格密度在−100~+100 由粗到细进行变化，高版本软件逐渐弱化此项功能。

（4）【Element Midside Nodes】：控制是否采用中间节点单元。

3.2.2 尺寸功能设置

1. 尺寸功能

尺寸功能【Size Function】选项如图 3.2.2-1 所示。

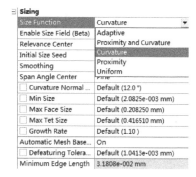

（1）【Adaptive】：适应，设置为 Yes 时，无高级尺寸功能，根据已定义单元尺寸对边划分网格；设置为 No 时，根据曲率和近邻设置细化，对缺陷和收缩控制进行调整，通过面和体网格划分器进行面和体网格划分。

（2）【Curvature】：曲率，边和面尺寸由曲率法向角度决定，默认为 18°，良好的法向角度有利于获得优质面网格，单元过渡尺寸由增长率控制。

图 3.2.2-1　尺寸功能

（3）【Proximity】：近邻，用来控制相邻区域网格生成，指定狭长缝隙单元数量默认为 3，单元过渡尺寸由增长率控制。

2. 单元尺寸值

（1）【Element Size】：单元尺寸。当【Sizing Function】为【Adaptive】时，能够设置整个模型使用单元尺寸，尺寸将应用到所有边、面和体。

（2）最小与最大尺寸：【Size Function】为【Curvature】【Proximity】【Proximity and Curvature】时，可以设置【Min Size】【Max Face Size】【Max Tet Size】等。最小尺寸依赖边长度，最大尺寸为体积网格内部生长的最大单元尺寸。

3. 增长率

增长率（Growth Rate）定义面或者体的邻接单元尺寸比，数值越小单元数量越多。

4. 过渡

过渡（Transition）用于控制邻近单元增长比，仅支持【Adaptive】。【Slow】产生光滑网格过渡，是 CFD、Explicit 分析的默认值；Fast 会产生突变网格过渡，是 Mechanical、Electromagnetic 分析的默认值。

5. 平滑

平滑（Smoothing）网格通过移动周围节点和单元节点位置改进网格质量。如图 3.2.2-2 所示，平滑迭代一共具有三级：高级、中级、初级。其中，高级多用于显式动力学分析，中级多用于结构、电磁、流体分析，是相应分析的默认选项。

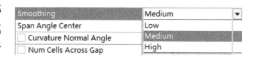

图 3.2.2-2　平滑

6. 跨度中心角

跨度中心角（Span Angle Center）设定基于边的细化曲度，目标网格在弯曲区域细分，直到单独单元跨越这个角：①粗糙（Coarse）为 60°~91°；②中等（Medium）为 24°~75°；③细化（Fine）为 12°~36°。

7. 默认无特征

网格默认值（Mesh Defeaturing）设置为【Yes】时，【Defeaturing Size】栏输入尺寸值能够对小特征尺寸忽略网格划分。给定数值尺寸范围内的几何小特征，例如狭长缝隙或边缘小尺寸等不进行网格划分，以此提高整体网格质量。

3.2.3 膨胀层

膨胀层技术主要用来生成流体边界薄壁单元，用于解决 CFD 黏性边界层、电磁分析薄层气隙、结构高应力集中问题等，选项如图 3.2.3-1 所示。

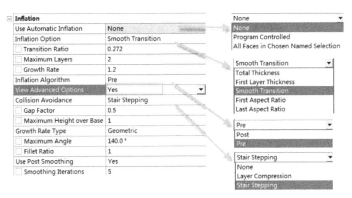

图 3.2.3-1　膨胀层设置选项

1. 使用自动膨胀层

使用自动膨胀层（Use Automatic Inflation）的选项说明如下。

（1）【None】：程序默认不进行膨胀层设置，采用局部网格控制菜单建立所需膨胀层。

（2）【Program Controlled】：程序自动选择进行膨胀层设置，但对命名选择面、手动设置膨胀层的面、接触面、对称面、不支持 3D 膨胀层网格划分方法（扫掠与六面体为主）的零件所在面不进行膨胀层设置。

（3）【All Faces in Chosen Named Selection】：对命名选择面进行膨胀层生成。

2. 膨胀层选项

膨胀层选项（Inflation Option）如下。

（1）【Smooth Transition】：在邻近层之间保持平滑的体积增长率，总厚度依赖于表面网格尺寸的变化。

（2）【Total Thickness】：保持整个膨胀层总体高度恒定。

（3）【First Layer Thickness】：保持第一层高度恒定。

（4）【First Aspect Ratio】：根据基础膨胀层拉伸纵横比控制膨胀层高度。

（5）【Last Aspect Ratio】：通过第一层高度值、最大层数以及纵横比创建膨胀层。

3. 膨胀层算法

膨胀层算法（Inflation Algorithm）选项如下。

（1）【Post】：只对【Patching Conforming】和【Patch Independent】四面体网格划分有效。首先生成四面体，然后生成膨胀层，四面体网格不受上述膨胀层选项修改影响。

（2）【Pre】：先表面网格膨胀，然后生成体网格，主要应用于扫掠和 2D 网格划分。

4. 查看高级选项

查看高级选项【View Advanced Options】用来控制邻近区域并调整该区域膨胀层单元。

（1）【Layer Compression】：对邻近区域膨胀层网格进行压缩，不改变定义层数。如果层压缩不能解决，则需采用【Stair Stepping】。Fluent 分析的默认选项。

（2）【Stair Stepping】：膨胀层在邻近区域阶梯交错，以便给四面体层足够的空间，通过移除尖角膨胀层来保证单元质量和避免冲突。CFX 分析默认选项。

3.2.4 高级选项

1. 使用 Advancing Front 算法

【Triangle Surface Mesher】选项由程序控制（Program Controlled）切换至前沿推进算法（Advancing Front）后，通常能提供更平滑的表面网格，如图 3.2.4-1 所示。

2. 收缩捏合

收缩捏合（Pinch）能去除几何模型小特征，保证获得优质网格质量。

Advanced	
Number of CPUs for Parallel Part Meshing	Program Controlled
Straight Sided Elements	No
Number of Retries	Default (4)
Extra Retries For Assembly	Yes
Rigid Body Behavior	Dimensionally Reduced
Mesh Morphing	Disabled
Triangle Surface Mesher	Program Controlled
Use Asymmetric Mapped Mesh (Beta)	No

图 3.2.4-1 【Triangle Surface Mesher】选项

定义【Pinch Tolerance】范围并设置【Generate Pinch on Refresh】＝Yes，右击【Mesh】利用快捷菜单命令【Create Pinch Controls】进行列表化，完成小特征清理，如图 3.2.4-2 所示。

Advanced	
Number of CPUs for Parallel Part Meshing	Program Controlled
Straight Sided Elements	No
Number of Retries	Default (4)
Extra Retries For Assembly	Yes
Rigid Body Behavior	Dimensionally Reduced
Mesh Morphing	Disabled
Triangle Surface Mesher	Program Controlled
Use Asymmetric Mapped Mesh (Beta)	No
Topology Checking	Yes
Pinch Tolerance	Please Define
Generate Pinch on Refresh	Yes

图 3.2.4-2 收缩捏合

3.2.5 统计

统计（Statistics）用来显示网格单元、节点信息，以及网格规则性质量标准，包括最小值、最大值、平均值、标准偏差等，如图 3.2.5-1 所示。单元质量和高宽比是结构分析中最常用的网格度量。

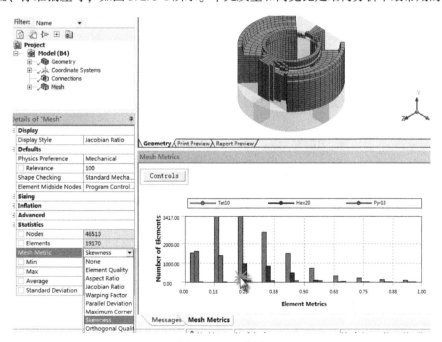

图 3.2.5-1 统计

3.3 局部网格控制

单击导航树【Mesh】节点后选择右键快捷菜单命令【Insert】，可以看到有多种局部网格控制方法，或通过菜单上方工具条获得局部网格划分项目。如图 3.3-1 所示，局部网格控制常用功能包括：

图 3.3-1 局部网格控制

（1）【Method】：网格划分方法，主要应用于 3D 实体几何、3D 壳几何或 2D 平面几何网格局部划分方法的控制和选择。

（2）【Sizing】：尺寸控制，顶点、边、面、体等的尺寸大小控制。

（3）【Contact Sizing】：接触尺寸，边、面网格接触控制下的接触尺寸定义。

（4）【Face Meshing】：面网格，映射网格。

（5）【Match Control】：匹配控制，用于循环对称分析中边或者面网格划分匹配控制。

（6）【Pinch】：收缩捏合，对点、线进行收缩捏合来获得光滑规则网格。

（7）【Inflation】：膨胀，边和面的膨胀层网格划分技术。

（8）【Contact Match】：接触匹配，主要进行接触区域的匹配网格控制。

3.3.1 网格划分方法

1. 3D 网格划分方法

3D 网格划分方法如图 3.3.1-1 所示。

（1）【Automatic】：自动划分，一般几何默认采用 Patch
Conforming 四面体划分，支持膨胀层。自动划分方法是否能
自动设置为扫掠网格划分取决于体是否可扫掠。由全局或局
部尺寸方法进行单元尺寸控制。

（2）【Tetrahedrons】：四面体划分，几何体均可划分为四
面体网格，关键区域可由【Size Function】中的曲率和近邻
【Curvature】【Proximity】自动细化网格，可采用膨胀网格划分
技术，由全局或局部尺寸方法进行单元尺寸控制。几何单元
非均质性不适合薄实体或环形体网格划分，四面体高阶单元
与节点数量高于同阶六面体。

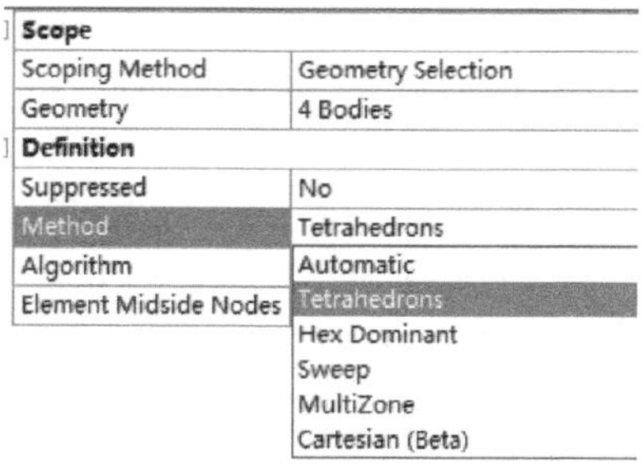

图 3.3.1-1　3D 网格划分方法

1）【Patch Conforming】：自下而上进行网格划分，依次进行"边→面→体"搜索，考虑全部
几何特征与边界条件等，适用于高质量几何结构。

2）【Patch Independent】：自上而下进行网格划分，体网格划分后映射到面和边。适用于几何
质量较差的结构，容差范围内的面、边和顶点不划分网格，适用于没有载荷、命名选择、边界条
件等的几何体。

（3）Hex：六面体划分，单元按照流动方向排列，能降低分析计算误差，适用于几何质量高
的结构，可以通过模型切割获得划分六面体网格的几何条件。

1）【Hex Dominant】：六面体主导，生成六面体单元，但会生成少量五面棱锥和四面体，用
于不能扫略几何体的六面体网格划分。结构类单元也适用于不需要膨胀层或偏斜率、正交质量在
接受范围内的 CFD 网格。

2）【Sweep】：扫掠划分，右击【Mesh】后选择【Show】→【Sweepable Bodies】，显示可扫掠
体。扫掠方法能生成六面体或棱柱单元。手动或自动定义扫掠源面和目标面，通常单个源面对应
单个目标面。

3）【MultiZone】：多区，基于 ICEM CFD 六面体模块自动分解几何。不同于扫掠方法需对零
件几何切块获得纯六面体网格划分基础，多区划分可立即完成六面体网格划分，支持膨胀层划分
控制。其设置项如图 3.3.1-2 所示，包括映射网格方法（Mapped Mesh Type）、面网格划分方法
（Surface Mesh Method）。

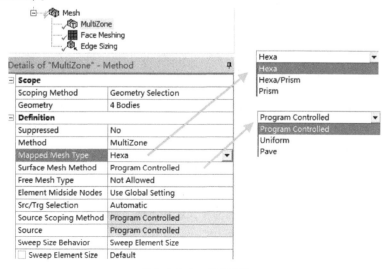

图 3.3.1-2　多区划分

映射网格方法选项如下。

- Hexa：默认方法，仅有六面体单元生成。
- Hexa/prism：考虑划分质量与过渡，三角形会在源面出现，导致六面体与棱柱单元混合。
- Prism：棱柱单元，用于临近结构生成网格为四面体情况的连接。

面网格划分方法选项如下。

- Uniform：递归循环切割方法创建高度一致网格。
- Pave：创建高曲率面网格，相邻边有高纵横比。
- Program Controlled：根据网格尺寸设置与面特点，综合使用上述两种方法。

2. 2D 网格划分方法

2D 网格划分方法用于壳、2D 面的网格划分，如图 3.3.1-3 所示。

（1）【Quadrilateral Dominant】：四边形为主，尽可能多地采用四边形网格，掺杂少许三角形网格。

（2）【Triangles】：所有网格为三角形。

（3）【MultiZone Quad/Tri】：多区四边形/三角形，网格形状依赖于自由面采用的类型。

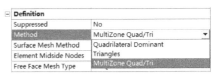

图 3.3.1-3　2D 网格划分方法

3. 1D 网格划分方法

【Type】选项根据所选几何的 1D 类型进行自动识别，线体时包括 Element Size、Number of Divisions。偏斜类型【Bias Type】与偏斜因子【Bias Factor】一般用于线体单元尺寸的控制，如图 3.3.1-4 所示。

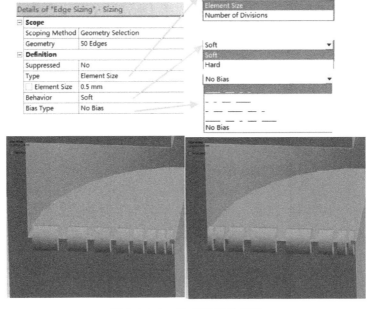

图 3.3.1-4　1D 网格划分方法

（1）【Element Size】：定义边平均单元尺寸，适用于体、面上的线体单元尺寸定义。

（2）【Number of Divisions】：用于指定边的分割数量。

（3）【Bias Type】：指定单元大小相对边的一端、两端或者边中心的渐变效果。

（4）【Bias Factor】：定义最大单元尺寸与最小单元尺寸的比值。

3.3.2 尺寸设置

1. 类型选项

类型【Type】依据所选几何的类型进行自动识别，一般包括 Element Size、Number of Divisions 以及 Sphere of Influence 等。

（1）【Element Size】：定义边平均单元尺寸，也用于体、面、边或顶点等体素单元的尺寸定义。

（2）【Number of Divisions】：定义边分割数量。

（3）【Sphere of Influence】：球体网格尺寸控制，单元尺寸设定值为球域内单元的平均大小，所有包含在球域内的实体按给定单元尺寸要求划分网格，如图 3.3.2-1 所示。

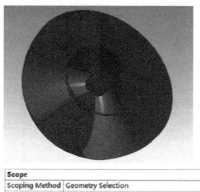

图 3.3.2-1　Sphere of Influence

面单元尺寸【Face Sizing】定义面上的最大单元尺寸，可以选择是否影响体单元，或者控制体单元网格被面尺寸影响的深度，如图 3.3.2-2 所示。

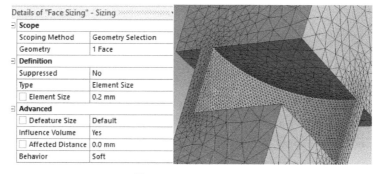

图 3.3.2-2　Face Sizing

体单元尺寸大小定义几何实体上的最大单元尺寸。

2. 偏斜控制

偏斜类型【Bias Type】与偏斜因子【Bias Factor】一般用于线体单元尺寸控制，见 3.3.1 节所述。

3. 行为表现

行为表现【Behavior】选项如下。

（1）【Soft】：单元大小受整体划分功能（如基于相邻、曲率网格设置以及局部网格控制）影响。

（2）【Hard】：严格控制单元尺寸。

4. 小尺寸特征控制

去除特征相对于局部尺寸进行，粗网格区域去除小特征，细网格区域捕获小特征。如图 3.3.2-3 所示，当几何特征尺寸小于【Defeature Size】定义的 2mm 时，几何特征被忽略，不进行原特征细节的网格划分。

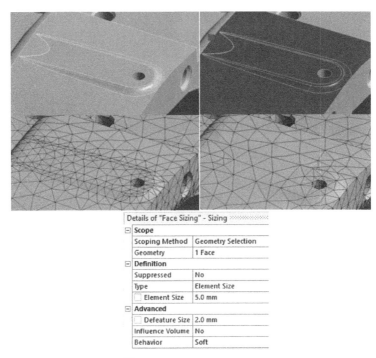

图 3.3.2-3　Defeature Size

3.3.3　接触尺寸

接触尺寸【Contact Sizing】允许接触面产生大小一致的单元。接触面定义零件间的相互作用，采用相同网格密度对分析有利。如图 3.3.3-1 所示，接触区域的网格划分类型可以设定单元大小【Element Size】或相关度【Relevance】，其中，相关度根据指定相关值自动决定影响球半径和单元大小，进而决定接触面内部的单元大小。

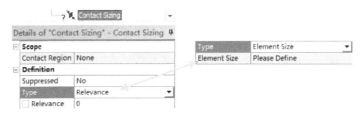

图 3.3.3-1　Contact Sizing

3.3.4 单元细化

单元细化【Refinement】用于网格细化,一般用于整体和局部网格单元大小控制之后的几何细节网格加密,如图 3.3.4-1 所示。单元尺寸控制在划分前先给出平均单元长度,尽量使几何体获得一致网格,网格过渡平滑。单元细化则打破原网格划分格局,如果原始网格不一致,细化后网格也不一致,尽管单元过渡能进行平滑处理,但细化仍会导致不平滑过渡。

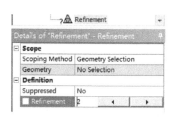

图 3.3.4-1 Refinement

单元细化的几何对象可以设置为点、边、面。细化等级从 1(最小)到 3(最大),推荐使用1级,将单元边长一分为二。

单元细化增加网格密度能捕捉应力梯度,使得应力结果收敛,但不适用于应力奇异几何位置(无法收敛)。

3.3.5 映射面网格划分

映射面网格划分【Mapped Face meshing】允许面上生成结构网格,如图 3.3.5-1 所示,通过右键快捷菜单【Show】→【Mappable Faces】查看可进行映射面网格划分的表面。映射面网格划分能够获得较为一致的网格,在一定程度上提高计算精度,因某种原因映射面网格划分不能成功时,其他网格划分控制仍能完成,导航树上会出现相应的标志 Face Meshing。

图 3.3.5-1 查看可进行映射面网格划分的面

映射面网格顶点选项可以设置为【Specified Sides】【Specified Corners】【Specified Ends】三种,如图 3.3.5-2 所示。

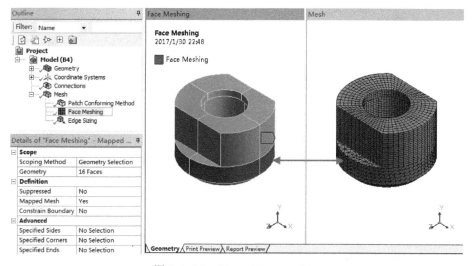

图 3.3.5-2 Mapped Face meshing

(1)【Specified Sides】:指定夹角为 136°~224°的相交边顶点为映射面顶点,和 1 条网格线相交。

（2）【Specified Corners】：指定夹角为 225°～314°的相交边顶点为映射面顶点，和 2 条网格线相交。

（3）【Specified Ends】：指定夹角为 0°～135°的相交边顶点为映射面顶点，与网格线不相交。

映射面网格可指定径向划分份数【Internal Number of Divisions】，一个面由两个环线组成，则该选项被激活，可用于创建径向单元层数，如图 3.3.5-3 所示。

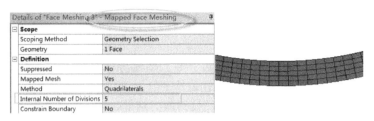

图 3.3.5-3 Internal Number of Divisions

3.3.6 匹配控制

匹配控制【Match Control】用于在 3D 周期对称面或 2D 周期对称边上划分一致网格。具体参阅循环对称模态章 6.3 节介绍。

3.3.7 收缩捏合

收缩捏合【Pinch】在网格划分过程中对边或狭长区域小特征进行捏合移除。收缩捏合只对顶点和边起作用，面和体不能收缩捏合。如图 3.3.7-1 所示，对于狭长缝隙，主几何【Master Geometry】选择蓝色边线，副几何【Slave Geometry】选择红色边线，给定缝隙容差【Tolerance】，划分网格时将对缝隙进行捏合消除，并以主几何边线位置为准构建网格。

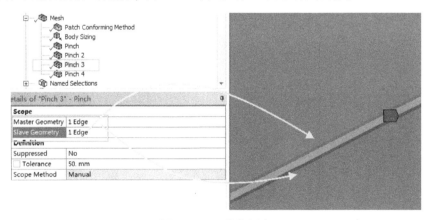

图 3.3.7-1 收缩捏合

3.3.8 膨胀层控制

基本方法同整体网格划分的膨胀层控制技术，不再赘述。

3.3.9 节点合并连接

ANSYS Meshing 具有节点合并、节点移动、手动网格连接等功能。

（1）【Node Merge】：节点合并，允许指定公差内合并网格节点，使网格跨几何维数（1D/2D/3D）进行节点协调以执行合并。

（2）【Node Move】：节点移动，对节点进行动态拾取和拖动，其历史进程能在工作表进行查阅和撤销。

（3）【Manual Mesh Connection】：手动网格连接允许手动控制创建协调网格单元。

3.4 虚拟拓扑

1. 虚拟拓扑工具

虚拟拓扑【Virtual Topology】工具能在 Model 环境下构建几何元素来获得更好的网格划分控制效果，例如合并小面简化模型特征细节、切割结构几何面重构加载表面、分割边获得更好的面网格控制区域、创建硬点等。

如图 3.4-1 所示，虚拟拓扑的一种方式是通过导航树【Model】节点快捷菜单选择【Insert】→【Virtual Topology】后，在【Virtual Topology】右键快捷菜单中获得对应工具；另一种方式是在窗口顶部工具栏获得对应工具。

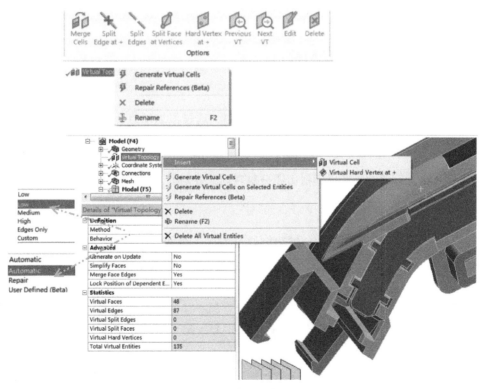

图 3.4-1　虚拟拓扑工具

2. 虚拟单元创建

（1）手动虚拟拓扑：如图 3.4-2 所示，选择需要虚拟拓扑的小表面，右击插入虚拟单元【Virtual Cell】修改几何拓扑，把若干小面缝合成大面来影响网格划分。

（2）自动虚拟拓扑：通过选择虚拟拓扑控制程度自动进行合成。

- 低：合并最差的面和边。

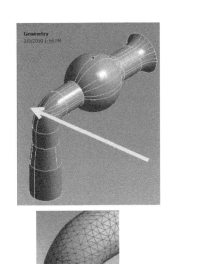
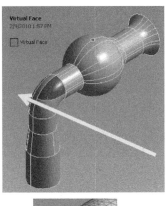

图 3.4-2　Virtual Cell

- 中高：尝试合并更多面。
- 自定义：使用自定义值进行清理。
- 修复：只对小几何面和边做有限清理。

3. 边线分割

边线分割包括【Split Edge at+】和【Split Edge】，通过添加硬点分割边。可以利用边线分割工具增加边数量或分割线体以改进加载、约束位置几何样貌的合理性，也能提升一定的网格质量。

边分割硬点位置可移动，选择虚拟边线分割后创建分割点，按住〈F4〉键，拖动鼠标沿着边移动硬点即可。

4. 连点面分割

连点面分割【Split Face at Vertices】功能通过连接一个面上不同边线上的硬点进行面分割，如图 3.4-3 所示。

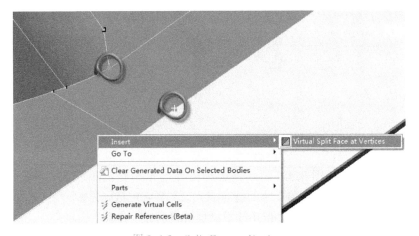

图 3.4-3　Split Face at Vertices

5. 硬点添加

硬点添加【Hard Vertex at +】允许在边、面上添加硬点。

此外，通过虚拟拓扑工具可以对创建后的虚拟拓扑项进行逐步查找、编辑和删除等，如图 3.4-4 所示。

图 3.4-4　查找、编辑和删除

3.5　预览和刻录创建

3.5.1　预览几何网格

ANSYS Meshing 能进行几何映射、膨胀、表面网格质量、扫略等一系列效果的预览，如图 3.5.1-1 所示。

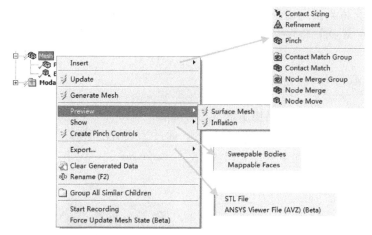

图 3.5.1-1　网格划分预览

（1）【Preview】→【Surface Mesh】：用于预览几何表面网格，只创建表面网格。推荐用于整体网格生成前检查表面网格质量，能节省网格划分时长。

（2）【Preview】→【Inflation】：用于支持膨胀层网格几何的预览。

（3）【Show】→【Sweepable Bodies】：用于支持扫掠操作几何的预览。

（4）【Show】→【Mappable Faces】：用于可以映射网格的面几何的预览。

（5）【Export】：用于 STL 文件和 ANSYS Viewer 浏览文件的输出。

3.5.2　生成网格

网格生成过程可以实现一次性整体网格划分，可以基于所选几何逐个生成网格，也可以控制划分顺序以"刻录方式"（Recording）进行网格顺序化生成，如图 3.5.2-1 所示。

（1）【Update】：用于更新整体网格。

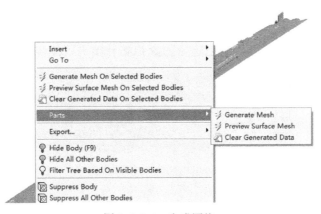

图 3.5.2-1　生成网格

（2）【Generate Mesh】：一次性生成整体网格。

（3）【Generate Mesh On Selected Bodies】：用于仅对选中零件单独划分网格。

（4）【Clear Generated Data】：用于清除已经生成的网格。

（5）【Start Recording】：按指定的划分顺序生成网格。

【Start Recording】基于工作表"命名选择"几何体素与步骤进行网格划分，对于较难一次性生成六面体的几何，适当预先切分后，按照合理网格生成逻辑一般可以获得较优质的六面体网格。选择【Generate Mesh】将根据 Step 进行网格划分，无"命名选择"定义的几何将在最后进行网格划分。

3.5.3　网格剖面

网格剖面【Section Plane】工具用于进行几何剖切，如图 3.5.3-1 所示，能够显示几何剖面线以及网格划分内部单元等，支持多剖面组合剖分，通过 🗔 设置剖面后可显示和选择剖面任一侧单元，✕ 删除剖面，➡ 显示剖面下的单元形状，☑ Section Plane 1 中的 √ 用于显示和取消剖面。

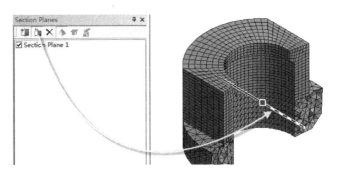

图 3.5.3-1　Section Plane

3.6　本章小结

本章主要介绍 ANSYS Meshing 网格划分技术，包括全局网格控制技术、局部网格控制技术、虚拟拓扑技术以及预览和生成网格的方法等。

第4章

Mechanical通用设置

4.1 Mechanical 功能概述

ANSYS Workbench 的 Mechanical 模块主要用于产品结构问题分析、解决，分析类型涉及静力学、模态分析、谐响应分析、响应谱分析、随机振动分析、瞬态动力学分析、刚体动力学分析、多体水动力学分析等，也提供热、声、压电、磁场、电场及热-结构、电-热、电-热-结构、流-热-固等耦合分析求解环境。

Mechanical 交互界面通过双击分析系统模块下的【Model】单元格进入，如图 4.1-1a 所示，

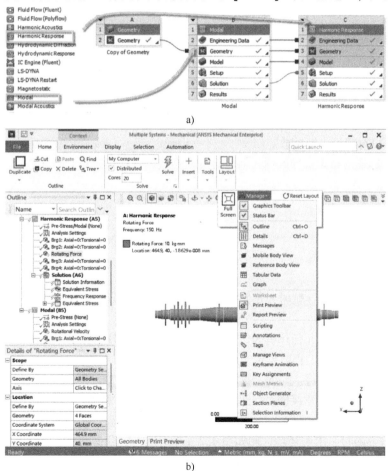

a)

b)

图 4.1-1　Mechanical 交互界面

包括菜单栏、工具栏、导航树、明细栏、图形窗口、程序应用向导等，菜单栏、工具栏基于所选导航树信息变化而变化，功能涉及文件打开、文件保存、数据清理、所选图形几何类型显示、标尺、重置、单位切换、帮助文档激活、复制等，如图 4.1-1b 所示。Mechanical 分析一般有 4 个基本步骤，其中各项通过交互界面、导航树、明细栏设置逐步完成，设置重点如图 4.1-2 所示。

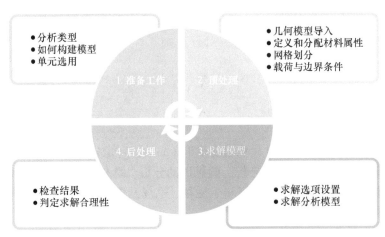

图 4.1-2　Mechanical 分析基本步骤

　　鼠标操作说明如下。

　　(1) 左键：单选模式下拖拉鼠标可以多选；〈Ctrl〉键加左键可以在单选模式下多选或反选。框选模式下从左到右拖拉可选中框内实体，框选模式下从右到左拖拉可选中框内实体，同时选中与框搭接的实体。

　　(2) 中键：选取模式下单击中键拖拉鼠标可以转动模型；〈Shift〉键加中键可以平移模型；转动中键滚轮可以对模型进行缩放。

　　(3) 右键：图形窗口单击导航树任何内容后右击会出现快捷菜单。

4.2　导航树基本节点说明

4.2.1　导航树构造

　　Project 工程项目 Model 导航树为几何模型、材料、载荷、分析结果等提供求解计算流程设计组织模式。

　　(1)【Geometry】：涉及几何体行为定义，如材料属性、物理特征、单元控制等。

　　(2)【Materials】：包括工程数据定义的材料数据。

　　(3)【Coordinate Systems】：局部坐标系定义、坐标系类型改变等。

　　(4)【Connections】：创建接触对、运动副、Beam 刚性梁、弹簧、轴承等。

　　(5)【Mesh】：网格划分。

　　(6)【Environment】：求解环境，例如图 4.2.1-1 为谐响应分析环境，求解环境涉及分析设置 Analysis Settings、初始条件定义、约束与载荷定义，求解以及求解后处理结果等内容。

　　导航树可以根据需求添加其他节点，例如命名选择、裂纹、疲劳工具等。

不同分析系统的计算模块能够共享数据，能直接对求解节点进行复制粘贴获得新求解计算模块环境，如图 4.2.1-2 所示。

图 4.2.1-1　导航树

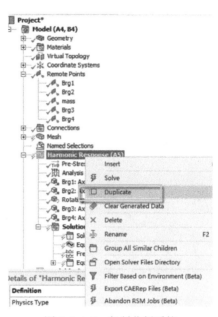

图 4.2.1-2　复制分析系统

4.2.2　明细栏

明细栏（Details View）提供导航树节点属性选项，根据选取节点不同自动改变，如图 4.2.2-1 所示。

1）白色区域：显示当前输入数据。

- 白色文本区域内数据通过单击改变。
- 有些数据输入要求在屏幕上选取实体（点、线、面之类）模型，然后单击【Apply】。
- 有些数据需要通过键盘或从下拉菜单中选取。

2）灰色区域：该区域数据不能编辑，通常显示为结果数据。

3）黄色区域：黄色区域表示目前数据信息不完整，需要在图形窗口进行几何、方向等的选择定义或者输入数值。

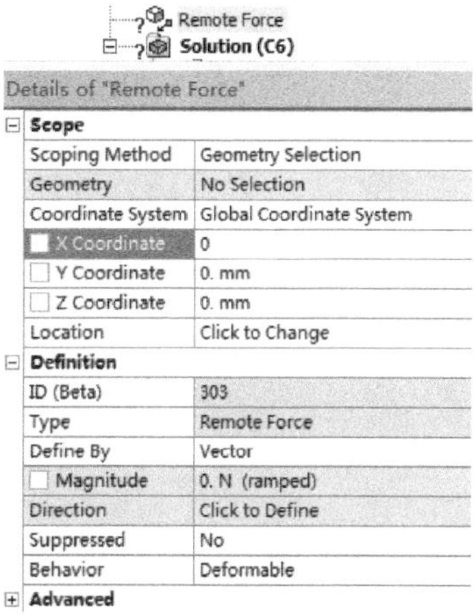

图 4.2.2-1　明细栏

4.2.3　图形窗口

图形窗口管理用于显示几何、求解计算结果、工作表、HTML 报告和打印预览等，通过图 4.2.3-1 所示图形窗口管理能进行所需内容的添加、选择和切换。

4.2.4　程序应用向导

程序应用向导功能用于提醒计算项目是否完成求解步骤必要项定义，通过单击图 4.2.4-1 所示【Wizard】按钮进行控制，点选右侧求解步骤引导项将进行导航树计算设置提醒和解读。

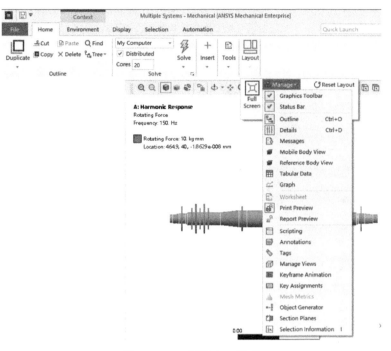

图 4.2.3-1　图形窗口管理

图 4.2.4-1　程序应用向导

4.3 基本预处理操作

4.3.1 坐标系

原始坐标系为全局笛卡儿坐标系，也能够建立新的局部坐标系，坐标系类型包括笛卡儿和圆柱坐标系。局部坐标系能够用于网格控制、点质量、载荷方向、后处理结果、弹簧、运动副等，局部坐标系定义方法如图 4.3.1-1 所示。

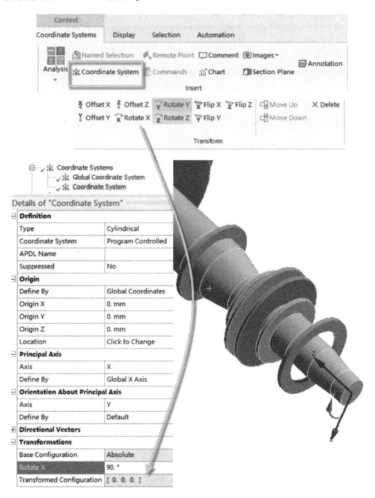

图 4.3.1-1　局部坐标系定义方法

（1）在导航树中右击【Coordinate Systems】，插入【Coordinate System】，或在工具栏选择坐标系创建图标生成局部坐标系。

（2）在明细栏通过【Definition】→【Type】选择笛卡儿坐标系或者圆柱坐标系。

（3）局部坐标系编号定义方法包括程序控制、人工控制参考编号两种，【Program Controlled】由程序控制分配坐标系参考编号，【Mannual】由人工控制参考编号，需要大于等于 12。

（4）通过【Principal Axis】和【Orientation About Principal Axis】扩展栏进行主轴定义。

（5）能够进行坐标系坐标变换，包括平移、旋转、反转等。变换过程对应于【Transformations】

扩展栏的操作过程记录、修改和删除。

（6）非几何关联局部坐标系与关联几何局部坐标系属性。

1）非几何关联坐标系通过全局坐标系数据坐标定义局部坐标系。

2）关联几何局部坐标系通过几何（支持面、边等）选择建立，保持与几何关联，随几何模型改变而改变。

4.3.2　命名选择

命名选择用于对特定几何体素或组合类型，例如尺寸、类型、位置等，选中并赋予名称。该命名选择集合能够用于在载荷施加、约束指定、网格划分控制、指定结果后处理等操作中代替几何选择使用。

命名选择基本操作如图 4.3.2-1 所示，基于几何体命名选择可以进一步进行节点命名选择创建【Create Nodal Named Selection】，能够基于工作表进行多次过滤、排除等选择操作。

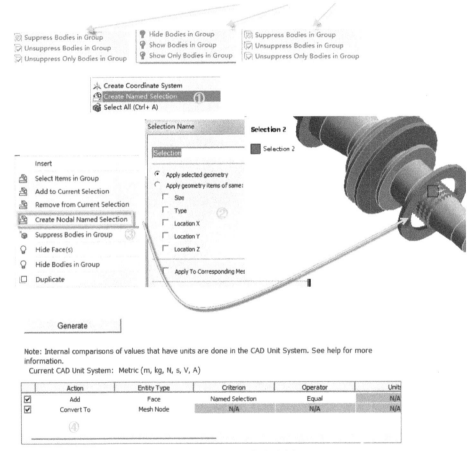

图 4.3.2-1　命名选择

4.3.3　目标生成器

目标生成器（Object Generator）利用当前目标体技术项作为一个临时模板进行全部类似技术项克隆，需要命名选择作为克隆导向，广泛应用于同类型尺寸网格划分控制、同类型螺栓联接预紧力加载、同类型边界施加等场合，让用户从烦琐操作中解放出来，高效完成前处理设置。

以螺栓联接中频繁使用固定运动副 Fixed 建立连接点和螺栓预紧力 Bolt Pretension 施加为例进行说明，具体过程如图 4.3.3-1 和图 4.3.3-2 所示。

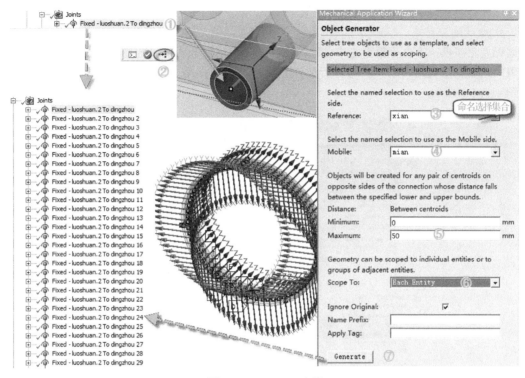

图 4.3.3-1　Fixed 克隆

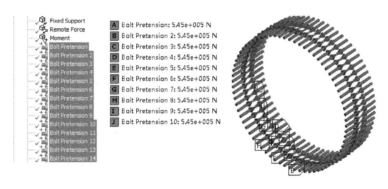

图 4.3.3-2　Bolt Pretension 克隆

（1）生成单个 Fixed 操作命令。

（2）建立命名选择集合。将所有需要同样创建固定运动副的参考（Reference）几何和运动（Mobile）几何定义为命名选择集合，如步骤③④所示，其中步骤③的命名选择代表螺纹根部的线体，步骤④的命名选择代表螺纹盲孔。

（3）给定目标创建所需的中心距离，如步骤⑤所示。

（4）定义【Scope To】的类型，如步骤⑥所示选择每一个成员。

（5）单击【Generate】按钮（步骤⑦）完成对临时模板目标的克隆，基于命名选择各项的体素类型和数量，匹配生成多个 Fixed。

（6）同理完成一组螺栓预紧力的快速创建，无需逐个对螺栓进行预紧力施加。

4.3.4 远程点

1. 远程点建立方法

远程点能够模拟不存于模型之中的结构对计算几何结构的自由度控制，建立约束方程实现假体代表的远端点位置的约束和载荷对所选计算几何结构的作用。远程点（Remote Point）生成方法如图 4.3.4-1 所示。

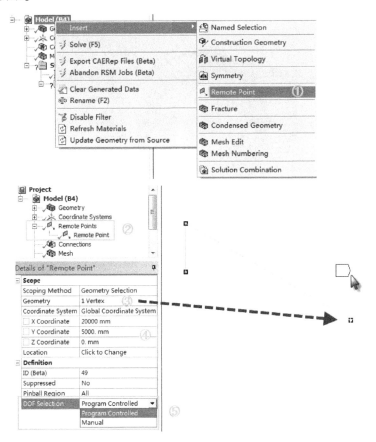

图 4.3.4-1　建立远程点

（1）右击【Model】插入【Remote Points】，如步骤①②所示。

（2）在明细栏设置远程点，【Geometry】选择右侧点元素，坐标系设置远程点 XYZ 坐标值（可以用【Location】进行选择定位，例如构造几何）。

（3）设置自由度选择方法【DOF Selection】，进行自由度定义，如步骤⑤所示。

（4）修改远程点行为属性为刚性或柔性等，完成所标记远程点的位置定义。

2. 远程点边界条件

远程点支持 Moment、Remote Force、Remote Displacement 载荷，如图 4.3.4-2 所示。

求解后单击【Solution Information】节点，在【FE Connection Visibility】中激活【Visible on Results】，能够在远程点和选择几何之间观察到建立的约束方程，如图 4.3.4-3 所示。

此外，预处理操作还涉及接触关系定义、运动副定义、复杂的求解器特性定义、边界和载荷条件施加、求解和结果后处理评价等多项内容，这些内容在后续章节中将会逐步详细介绍。

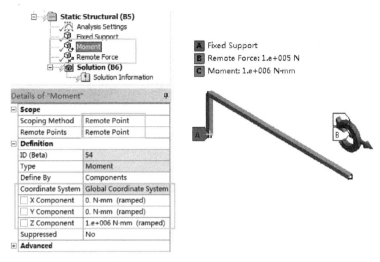

图 4.3.4-2　建立远程力和力矩

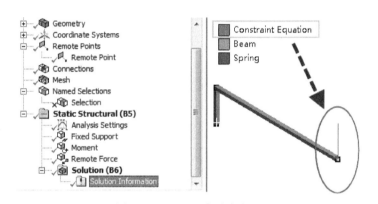

图 4.3.4-3　远程点约束方程

4.4　本章小结

本章对于 Mechanical 通用设置进行介绍说明，具体讲解 Mechanical 交互界面、导航树节点、基本建模流程以及常用预处理工具设置等。

第 5 章

模态分析基础

5.1 模态分析概述

　　模态分析能够帮助识别结构动载设计固有频率、振型等重要参数，改进设计避免共振或以特定频率振动，认识结构对于不同类型动力载荷的响应和改进方向等。模态分析技术应用类型包括线性扰动模态分析、循环对称模态分析、子结构 CMS 法模态分析、阻尼特性模态分析、旋转机器陀螺效应转子动力学计算等，同时模态分析也是谐响应分析、随机振动分析等其他动力学分析的起点和求解基础。

5.2 无阻尼模态

5.2.1 模态术语

1. 通用运动方程

$$M\ddot{u} + C\dot{u} + Ku = F(t)$$

式中，M 为结构质量矩阵；C 为结构阻尼矩阵；K 为结构刚度矩阵；$F(t)$ 为随时间变化的载荷函数；u、$\dot{u}$、$\ddot{u}$ 为分别对应节点位移、速度和加速度矢量。

2. 自由振动方程

　　仅由初始条件激励产生的往复运动为自由振动，没有外力持续作用。如图 5.2.1-1 所示单自由度弹簧-质量-阻尼振子系统中，假定结构自由振动无阻尼（结构振动过程中能量耗散统称为阻尼），则：$F(t)=0$，$C=0$。

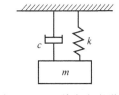

图 5.2.1-1　单自由度弹簧-质量-阻尼振子系统

　　因此

$$M\ddot{u} + Ku = 0$$

　　假定自由振动为简谐运动，即认为无阻尼单自由度体系自由振动的解可以表示为时间 t 的简谐函数，所以：

$$u = \varphi_i \sin(\omega_i + \theta_i)$$
$$\ddot{u} = -\omega_i^2 \varphi_i \sin(\omega_i + \theta_i)$$

　　将 u、$\ddot{u}$ 代入方程 $M\ddot{u} + Ku = 0$ 中得到：

$$(K - \omega_i^2 M)\varphi_i = 0$$

式中，ω_i^2 为方程根特征值；ω_i 为结构自然圆频率（弧度/秒），$\omega_i = k/m$；φ_i 为对应特征向量。特征向量 φ_i 表示振型，即假定结构以频率 f_i（$\omega_i/2\pi$）振动时的形状；i 为范围是从 1 到自由度的数目。

3. 振型归一化

模态振型相对质量矩阵 M 或者单位矩阵进行归一化处理,因此计算结果是相对质量矩阵 M 归一化处理的数据,需要注意计算的振型位移和应力值是相对值。

$$\boldsymbol{\varphi}_i^{\mathrm{T}} M \boldsymbol{\varphi}_i = 1$$

5.2.2 参与因子与有效质量

1. 参与因子

参与因子计算每阶模态在整体平动方向和转动方向的参与质量,较大值说明模态会被那个方向的力激发出来。

$$\boldsymbol{\gamma}_i = \boldsymbol{\varphi}_i^{\mathrm{T}} MD$$

式中, D 为总体笛卡儿坐标系平动和旋转方向的单位位移频谱。

2. 有效质量

有效质量等于参与因子的平方。理想情况下各方向的有效质量应等于结构总质量,有效质量与总体质量的比值可以用来判定是否有足够数量的模态被提取,提取足够的模态数量对于以模态叠加法为基础的谐响应、随机振动、响应谱等计算是很重要的。

3. 求解信息查看

参与因子与有效质量信息可在求解信息窗口 Solution Information 中查看,如图 5.2.2-1 和图 5.2.2-2 所示。

```
***** PARTICIPATION FACTOR CALCULATION *****  Z  DIRECTION
                                                              CUMULATIVE      RATIO EFF.MASS
MODE   FREQUENCY      PERIOD      PARTIC.FACTOR    RATIO    EFFECTIVE MASS   MASS FRACTION    TO TOTAL MASS

 1      436.755     0.22896E-02     3.9458      1.000000       15.5693         0.832972        0.734572
 2      742.299     0.13472E-02    -0.21103E-11  0.000000    0.445330E-23      0.832972        0.210111E-24
 3      773.960     0.12921E-02    -0.19217E-10  0.000000    0.369277E-21      0.832972        0.174228E-22
 4      867.928     0.11522E-02    -0.39713E-12  0.000000    0.157711E-24      0.832972        0.744094E-26
 5      1349.07     0.74125E-03    -1.6909       0.428524       2.85903         0.985933        0.134892
 6      1452.63     0.68841E-03     0.51860E-10  0.000000    0.268943E-20      0.985933        0.126890E-21
 7      1851.94     0.53997E-03    -0.83610E-13  0.000000    0.699063E-26      0.985933        0.329824E-27
 8      2960.43     0.33779E-03     0.52013E-10  0.000000    0.270534E-20      0.985933        0.127640E-21
 9      2992.35     0.33419E-03    -0.78978E-10  0.000000    0.623746E-20      0.985933        0.294289E-21
10      3094.57     0.32315E-03    -0.57469E-09  0.000000    0.330264E-18      0.985933        0.155822E-19
11      3099.14     0.32267E-03     0.51276      0.129951      0.262921         1.00000         0.124049E-01
12      3494.04     0.28620E-03     0.20305E-09  0.000000    0.412285E-19      1.00000         0.194520E-20
                                                            ----------                       ----------
sum                                                           18.6912                         0.881869
```

图 5.2.2-1　参与因子

```
***** PARTICIPATION FACTOR CALCULATION *****  Z  DIRECTION
                                                            CUMULATIVE      RATIO EFF.MASS
MODE   FREQUENCY      PERIOD      PARTIC.FACTOR    RATIO  EFFECTIVE MASS   MASS FRACTION    TO TOTAL MASS

 1      436.755     0.22896E-02     3.9458      1.000000     15.5693         0.832972        0.734572
 2      742.299     0.13472E-02    -0.21103E-11  0.000000  0.445330E-23      0.832972        0.210111E-24
 3      773.960     0.12921E-02    -0.19217E-10  0.000000  0.369277E-21      0.832972        0.174228E-22
 4      867.928     0.11522E-02    -0.39713E-12  0.000000  0.157711E-24      0.832972        0.744094E-26
 5      1349.07     0.74125E-03    -1.6909       0.428524     2.85903         0.985933        0.134892
 6      1452.63     0.68841E-03     0.51860E-10  0.000000  0.268943E-20      0.985933        0.126890E-21
 7      1851.94     0.53997E-03    -0.83610E-13  0.000000  0.699063E-26      0.985933        0.329824E-27
 8      2960.43     0.33779E-03     0.52013E-10  0.000000  0.270534E-20      0.985933        0.127640E-21
 9      2992.35     0.33419E-03    -0.78978E-10  0.000000  0.623746E-20      0.985933        0.294289E-21
10      3094.57     0.32315E-03    -0.57469E-09  0.000000  0.330264E-18      0.985933        0.155822E-19
11      3099.14     0.32267E-03     0.51276      0.129951    0.262921         1.00000         0.124049E-01
12      3494.04     0.28620E-03     0.20305E-09  0.000000  0.412285E-19      1.00000         0.194520E-20
                                                          ----------                       ----------
sum                                                         18.6912                         0.881869
```

图 5.2.2-2　有效质量

5.2.3 接触设置转换

模态分析属于线性动力学计算范畴,Mechanical 会将对模态计算的非线性接触关系向线性接触关系自动转换，如表 5.2.3-1 所示。

表 5.2.3-1　模态接触设置转换

接 触 类 型	静 态 分 析	模 态 分 析		
		初 始 接 触	Pinball 区域内	Pinball 区域外
Bonded	Bonded	Bonded	Bonded	Free
No Separation	No Separation	No Separation	No Separation	Free
Rough	Rough	Bonded	Free	Free
Frictionless	Frictionless	No Separation	Free	Free
Frictional	Frictional	$\eta=0$，No Separation $\eta>0$，Bonded	Free	Free

注：η 为摩擦系数。

5.3　阻尼模态

5.3.1　自由振动阻尼运动方程

自由振动弹簧-质量-阻尼运动方程：

$$M\ddot{u}+C\dot{u}+Ku=0$$

对于所有项除以 M 得到：

$$\ddot{u}+2\zeta\omega_n\dot{u}+\omega_n^2u=0$$

式中，$\omega_n=\sqrt{k/m}$，非阻尼自然频率，$c_c=2\sqrt{km}$，临界阻尼 $\zeta=c/c_c$，阻尼比 $\omega_d=\omega_n\sqrt{1-\zeta^2}$，有阻尼频率。

提出一个通解 $u=\mathrm{e}^{\gamma t}$，代入计算式 $\ddot{u}+2\zeta\omega_n\dot{u}+\omega_n^2u=0$ 得到

$$\gamma^2+2\zeta\omega_n\gamma+\omega_n^2=0$$

其中，γ 一般是一个复数，把微分方程变换为一个二阶多项式方程然后求解。

（1）特征值实部：阻尼模态分析特征值实部是自然频率。

（2）特征值虚部：是稳定性的一种测量方法，其中负值代表稳定，正值代表不稳定，如图 5.3.1-1所示。

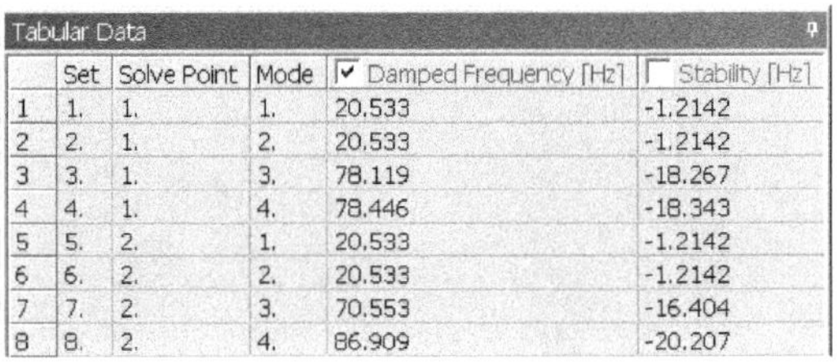

	Set	Solve Point	Mode	☑ Damped Frequency [Hz]	☐ Stability [Hz]
1	1.	1.	1.	20.533	-1.2142
2	2.	1.	2.	20.533	-1.2142
3	3.	1.	3.	78.119	-18.267
4	4.	1.	4.	78.446	-18.343
5	5.	2.	1.	20.533	-1.2142
6	6.	2.	2.	20.533	-1.2142
7	7.	2.	3.	70.553	-16.404
8	8.	2.	4.	86.909	-20.207

图 5.3.1-1　有阻尼模态频率与稳定性

5.3.2　阻尼比

系统行为取决于固有频率 ω_n 和阻尼比 ζ 这两个基本参数。

特别地，系统定性行为取决于阻尼比 ζ，如图 5.3.2-1 所示。

- $\zeta=1$：临界阻尼体系；
- $\zeta>1$：过阻尼体系；
- $\zeta<1$：低阻尼体系。

临界阻尼体系可以理解为自由振动响应不出现围绕平衡位置反复振荡的最小阻尼值。

过阻尼体系在土木结构中少为发生，但是在机械装置中可能出现。一般过阻尼体系不会振荡，与临界阻尼体系接近。

低阻尼体系自由振动响应频率与结构固有频率之间关系为

$$\omega_{d}=\omega_{n}\sqrt{1-\zeta^{2}}$$

对于大型工程结构而言，阻尼比低于 10%，可以认为两者相等。低阻尼体系自由振动时间历程如图 5.3.2-1 中 B 曲线所示，低阻尼体系以频率 ω_{d} 围绕静平衡位置来回振动，振幅以负指数 $e^{-\zeta\omega t}$ 逐渐衰减。

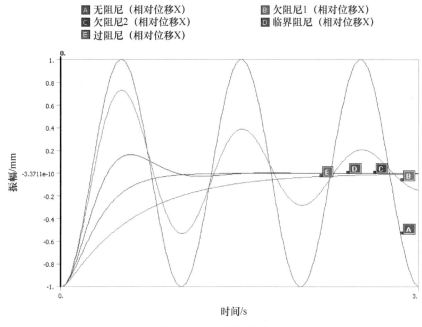

A 无阻尼（相对位移X）　　　　　　B 欠阻尼1（相对位移X）
C 欠阻尼2（相对位移X）　　　　　　D 临界阻尼（相对位移X）
E 过阻尼（相对位移X）

图 5.3.2-1　阻尼体系

5.3.3　对数衰减率

对于单自由度体系可以测定自由振动条件下的衰减率，从而获得该体系等效粘滞阻尼和等效阻尼。如图 5.3.2-1 所示 B 曲线相邻波峰研究，分别称为 n 波峰和 $n+1$ 波峰，对应时间分别为 t_{n} 和 t_{n+1}，则对应位移可以写为：

$$u_{n}=\rho\left(\cos \omega_{d}t_{n}+\theta\right)e^{-\zeta\omega t_{n}}$$
$$u_{n+1}=\rho\left(\cos \omega_{d}t_{n+1}+\theta\right)e^{-\zeta\omega t_{n+1}}$$

假定：

$$t_{n+1}=t_{n}+2\pi/\omega_{d}$$

则：

$$\ln \frac{u_{n}}{u_{n+1}}=2\pi\zeta \frac{\omega}{\omega_{d}}=\delta$$

δ 称为对数衰减率，则阻尼比 ζ 为：

$$\zeta=\frac{1}{2\pi}\cdot\frac{\omega_{d}}{\omega}\ln \frac{u_{n}}{u_{n+1}}=\frac{\delta}{2\pi}\cdot\frac{\omega_{d}}{\omega}$$

通过 m 个相邻波峰来识别结构阻尼比，可以获得更高的计算精度：

$$\zeta=\frac{1}{2m\pi}\frac{\omega_{d}}{\omega}\ln \frac{u_{n}}{u_{n+m}}$$

部分资料列出结构阻尼比一般是 2%~10%（该值应仅用作参考），具体取值取决于结构类型：

- 螺栓联接钢结构：6%。
- 钢筋混凝土结构：4%。
- 焊接钢结构：2%。

5.4 模态分析设置

5.4.1 无阻尼模态分析设置

1. 模态数量提取

（1）【Max Modes To Find】：用于模态提取数量确定，无阻尼模态默认提取前 6 阶，如图 5.4.1-1 所示。

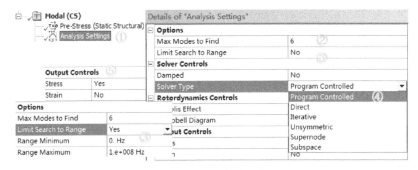

图 5.4.1-1 无阻尼模态分析设置

（2）【Limit Search to Range】：控制是否对指定频率范围进行设置。

2. 求解控制

求解类型【Solver Type】包括如下选项。

（1）【Program Controlled】：多数情况下该选项能自动提供最优的求解器。

（2）【Direct】：直接求解器，薄壁柔性体、形状奇异实体模型采用直接求解器更好。

（3）【Iterative】：迭代求解器，大模型（超过 100 万自由度）采用迭代求解器更好。

（4）【Unsymmetric】：不对称法，适用于声学问题（具有结构耦合作用）和其他不对称质量矩阵 M 和刚度矩阵 K 问题。

（5）【Supernode】：超节点法，适用于 2D 平面、梁壳结构等。

（6）【Subspace】：子空间法，比较适合提取大中型模型的较少振型，采用较少内存，约束方程不能采用此种方法。

3. 输出控制

输出控制（Output Controls）对应力和应变等结果进行评估，如图 5.4.1-2 所示。计算结果仅为结构应力或应变的相对分布趋势，不作为真实值。

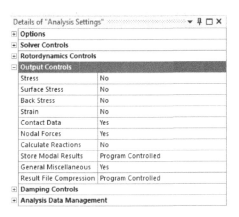

图 5.4.1-2 输出控制

4. 预应力模态分析设置

预应力通过改变应力刚度矩阵影响结构刚度,预应力模态分析首先进行静力分析获得结构预应力,而后进行模态分析,设置方法如图5.4.1-3所示。

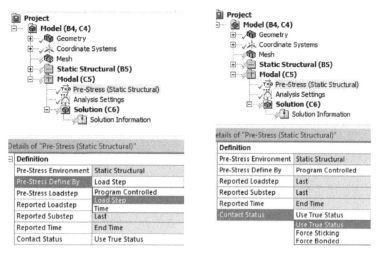

图 5.4.1-3　预应力模态分析设置方法

5.4.2　有阻尼模态分析设置

有阻尼模态设置开启阻尼选项,一般【Program Controlled】选项自动选择最优求解方法,如图5.4.2-1所示。

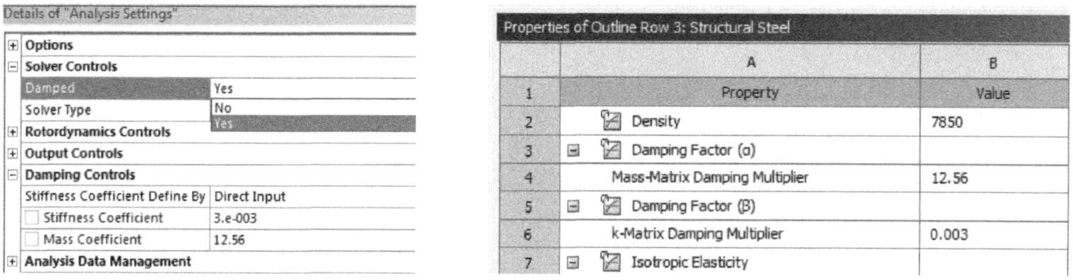

图 5.4.2-1　阻尼控制

(1) Full method:适用于对称或非对称阻尼系统,采用完整刚度、阻尼、质量矩阵,能够提取系统阻尼产生复特征值,性能类似于 Block Lanczos,对于数百个自由度的大问题求解速度很慢。

(2) Reduced method:适用于对称或非对称阻尼系统,利用无阻尼系统的少量特征向量进行模态变换,近似表示前几个复阻尼特征值。采用实特征解计算无阻尼模态形状后将运动方程转化到这些模态坐标。

阻尼模态特征值实部是自然频率,虚部是稳定性的一种测量,其中,负值代表稳定,正值代表不稳定。

阻尼定义方法设置如下。

(1) 材料工程数据模块输入质量矩阵阻尼系数、刚度矩阵阻尼系数、阻尼比系数。

(2) 求解计算模块的阻尼控制,直接输入质量矩阵阻尼系数、刚度矩阵阻尼系数、阻尼比系数等。

5.4.3 模态分析技术限制

（1）支持全部几何类型，不支持材料非线性属性定义。

（2）考虑刚度、质量，密度属性必须定义。

（3）接触关系转换过程自动进行非线性接触向线性接触转化。

（4）不要施加非零位移约束。

（5）不要使用非线性约束，例如【Compression Only Support】，否则可能引起额外频率或丢失频率。

（6）不能施加任何载荷和速度边界条件。

5.5 阻尼

阻尼是一种能量耗散机制，使振动随时间减弱并最终停止。不同的结构动力学分析类型对阻尼的控制方法不同。

5.5.1 单元阻尼

单元阻尼通过弹簧、轴承、运动关节等进行阻尼定义，直接在弹簧、轴承、运动关节等的明细栏、工作表中进行设置，如图 5.5.1-1 所示，弹簧单元阻尼值直接在弹簧连接明细栏中输入。

图 5.5.1-1　弹簧阻尼输入

5.5.2 Alpha 阻尼和 Beta 阻尼

1. 瑞利阻尼

完全法瞬态分析和阻尼模态分析阻尼矩阵 C 为：

$$C = \alpha M + \sum_{i=1}^{N_{ma}} \alpha_i^m M_i + \beta K + \sum_{j=1}^{N_{mb}} \beta_j^m K_j + \sum_{k=1}^{N_e} C_k + \sum_{l=1}^{N_t} G_l$$

阻尼矩阵 C 通过瑞利阻尼（Rayleigh Damping）常数 α（Alpha 阻尼）和 β（Beta 阻尼）分别乘以质量矩阵 M 与刚度矩阵 K 进行定义。

$$C = \alpha M + \beta K$$

$$\zeta_i = \frac{\alpha}{2\omega_i} + \frac{\beta\omega_i}{2}$$

Alpha 阻尼也称为质量阻尼，实际结构问题中通常可以忽略。在这种情况下评估 Beta 阻尼即刚度阻尼，就可以通过已知数值 ζ_i 和 ω_i 进行计算。

$$\zeta_i = \frac{\beta\omega_i}{2}$$

2. Alpha 阻尼与 Beta 阻尼

如图 5.5.2-1 所示，频率范围内找到阻尼比 ζ 数值近似相等的两个频率 ω_1 至 ω_2，联立两个方程，从而可以计算出常数 α 和 β。

3. 总体阻尼定义

整体阻尼 $C = \alpha M + \beta K$ 在模态分析和瞬态动力学分析中

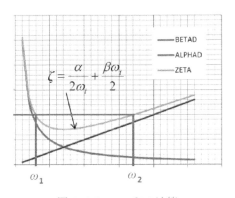

图 5.5.2-1　α 和 β 计算

直接输入，可以根据最重要频率来计算阻尼和频率的关系，如图 5.5.2-2 所示。

$$C = \alpha M + \beta K \Rightarrow \zeta_i = \frac{\alpha}{2\,\omega_i} + \frac{\beta \omega_i}{2}$$

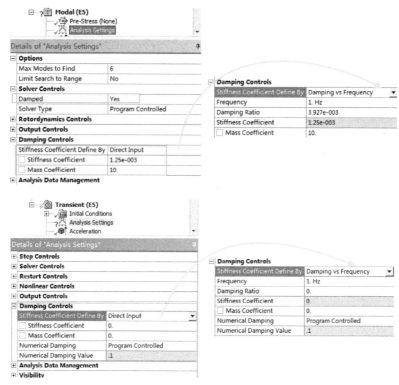

图 5.5.2-2　总体阻尼定义

4. 材料阻尼输入

材料相关 Alpha 阻尼和 Beta 阻尼在工程材料数据库中进行定义，如图 5.5.2-3 所示。

$$C = \sum_{i=1}^{N_{ma}} \alpha_i^m \, M_i + \sum_{j=1}^{N_{mb}} \beta_j^m \, K_j \Rightarrow \zeta_i = \frac{\alpha}{2\,\omega_i} + \frac{\beta \omega_i}{2}$$

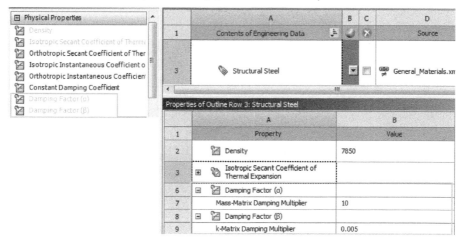

图 5.5.2-3　材料阻尼定义

5.5.3 常数阻尼

1. 完全谐响应分析阻尼矩阵 C

$$C = \alpha M + \sum_{i=1}^{N_{ma}} \alpha_i^m M_i + \left(\beta + \frac{1}{\Omega}g\right)K + \sum_{j=1}^{N_{mb}} \left(\beta_j^m + \frac{2}{\Omega}m_j + \frac{1}{\Omega}g_j^E\right)K_j + \sum_{k=1}^{N_c} C_k + \sum_{l=1}^{N_g} G_l + \sum_{m=1}^{N_c} \frac{1}{\Omega}C_m$$

（1）材料结构阻尼系数。

材料结构阻尼系数 g_j^E（Constant Damping Coefficient）设置方法如图 5.5.3-1 所示，在工程数据单元中进行定义。

$$C = \sum_{i=1}^{N_{ma}} \alpha_i^m M_i + \sum_{j=1}^{N_{mb}} \left(\beta_j^m + \frac{1}{\Omega}g_j^E\right)K_j \Rightarrow \zeta_i = \frac{\alpha}{2\omega_i} + \frac{\beta\omega_i}{2} + g_j^E$$

（2）常值结构阻尼比。

常值结构阻尼比 g（Constant Damping Ratio）作为整体阻尼值直接输入，在求解设置阻尼控制中进行输入，如图 5.5.3-2 所示。

$$C = \alpha M + \left(\beta + \frac{1}{\Omega}g\right)K \Rightarrow \zeta_i = \frac{\alpha}{2\omega_i} + \frac{\beta\omega_i}{2} + g$$

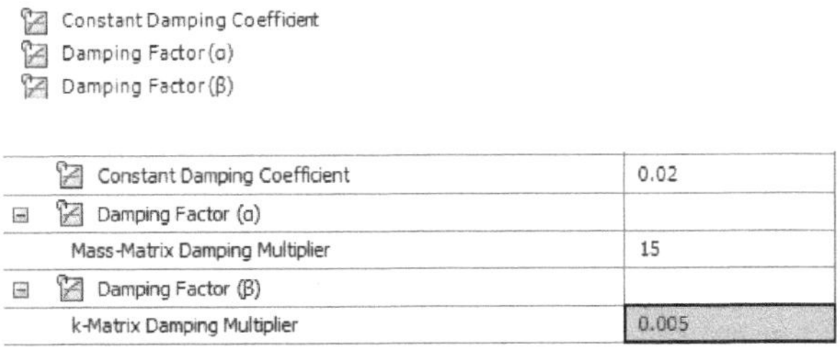

图 5.5.3-1　材料结构阻尼系数设置方法 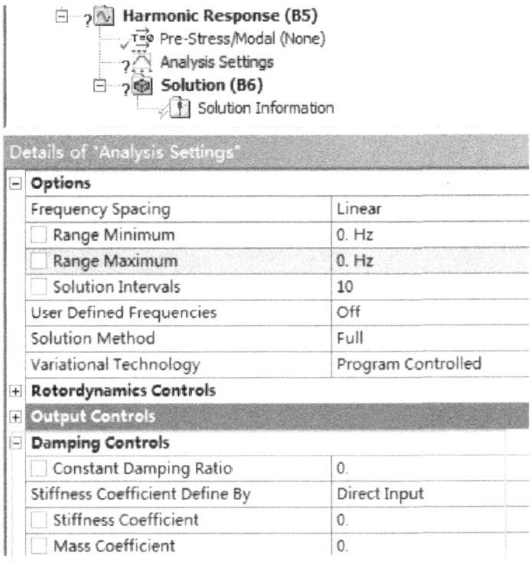　　　　图 5.5.3-2　常值结构阻尼比设置方法

2. 模态叠加分析阻尼

对于采用模态叠加法的谐响应分析、瞬态动力学分析、响应谱分析、随机振动分析，阻尼矩阵不能直接计算，而是采用阻尼比 ζ_i^d 定义。

模态 i 的阻尼比 ζ_i^d 组合如下：

$$\zeta_i^d = \zeta + \zeta_i^m + \frac{\alpha}{2\omega_i} + \frac{\beta\omega_i}{2}$$

其中，ζ 是常值模态阻尼比，需要用 Command 输入 MAPDL（DMPRAT 命令输入）；ζ_i^m 为振型 i 的模态阻尼比；ω_i 是振型 i 的自振角频率，$\omega_i = 2\pi f_i$，f_i 为振型 i 的自振频率。

5.5.4 数值阻尼

数值阻尼适用于瞬态动力学和刚体动力学分析，该选项用于控制结构高频产生噪声。该值在 0~1 之间，对于瞬态动力学分析，数值阻尼默认为 0.1，对于模态叠加瞬态动力学分析，默认值

为 0.005，对于刚体动力学分析默认为 0.99（无数值阻尼）。数值阻尼输入方法如图 5.5.4-1
所示。

图 5.5.4-1　数值阻尼输入方法

5.6　模态分析后处理

1. 模态分析求解后处理

（1）求解。

右击【Solution】节点，选择【Insert】→【Solve】，完成模态模块求解。

（2）提取计算模态结果。

按住〈Ctrl〉键，选择视窗右下侧模态阶次数据（Tabular Data），右击后选择【Create Mode
Shape Results】，得到前 6 阶模态振型，如图 5.6-1 所示。获得简化机翼结构第 1 阶和第 2 阶模态
振型云图如图 5.6-2 所示。

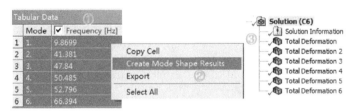

图 5.6-1　模态振型提取

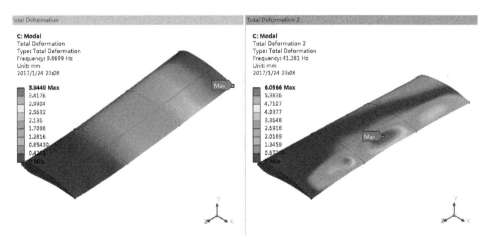

图 5.6-2　模态振型云图

（3）提取频率相对应力结果。

右击【Solution】节点，选择【Insert】→【Stress】→【Equivalent】→【von-Mises】，插入应力

【Equivalent Stress】。明细栏按图 5.6-3 所示设置，得到对应频率结构等效应力的相对分布趋势（不代表真实数据），步骤③控制得到不同阶次应力的相对分布趋势。

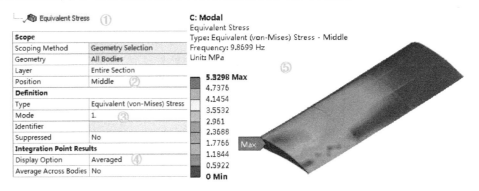

图 5.6-3　应力相对分布趋势

（4）参与因子与有效质量信息查询。

可通过【Solution Information】查看参与因子、有效质量等信息。

2. 有阻尼模态计算结果

（1）阻尼模态分析特征值实部是自然频率。

（2）特征值虚部是稳定性的一种测量，负值代表稳定，正值代表不稳定，如图 5.6-4 所示。

	Mode	✔ Damped Frequency [Hz]	Stability [Hz]	Modal Damping Ratio
1	1.	417.44	-5.4755	1.3116e-002
2	2.	1702.8	-91.349	5.3571e-002
3	3.	2537.5	-203.59	7.9974e-002
4	4.	3554.5	-402.	0.11238
5	5.	5251.	-891.19	0.16732
6	6.	6732.4	-1494.1	0.21665

图 5.6-4　有阻尼模态频率与稳定性

5.7　模态分析案例：油箱支架模态计算

◇ 起始文件：exam/exam5-1/exam5-1_pre. wbpj

◇ 结果文件：exam/exam5-1/exam5-1. wbpj

1. 静力学分析流程

Step 1　分析系统创建

启动 ANSYS Workbench 程序，浏览打开分析起始文件【exam5-1_pre. wbpj】。如图 5.7-1 所示，拖拽分析系统【Static Structural】进入项目流程图，共享起始文件【Geometry】单元格内容；继续拖拽分析系统【Modal】进入项目流程图，共享【Static Structural】中【Engineering Data】【Model】单元格内容。

Step 2　工程材料数据定义

【Engineering Data（B2）】单元格材料库不进行任何修改设置，计算材料采用默认材料结构钢 Structural Steel。

Step 3　几何行为特性定义

双击单元格【Model（B4）】，进入 Mechanical 静力学分析环境。

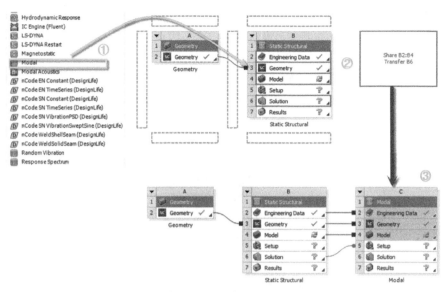

图 5.7-1　创建工程文件

（1）【Geometry】节点下包括油箱支架结构几何壳体体素，所有几何壳体在 SCDM 中进行厚度【Thickness】定义，偏置类型【Offset Type】=【Middle】、模型类型【Model Type】=【Shell】，明细栏如图 5.7-2 所示。

（2）定义油箱内油液质量以离散质量（Distributed Mass）进行表示，右击【Geometry】节点插入离散质量，每个油箱选择油箱外部壳体表面（3 表面），定义离散质量为 0.11kg，如图 5.7-3 所示。

图 5.7-2　几何行为特性定义

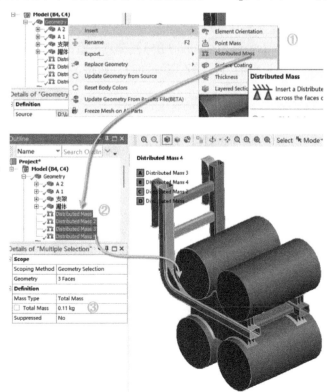

图 5.7-3　油液离散质量定义

Step 4 网格划分

（1）选择【Mesh】节点，在明细栏设置单元阶次为线性：【Element Order】→【Linear】（线弹性计算推荐使用高阶单元，考虑计算速度与存储，此处采用低阶单元）。

（2）右击【Mesh】插入 3 次【Method】，修改明细栏：【Method】=【MultiZone Quad/Tri】，【Surface Mesh Method】=【Uniform】，分别设置单元尺寸【Element Size】为油箱 25mm、支架和安装座 15mm，如图 5.7-4 所示。

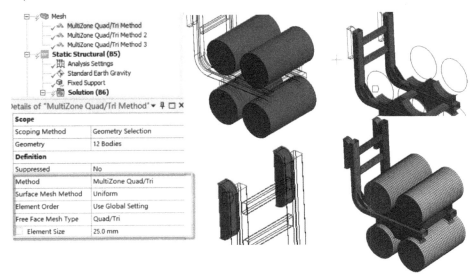

图 5.7-4　网格定义

Step 5 载荷与约束定义

（1）选择【Static Structural（B5）】节点，右击后选择【Insert】→【Standard Earth Gravity】，明细栏修改【Direction】为【+Z Direction】，如图 5.7-5 所示。

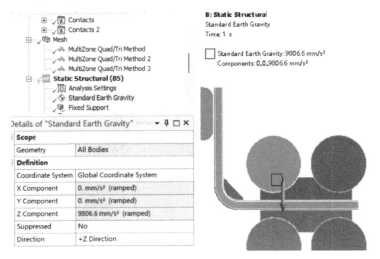

图 5.7-5　施加重力载荷

（2）选择【Static Structural（B5）】节点，右击后选择【Insert】→【Fixed Support】，明细栏【Geometry】选中安装座的 16 条边施加固定约束，如图 5.7-6 所示。

图 5.7-6　施加固定约束

Step 6　求解与后处理

（1）单击选中导航树【Solution（B6）】节点，右击后选择【Insert】→【Deformation】→【Total】，插入总变形【Total Deformation】和应力【Equivalent Stress】，如图 5.7-7 所示。

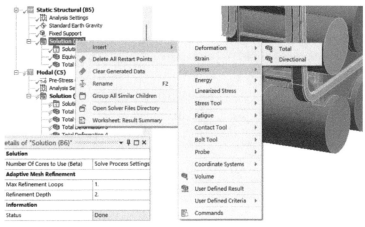

图 5.7-7　插入后处理观察项

（2）总变形【Total Deformation】和应力【Equivalent Stress】计算结果如图 5.7-8 所示，此结果限用于预应力计算合理性判断。

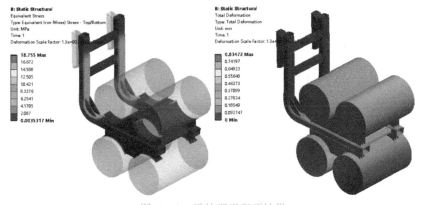

图 5.7-8　后处理观察项结果

2. 模态分析流程

Step 1 模态预应力选项定义

模态预应力选项【Pre-Stress（Static Structural）】定义采用默认设置，如图 5.7-9 所示。

Step 2 模态分析设置

分析设置【Analysis Settings】选项提取 6 阶模态，频率搜索范围设置为 0~120Hz；输出控制【Output Controls】进行【Stress】结果输出（模态频率相对应力不代表真实值），如图 5.7-10 所示。

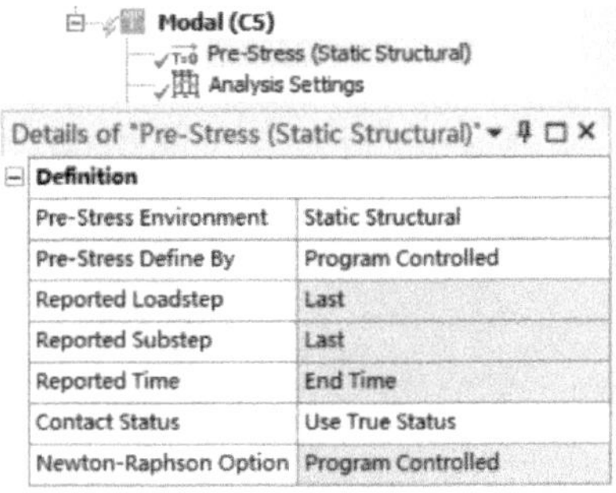

图 5.7-9 模态预应力选项定义

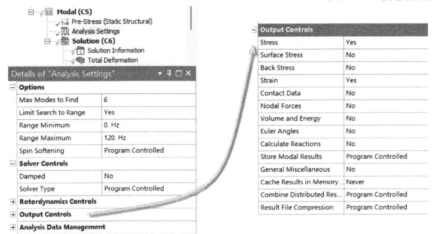

图 5.7-10 模态分析设置

Step 3 模态分析求解

（1）选择【Solution（C6）】节点，右击后选择【Insert】→【Solve】完成模态求解，如图 5.7-11 所示。

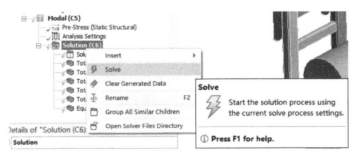

图 5.7-11 求解

（2）如图 5.7-12 所示，单击选中【Solution（C6）】节点，按住〈Ctrl〉键选择视窗右下侧【Tabular Data】模态频率数据，右击选择【Create Mode Shape Results】创建模态振型，得到前 6 阶模态振型，其中图 5.7-13 为第 1 阶、2 阶、3 阶模态振型。

（3）右击【Solution（C6）】，选择【Insert】→【Stress】→【Equivalent】→【von-Mises】，插入等效应力【Equivalent Stress】，明细栏按照图 5.7-14 设置，得到相应阶次 1 阶频率等效应力相对分布趋势。

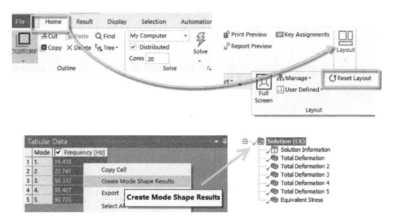

图 5.7-12　模态频率提取

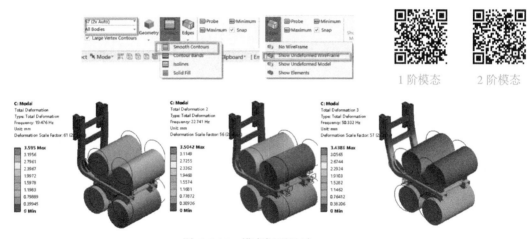

图 5.7-13　模态振型显示

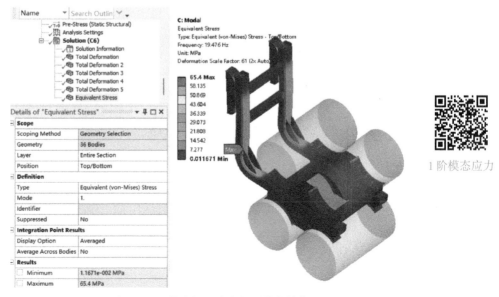

图 5.7-14　模态振型应力相对分布趋势

5.8 本章小结

本章对于模态分析基本术语、概念、阻尼与非阻尼模态定义、模态分析建模基本设置方法，模态后处理方法等进行了说明，并给出模态分析案例进行基本操作演示。

第6章

循环对称模态分析

6.1 循环对称模态分析概述

循环对称模态分析方法能够仅建立单扇区模态计算来模拟循环对称结构模态特性，构建单扇区几何模拟计算与观察整个结构振型。这种分析方法可以不建立整机模拟，采用较少单元和自由度参与计算，节省建模几何求解时长、存储空间。

循环对称模态分析主要应用于具有循环对称特性的结构，例如涡轮、叶轮、齿轮、铣刀等，如图 6.1-1 所示。

图 6.1-1　循环对称结构

6.2 基本扇区建模概念

1. 基本扇区

基本扇区是单一重复的几何图案，在圆柱坐标系下由 N 个重复几何构成完整结构，如图 6.2-1 所示。

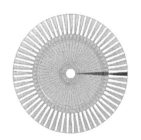

图 6.2-1　基本扇区

2. 扇区角

N 个相同扇区，每个基本扇区的跨越角 α 相同，$N \times \alpha = 360°$，α 称为扇区角。

3. 高低扇区边界

基本扇区模型循环的两个侧面，包含扇区角并形成模型边界，称为高低扇区边界，如图 6.2-2 所示。

Mechanical 循环对称模态分析不支持层截面（Layered Sections）、2D 分析、垫片（Gasket）特性、运动关节等扇区问题计算。

图 6.2-2　高低扇区边界

6.3　循环对称扇区复制方法

Mechanical 提供两种循环对称条件设计方法，以正确构造高低扇区边界约束方程。

（1）Cyclic Region：直接循环区域法。

（2）Pre-Meshed Cyclic Region：预网格循环区域法。

6.3.1　直接循环区域法

高低扇区边界循环的区域设定需要确保网格边界匹配，以获得正确约束方程。

（1）直接循环区域法不需要为扇区面网格匹配进行局部网格控制，在对称工具下或者导航树下右击后插入获得，如图 6.3.1-1 所示。

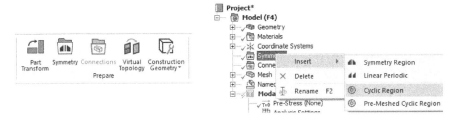

图 6.3.1-1　Cyclic Region 工具

（2）直接循环区域法需要自定义局部圆柱坐标系，将其作为扇区扩展旋转轴，在【Low Boundary】和【High Boundary】栏进行高低扇区边界选择，如图 6.3.1-2 所示。

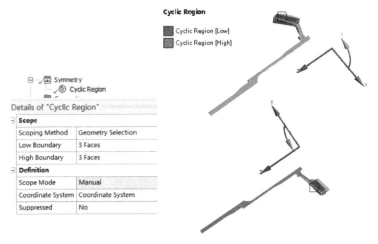

图 6.3.1-2　Cyclic Region 创建

6.3.2 预网格循环区域法

1. 方法控制

（1）【Low Boundary】和【High Boundary】选择几何低高扇区边界表面，如图 6.3.2-1 所示。

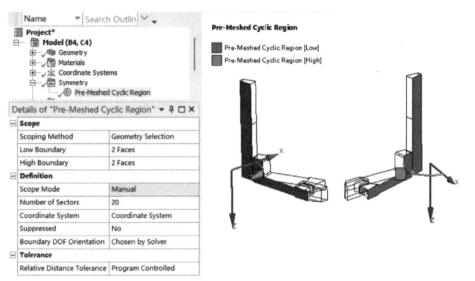

图 6.3.2-1　预网格循环区域法方法控制

（2）【Number of Sectors】指定扇区数量（$360/\alpha$）。

（3）建立局部坐标系，指定圆柱坐标系统。

（4）可手动指定（Manual）边界自由度方向或采用通过求解器选择（Chosen by Solver）。

2. 网格匹配

预网格循环区域法需要匹配网格控制，如图 6.3.2-2 所示。

（1）【Match Control】选择低扇区和高扇区边界对应表面。

（2）【Transformation】选择【Cyclic】。

（3）圆柱坐标系作为旋转轴输入，且 Z 轴为旋转轴。

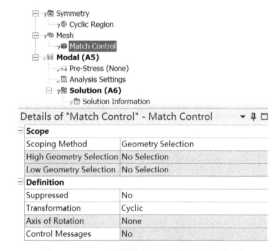

图 6.3.2-2　预网格循环区域法网格控制

6.4　循环对称模态求解策略

6.4.1　循环对称模态术语

1. 节径

节径可以定义为振动中位移保持为零的贯穿线。节径提供通过单扇区计算整个结构的模态形状关系。一条节径通常周向引起一个振动波，即一条横穿零位移平面的线，两条节径引起两个振动波，三条节径引起三个振动波，如此类推，如图 6.4.1-1 所示。

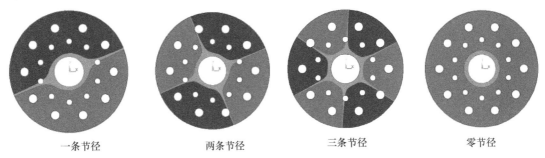

一条节径　　　　　两条节径　　　　　三条节径　　　　　零节径

图 6.4.1-1　节径

每条节径有许多振型，而循环对称模态仅有一个基本扇区，因此 Mechanical 需要知道提取哪些振型：是提取某一给定节径所有振型还是仅提取所给节径范围内前几阶振型等。通常只需提取结构低阶振型前几节径的前几阶振型提取，即可覆盖所有低阶模态频率。

2. 谐波指数

谐波指数是一个整数变量，最小为 0。对于每一个谐波指数，Mechanical 都将提取指定数目模态，要控制每个要提取模态的谐波指数范围。通常只需提取整个谐波指数范围中少数几个模态就可以覆盖所有低阶频率模态。

节径 d、模态阶数 m、扇区数量 N、谐波指数 k 之间关系为：

$$d = m \times N \pm k$$

谐波指数 k 范围按照如下规则取值：

- 如果 N 为偶数，则 k 为 $N/2$。
- 如果 N 为奇数，则 k 为 $(N-1)/2$。

表格形式统计节径、模态阶数、扇区数量、谐波指数的计算式如表 6.4.1-1 所示。例如模型 7 个扇区，指定谐波指数为 2，该程序求解节径为 2、5、9、12、16、19、23 等。

表 6.4.1-1　节径计算

谐波指数 k	节径 d					
0	0	N	N	$2N$	$2N$	…
1	1	$N-1$	$N+1$	$2N-1$	$2N+1$	…
2	2	$N-2$	$N+2$	$2N-2$	$2N+2$	…
3	3	$N-3$	$N+3$	$2N-3$	$2N+3$	…
4	4	$N-4$	$N+4$	$2N-4$	$2N+4$	…
…	…	…	…	…	…	…
$N/2$（N 为偶数）	$N/2$	$N/2$	$3N/2$	$3N/2$	$5N/2$	…
$(N-1)/2$（N 为奇数）	$(N-1)/2$	$(N+1)/2$	$(3N-1)/2$	$(3N+1)/2$	$(5N-1)/2$	…

6.4.2　求解策略

Mechanical 提供完整的程序控制求解策略进行循环对称模态求解。

（1）自动基于基本扇区模型创建重复扇区模型，与基本扇区位于相同坐标空间。

（2）重复扇区的负载、边界条件同于基本扇区。

（3）内部约束方程连接基本扇区和重复扇区的高、低边界，如图 6.4.2-1 所示。

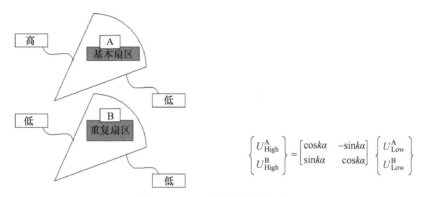

$$\begin{Bmatrix} U_{High}^{A} \\ U_{High}^{B} \end{Bmatrix} = \begin{bmatrix} \cos k\alpha & -\sin k\alpha \\ \sin k\alpha & \cos k\alpha \end{bmatrix} \begin{Bmatrix} U_{Low}^{A} \\ U_{Low}^{B} \end{Bmatrix}$$

图 6.4.2-1　高、低边界求解

　　直接循环区域法【Cyclic Region】工具具备自动获得网格匹配的能力。预网格循环区域法使用【Pre-Meshed Cyclic Region】配合网格周期控制【Match Control】也可以获得最佳精度，以保证高、低扇区边界网格相同，低边界柱坐标（r、θ、z）节点在高边界柱坐标（r、$\theta+\alpha$、z）有相应节点。求解可以在网格不匹配的条件下进行，但会警告提示。

　　扇区模态形状由特征向量表达，每个谐波指数 k 下的任意扇区位移分量由如下公式计算确定。

$$u_{i,n} = u_i^A \cos\{(n-1)k\alpha+\phi\} - u_i^B \sin\{(n-1)k\alpha+\phi\}$$

式中，n 为扇面数量，$1\sim N$。i 为模态数量。u_i^A 为基本扇面位移。u_i^B 为复制扇面位移。ϕ 为任意相位角。

6.4.3　求解设置

　　循环对称模态分析设置与基础模态分析设置类似，此处不再进行基础设置方法说明。【Cyclic Controls】基于节径 d 与模态阶数 m、扇区数量 N、谐波指数 k 之间的关系 $d=m\times N\pm k$ 进行定义，通常只需提取整个谐波指数范围中少数几个模态来覆盖所有低阶频率模态，因此谐波指数范围采用【Program Controlled】是默认选项，不支持阻尼模态的提取，如图 6.4.3-1 所示。

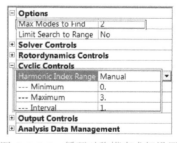

图 6.4.3-1　循环对称模态求解设置

6.5　循环对称模态求解后处理

1. 排序

　　默认情况下循环对称模态分析按照谐波指数进行升序排列，通过求解振型信息视图可以改变表格数据排序方式：【Graph Controls】→【X Axis】切换模态、频率选项，如图 6.5-1 所示。

2. 扇区扩展

Mechanical 默认将循环对称模态扇区几何进行形状扩展，扩展到 360°，也可以对扇区扩展数量进行定义，如图 6.5-2 所示。

```
□ ✓ 📖 Solution (G6)
   ✓ 🔲 Solution Information
   ✓ 📖 Total Deformation
```

Details of "Total Deformation"	
□ **Scope**	
Scoping Method	Geometry Selection
Geometry	All Bodies
□ **Definition**	
Type	Total Deformation
Cyclic Mode	1.
Harmonic Index	0.
Identifier	
Suppressed	No
□ **Results**	
□ Minimum	0. in
□ Maximum	20.139 in
Minimum Occurs On	Solid
Maximum Occurs On	Solid
□ **Graph Controls**	
X-Axis	Mode
□ **Information**	Mode
□ Frequency	Frequency

	Frequency [Hz]	☑ Mode	☑ Harmonic Index
1	749.71	1.	0.
2	771.89	1.	1.
3	771.89	2.	1.
4	867.67	1.	2.
5	867.67	2.	2.
6	1085.7	1.	3.
7	1085.7	2.	3.
8	1431.6	1.	4.

谐波指数排序

	Mode	☑ Harmonic Index	☑ Frequency [Hz]
1	1.	0.	749.71
2	2.	0.	3898.8
3	1.	1.	771.89
4	2.	1.	771.89
5	1.	2.	867.67
6	2.	2.	867.67
7	1.	3.	1085.7
8	2.	3.	1085.7

频率排序

图 6.5-1　循环对称模态频率分布排序

3. 传动波

谐波指数为 0 和 $N/2$ 时，模态形状没有相位依赖性，表现为两个相同频率、振幅和相位的波在相反方向传播，波的某些部分始终保持静止，通常被称为驻波。

谐波指数在 0 和 $N/2$ 之间研究，求解计算报告固有频率成对，一个基于正弦，另一个基于相同空间频率余弦，相位差为 90°。

谐波指数【Harmonic Index】指定为一定数值，选择【Cyclic Mode】为 1 或 2，会获得 90°相位差振型云图。

当设置【Maximum Value Over Phase】时，将会获得整个相位过程中的最大振型值（归一化后相对值）。

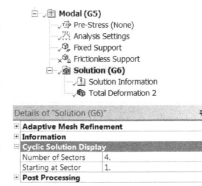

图 6.5-2　扇区扩展数量定义

为能够理解在给定频率下可能出现的全部振动状态，不仅需要研究单个正弦、余弦模态振型，还需研究它们的线性组合振型，从 0°到 360°相对相位整个周期形成结构从 0°到 360°周转振动传递的"传动波"。在 Mechanical 中获得周转振动传递传动波需要在求解振型时设置【Allow Phase Sweep】选项为【Yes】，如图 6.5-3 所示。计算动画显示窗口播放如图 6.5-4 所示，从上至下、从左至右将是一个动画传动波的帧传动过程，参见案例计算文件的传动波动画。

Details of "Total Deformation"	
Scope	
Scoping Method	Geometry Selection
Geometry	All Bodies
Definition	
Type	Total Deformation
Cyclic Mode	1.
Harmonic Index	1.
By	Cyclic Phase
Cyclic Phase	0. °
Allow Phase Sweep	Yes
Identifier	
Suppressed	No
Results	
Minimum	0. in
Maximum	27.973 in
Minimum Occurs On	Solid
Maximum Occurs On	Solid
Minimum Value Over Phase	
Minimum	0. in
Cyclic Phase	0. °
Maximum Value Over Phase	
Maximum	28.299 in
Cyclic Phase	20. °
Graph Controls	
Information	
Frequency	771.89 Hz

图 6.5-3 后处理设置

图 6.5-4 传动波动画过程

6.6 循环对称模态分析案例：铣刀盘循环对称模态计算

◇ 起始文件：exam/exam6-1/exam6-1_pre.wbpj
◇ 结果文件：exam/exam6-1/exam6-1.wbpj

Step 1 分析系统创建

启动 ANSYS Workbench 程序，浏览打开分析起始文件【exam6-1_pre.wbpj】，拖拽分析系统【Modal】进入项目流程图，共享起始文件【Geometry】单元格内容，如图 6.6-1。

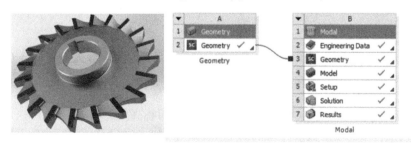

图 6.6-1 创建分析系统

Step 2 工程材料数据定义

双击【Engineering Data】单元格，按照图 6.6-2 所示步骤选择【General Materials】材料库中的【Titanium Alloy】，单击"+"按钮进行材料添加，保留材料库默认材料结构钢【Structural Steel】的数据。

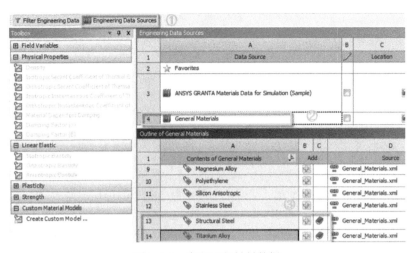

图 6.6-2　定义工程材料数据

Step 3　几何行为特性定义

双击单元格【Model（B4）】进入 Mechanical 模态分析环境。导航树【Geometry】包括刀体和刀柄等结构几何实体体素，刀身和刀片在 SCDM 中进行共享节点定义，设置刀片材料为钛合金【Titanium Alloy】，其他结构采用默认材料结构钢，如图 6.6-3 所示。

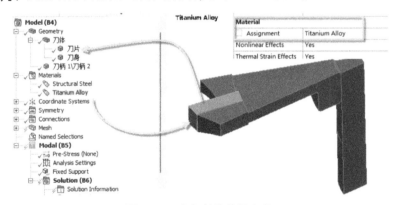

图 6.6-3　几何行为特性定义

Step 4　建立局部坐标系

建立圆柱坐标系，圆柱坐标系 Z 轴与刀柄轴向相同，X 轴为径向，过程如图 6.6-4 所示。

Step 5　网格定义

（1）建立循环对称网格定义，如图 6.6-5 所示。选择【Symmetry】节点，右击插入【Pre-Meshed Cyclic Region】，在明细栏中按照步骤②设置循环对称高低边界。

（2）修改明细栏中的扇区数量【Number of Sectors】=20（360/α），如图步骤③所示。

（3）修改坐标系，指定上一步建立的圆柱坐标系，如图步骤④所示。

（4）指定边界自由度方向，采用 Chosen by Solver 控制方法，如图步骤⑤所示。

Step 6　定义接触

建立刀柄和刀身之间的接触关系，接触关系为绑定接触。

Step 7　网格划分

（1）选择【Mesh】节点，在明细栏设置单元阶次线性【Element Order】为【Linear】（线弹性计算推荐高阶单元，考虑计算速度与存储此处采用低阶单元)。

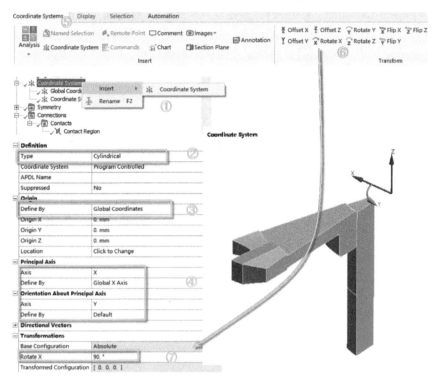

图 6.6-4　圆柱坐标系定义

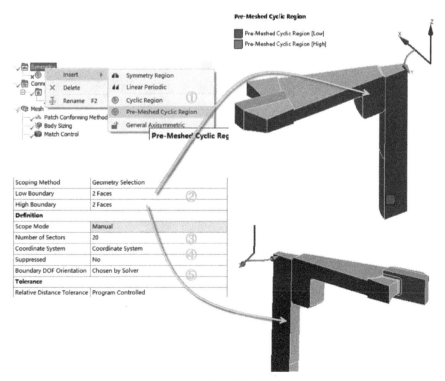

图 6.6-5　循环对称网格定义

（2）右击【Mesh】插入 3 次局部划分方法【Method】、2 次体尺寸【Body Sizing】。修改明细栏【Method】=【Patch Conforming Method】，并指定几何体为刀身结构，设置单元尺寸为 2mm；修改明细栏【Method】=【Hex Dominant Method】，并指定几何体为刀片结构，设置单元尺寸为 2mm；修改明细栏【Method】=【MultiZone】，并指定几何体为刀柄结构。

（3）右击【Mesh】插入【Match Control】，如图 6.6-6 所示，完成网格匹配控制定义。

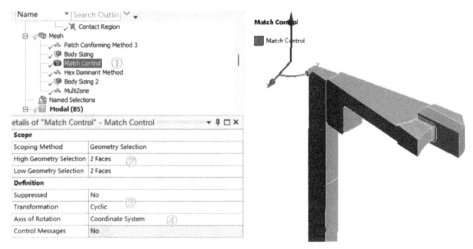

图 6.6-6　网格匹配控制定义

Step 8　载荷与约束定义

选择【Static Structural（B5）】节点，右击后选择【Insert】→【Fixed Support】，明细栏【Geometry】选中刀柄面进行固定，如图 6.6-7 所示。

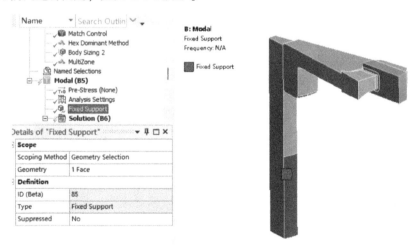

图 6.6-7　固定约束

Step 9　模态分析设置

（1）【Analysis Settings】设置为提取模态 2 阶。

（2）【Analysis Settings】循环控制【Cyclic Controls】中指定谐波指数范围定义为手动，如图 6.6-8 所示。基于节径 d、模态阶数 m、扇区数量 N、谐波指数 k 之间的关系 $d=m×N±k$ 进行定义，通常只需提取谐波指数范围内的少数模态来覆盖所有低阶频率模态。

图 6.6-8　模态分析设置

Step 10　模态分析求解

（1）单击选中导航树【Solution（B6）】节点，右击后选择【Insert】→【Solve（F5）】完成模态求解。按住〈Ctrl〉键，选择视窗右下侧的【Tabular Data】模态频率数据，右击选择【Create Mode Shape Results】创建模态振型得到全部模态振型。

（2）默认 Mechanical 循环对称模态按照谐波指数升序排列，通过改变求解振型信息排序方式（【Graph Controls】→【X Axis】）切换模态、频率排序方法。循环对称模态分析中扇区几何图形默认扩展到 360°，也可以指定扇区扩展数量。

（3）【Harmonic Index】= 2、【Starting at Sector】= 1、【Cyclic Mode】= 1 时的循环对称模态振型如图 6.6-9 所示。

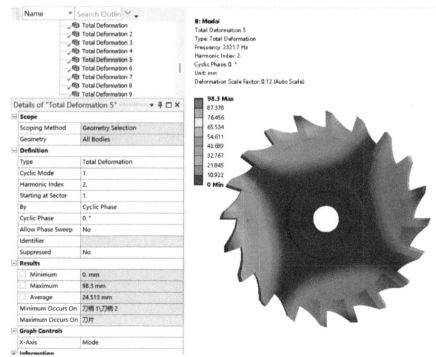

图 6.6-9　求解模态振型 5

（4）【Harmonic Index】= 3、【Starting at Sector】= 1、【Cyclic Mode】= 2 时的循环对称模态振型如图 6.6-10 所示。

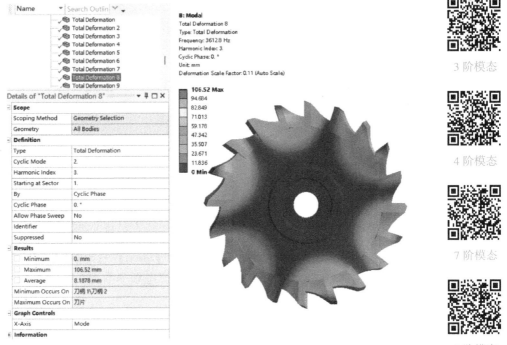

3 阶模态

4 阶模态

7 阶模态

8 阶模态

图 6.6-10　求解模态振型 8

6.7　本章小结

本章系统对于循环对称模态分析基本术语、求解策略、建模基本设置、后处理方法等进行描述说明，给出计算案例进行了分析建模说明。

第 7 章

线性扰动模态分析

7.1 线性扰动技术特点

结构分析（例如 Static Structural 模块）施加载荷可能导致额外刚度贡献，称为"载荷刚度"效应。这种效应对于模态分析、完全法谐响应分析等有刚度响应作用，Mechanical 能利用线性扰动技术考虑载荷刚度效应对于动力学计算的影响。

线性扰动模态分析支持结构分析大挠度非线性，支持循环对称分析，能够基于真实接触状态支持多个结果集的选择。

7.1.1 预应力效应

线性扰动模态分析预应力效应来自静力或瞬态分析，建议设置【Large Deflection】=【On】来产生更准确的计算结果，如图 7.1.1-1 所示。

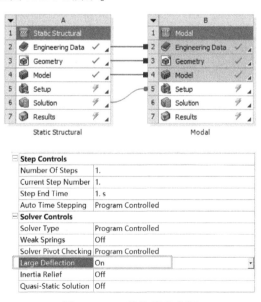

图 7.1.1-1 线性扰动求解

7.1.2 接触状态控制

预应力模态分析接触状态定义可以分为真实接触状态、力黏附、力结合等，如图 7.1.2-1 所示。

所示。

1. 真实状态（Use True Status）

默认设置使用当前接触状态。如果结构分析运行计算非线性，模态计算启动位置会将此时的非线性接触状态冻结，整个模态线性扰动分析以该接触状态进行求解。

2. 力粘接（Force Sticking）

此选项仅用于摩擦系数大于零的接触对，对摩擦接触对使用粘接接触刚度（即使接触状态是滑动状态）。

3. 力绑定（Force Bonded）

对处于闭合（粘接/滑动）状态的接触对使用绑定接触刚度和状态。

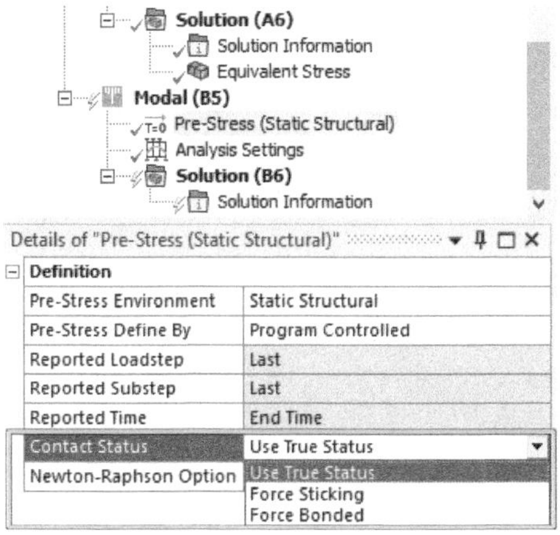

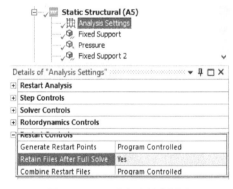

图 7.1.2-1　接触状态定义

7.1.3　计算结果集选择

预应力定义信息【Pre-Stress Define By】可以进行多结果集选择，用于模态接触状态启动点控制。默认设置为【Program Controlled】，程序控制将采用父项结构分析最后求解结果，作为预应力模态分析起点，如图 7.1.3-1 所示。

重启动文件从父项分析中获得，父项结构分析重启点控制设定如图 7.1.3-2 所示，静态或瞬态结构分析中任何时间点都可以被作为扰动项。

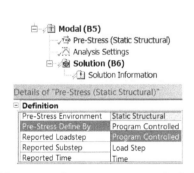

图 7.1.3-1　【Pre-Stress Define By】定义

图 7.1.3-2　重启点控制设定

全局切线刚度矩阵 K_i^{T}：

$$K_i^{\mathrm{T}} = K_i^{\mathrm{Mat}} + K_i^{\mathrm{Contact}} + K_i^{\mathrm{LoadStiffness}} + K_i^{\mathrm{SpinSoftening}} + K_i^{\mathrm{StressStiffness}}$$

式中，K_i^{Mat} 为对于非线性材料，只有线性部分被使用；K_i^{Mat} 为对于超弹性材料，重启点的切线材料属性被使用；$K_i^{\mathrm{StressStiffness}}$ 为应力刚度，包含在大变形分析中；$K_i^{\mathrm{SpinSoftening}}$ 为自旋软化影响，包含在大变形分析中；相对圆周运动改变离心载荷方向，使转子结构不稳定，通过调整刚度矩阵考虑这种扰动；K_i^{Contact} 为接触刚度，通过接触状态控制，在模态分析中自动调整；$K_i^{\mathrm{LoadStiffness}}$ 为负载、约束，来自基础分析，扰动分析所有位移约束、非零位移约束都设为零。

7.1.4　扰动模态后处理

Mechanical 扰动模态分析结果中的变形基于初始几何形状，而不是结构分析后状态的几何形状参与模态振型计算。要观察结构分析后接触状态模态振型时，就需要进行 APDL 处理，求解之前保存 MAPDL 数据库文件，用于后处理特殊控制目的。

如图 7.1.4-1 所示，结构分析将两平板几何模型进行渐进对贴加载，并考虑材料非线性，其后进行预应力模态分析，提取计算 6 阶模态振型。Mechanical 模态分析结果（位移、应力和应变）力学变形基于初始几何形状，而非结构分析后变形的几何形状，所以振型云图接触表现呈现分开趋势。

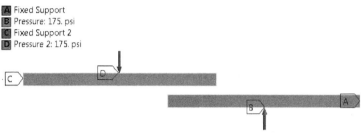

图 7.1.4-1　结构分析

为保证模态几何能够基于父项结构计算结果，正确表现施加预应力后的模态，可插入 APDL 语言程序。该程序将计算接触后的几何更新保持至模态分析，指引 Mechanical 绘制该变形几何图形，最后求解得到所需模态形状，如图 7.1.4-2 所示。

图 7.1.4-2　预应力模态云图更新

```
   FINI        ! EXIT THE POST PROCESSOR
RESUME,FILE,DB       ! RESUME DATABASE FROM PERTURBED MODAL ANALYSIS
   /POST1     ! ENTER THE POST PROCESSOR

!!!!CHANGE APDL BACKGROUND FROM BLACK TO WHITE
/RGB,INDEX,100,100,100, 0
/RGB,INDEX, 80, 80, 80,13
/RGB,INDEX, 60, 60, 60,14
/RGB,INDEX, 0, 0, 0,15
!!!!

/VIEW,1,0,0,1! SET VIEW ORIENTATION TO Z AXIS
/AUTO,1     ! FIT THE MODEL TO THE VIEW

/SHOW,PNG    ! DIRECT PLOTS TO PNG FORMAT
EPLOT     ! PLOT ELEMENTS (UPDATED GEOMETRY FROM BASE ANALYSIS)

/VIEW,1,1,1,1   ! SET VIEW ORIENTATION TO ISOMETRIC
/AUTO,1
```

```
! LOOP THROUGH EACH MODE SHAPE AND GENERATE DEFORMATION PLOTS
*DO,i,1,6
SET,1,i    ! READ EACH MODE SHAPE INTO MEMORY
/SHOW,PNG
PLNSOL,U,SUM    ! PLOT TOTAL DEFORMATION
*ENDDO    ! END OF *DO LOOP
```

7.2 扰动模态分析案例

7.2.1 承载基座线性扰动模态计算案例

◇ 起始文件：exam/exam7-1/exam7-1_pre. wbpj

◇ 结果文件：exam/exam7-1/exam7-1. wbpj

1. 静力学分析流程

Step 1 分析系统创建

启动 ANSYS Workbench 程序，浏览打开分析起始文件【exam7-1_pre. wbpj】。如图 7. 2. 1-1 所示，拖拽分析系统【Static Structural】进入项目流程图，共享起始文件【Geometry】单元格，继续拖拽分析系统【Modal】进入项目流程图，共享【Static Structural】的【Engineering Data】【Model】单元格。

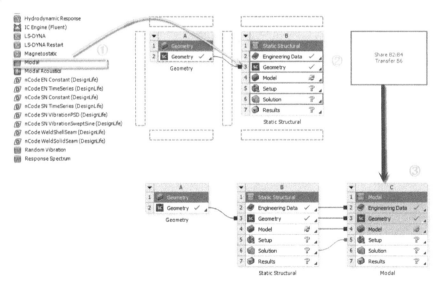

图 7. 2. 1-1　创建分析系统

Step 2 工程材料数据定义

【Engineering Data（B2）】材料库不进行任何修改，计算材料采用默认材料结构钢【Structural Steel】。

Step 3 几何行为特性定义

双击单元格【Model（B4）】，进入 Mechanical 静力学分析环境。

（1）导航树【Geometry】包括拉索、桁架结构两个主体几何，拉索为几何实体体素，桁架结构全部由壳体几何构成。几何壳体体素在 SCDM 中完成厚度定义，全部偏置类型【Offset Type】=【Middle】，模型类型【Model Type】=【Shell】。拉索和桁架几何体素在 SCDM 中完成节点共享。

（2）定义桁架支架附加质量，以集中点质量【Point Mass】表示。右击【Geometry】节点，插入集中质量点，选中 4 个挂臂的 8 个销轴孔（圆线表示），定义集中质量 20000kg，如图 7.2.1-2 所示。

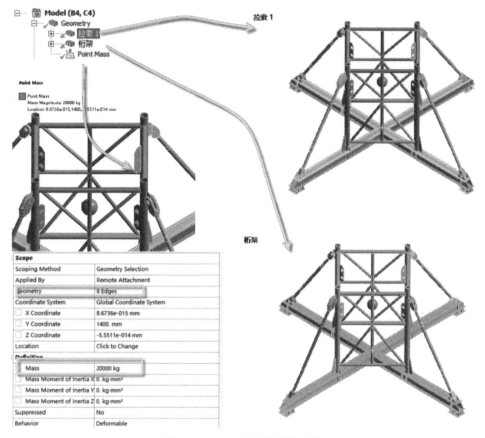

图 7.2.1-2　几何行为特性定义

Step 4　定义运动副

（1）右击【Connections】节点插入【Connection Group】，再次右击【Connection Group】节点，插入【Joints】关节，修改连接类型【Connection Type】为【Body-Body】，关节类型【Type】选择旋转关节【Revolute】，不考虑扭转刚度与阻尼，在参考对象【Scope】中选择拉索的销轴孔（2 个圆面），在运动对象【Scope】中选择挂臂结构销轴孔（1 个线圈），完成一个运动关节定义，如图 7.2.1-3 所示，设置过程。

（2）再次右击【Connection Group】插入【Joints】关节，按照图 7.2.1-4 所示设置完成拉索另一端运动关节的定义，修改连接类型【Connection Type】为【Body-Body】，关节类型【Type】选择旋转关节【Revolute】，不考虑扭转刚度与阻尼，在参考对象【Scope】中选择拉索的销轴孔（1 个圆面），在运动对象【Scope】中选择挂臂结构销轴孔（2 个线圈）。

（3）同理完成其他运动副创建，最终完成 4 组 8 个旋转运动关节的创建，如图 7.2.1-5 所示。

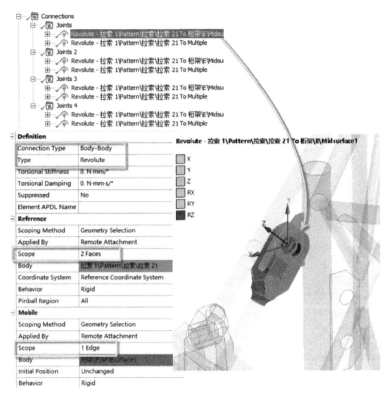

图 7.2.1-3　运动副创建

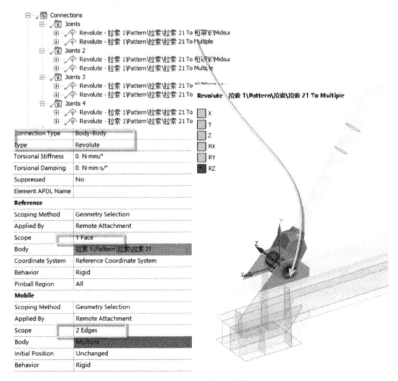

图 7.2.1-4　运动关节的定义

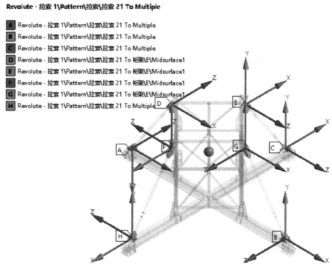

图 7.2.1-5　4 组 8 个运动副的定义

Step 5　网格划分

（1）选择【Mesh】节点，在明细栏设置单元阶次为线性，即【Element Order】→【Linear】（线弹性计算推荐高阶单元，案例考虑计算速度与存储采用低阶单元）。【Sizing】项设置：【Resolution】为 7 级，转化过渡【Transition】=【Slow】，跨度中心角【Span Angle Center】=【Fine】。【Advanced】项设置：前沿推进法【Triangle Surface Mesher】=【Advancing Front】。

（2）右击【Mesh】插入 4 次【Method】，3 次【Body Sizing】，如图 7.2.1-6 所示。

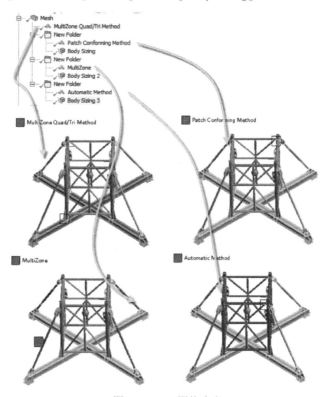

图 7.2.1-6　网格定义

75

修改明细栏，【Method】=【MultiZone Quad/Tri】，【Surface Mesh Method】=【Uniform】，设置单元尺寸为40mm，选中支架大十字座的共70个壳体元素。

修改明细栏，【Method】=【Patch Conforming Method】，设置单元尺寸为40mm，选中4个拉索两头，共8个体元素。

修改明细栏，【Method】=【MultiZone】，【Surface Mesh Method】=【Uniform】，设置单元尺寸为15mm，选中4个拉索中间杆，共4个体元素。

修改明细栏，【Method】=【Quadrilateral Dominant】，设置单元尺寸为15mm，选中支架大十字座上部，共68个壳体元素。

Step 6　载荷与约束定义

（1）选择【Static Structural（B5）】节点，右击后选择【Insert】→【Standard Earth Gravity】，明细栏修改【Direction】=【-Y Direction】。

（2）选择【Static Structural（B5）】节点，右击后选择【Insert】→【Fixed Support】，明细栏【Geometry】选中支架大十字安装座底部支撑面，共32面固定约束。

（3）选择【Static Structural（B5）】节点，右击后选择【Insert】→【Bolt Pretension】，明细栏【Geometry】选中拉索中段圆柱面，施加预紧力10000N，共完成4根拉索的预紧力施加，最终全部载荷与约束定义如图7.2.1-7所示。

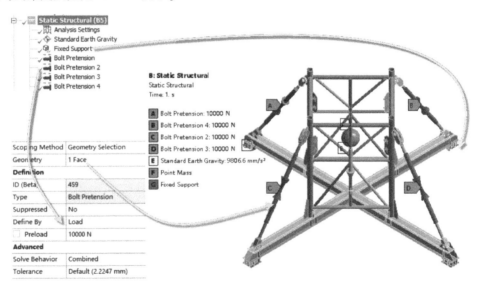

图 7.2.1-7　施加载荷与约束

Step 7　求解与后处理

单击选中导航树【Solution（B6）】节点，右击后选择【Insert】→【Deformation】→【Total】，插入总变形【Total Deformation】和应力【Equivalent Stress】。总变形【Total Deformation】和应力【Equivalent Stress】计算结果如图7.2.1-8所示，限用于预应力计算合理性判断。

2. 模态分析流程

Step 1　模态预应力定义

预应力模态选项【Pre-Stress（Static Structural）】定义如图7.2.1-9所示，采用默认设置。

Step 2　模态分析设置

分析设置【Analysis Settings】提取模态6阶，频率搜索不限制范围，不进行 Stress 等结构响应输出控制。

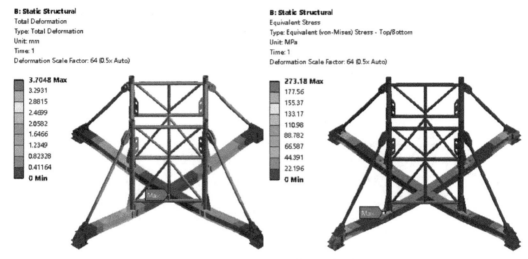

图 7.2.1-8　后处理预应力观察项

Step 3　模态分析求解

（1）选择【Solution（C6）】节点，右击后选择【Insert】→【Solve】完成模态模块的求解，如图 7.2.1-10 所示。

（2）单击选中【Solution（C6）】节点，按住〈Ctrl〉键选择视窗右下侧的【Tabular Data】模态频率数据，右击选择【Create Mode Shape Results】创建模态振型，得到前 6 阶模态振型，图 7.2.1-11 所示为第 1~4 阶模态振型。

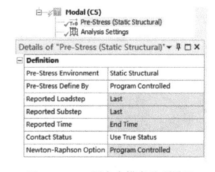

图 7.2.1-9　预应力模态选项设置

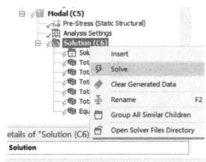

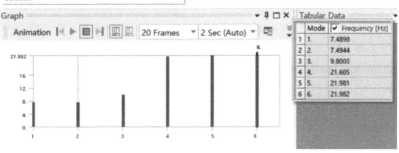

图 7.2.1-10　求解

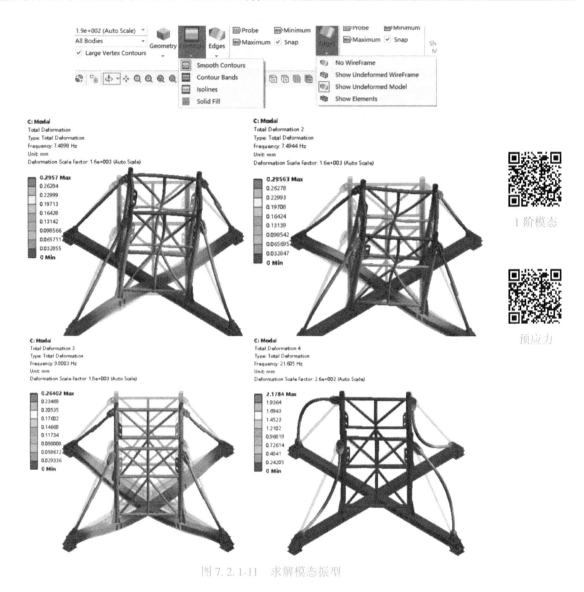

图 7.2.1-11　求解模态振型

7.2.2　非线性接触扰动模态计算案例

◇ 起始文件：exam/exam7-2/exam7-2_pre. wbpj

◇ 结果文件：exam/exam7-2/exam7-2. wbpj

1. 静力学分析流程

Step 1　分析系统创建

启动 ANSYS Workbench 程序，浏览打开分析起始文件【exam7-2_pre. wbpj】。如图 7.2.2-1 所示，项目流程图中已经包括非线性静力学分析求解模块【Static Structural】。拖拽分析系统【Modal】进入项目流程图，共享【Static Structural】的【Engineering Data】【Model】单元格内容以及【Solution】求解信息。

Step 2　静力学求解简述

双击单元格【Model（B4）】进入 Mechanical 静力学分析环境，该分析准备文件已完成静力学模块非线性计算内容，此处仅进行必要设置简要介绍。设置流程如图 7.2.2-2 所示。

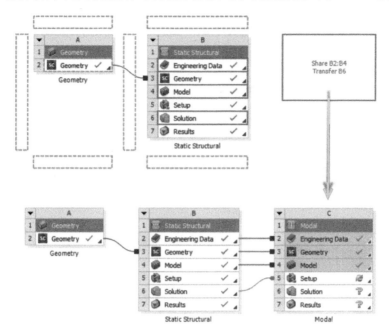

图 7.2.2-1　创建分析系统

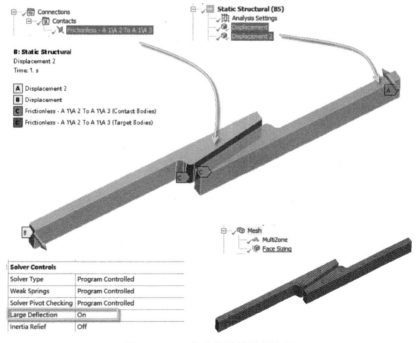

图 7.2.2-2　静力学计算设置流程

（1）计算材料采用默认的非线性铝合金【Aluminum Alloy NL】。

（2）建立接触对，接触对表面选择两零件结构的触点表面（2 个表面）。

（3）网格划分选择【MultiZone】，即多区划分方法，并在结构侧面设置 0.5mm 网格尺寸。

（4）两零件结构分别施加 5mm 位移载荷，模拟结构 5mm 位移载荷相互作用后的挤压接触状态，提取预应力和接触状态，保存挤压后的接触状态特性。

（5）【Analysis Settings】设置非线性大变形，即选项【Large Deflection】=【On】，其他设置默认。

（6）静力学求解计算结果如图 7.2.2-3 所示，施加 5mm 位移载荷后应力与位移变形云图显示，两个几何结构的触点已紧密接触，整体有挤压变形和应力推挤。

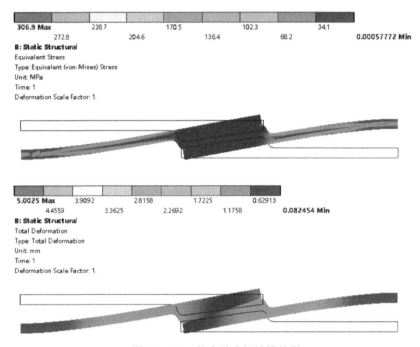

图 7.2.2-3　静力学求解计算结果

2. 模态分析流程

Step 1　模态预应力选项定义

预应力模态选项【Pre-Stress（Static Structural）】定义如图 7.2.2-4 所示，修改接触状态为【Force Bonded】。

Step 2　模态分析设置

【Analysis Settings】提取模态 6 阶，频率搜索不限制范围，不进行 Stress 等结构响应输出控制。

Step 3　模态分析求解

（1）选择【Solution（C6）】节点，右击后选择【Insert】→【Solve】，完成模态求解。

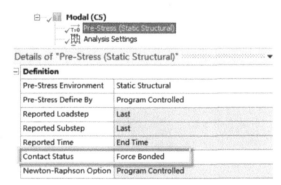

图 7.2.2-4　预应力模态选项定义

（2）单击选中【Solution（C6）】节点，按住〈Ctrl〉键选择视窗右下侧的【Tabular Data】模态频率数据，通过【Create Mode Shape Results】创建模态振型，得到前 6 阶模态振型，图 7.2.2-5 所示为第 1 阶、2 阶模态振型，观测可知模态振型没有进行真实接触状态云图显示和表达。

（3）右击【Solution（C6）】节点，插入【Commands（APDL）】，然后右击【Commands（APDL）】节点，选择【Import】，查询本书附带文件"post commands.txt"，如图 7.2.2-6 所示。

运行求解获得 ANSYS APDL 环境下的求解云图，如图 7.2.2-7 所示，求解得到的云图模态以预应力接触状态触点接合形式进行云图显示。

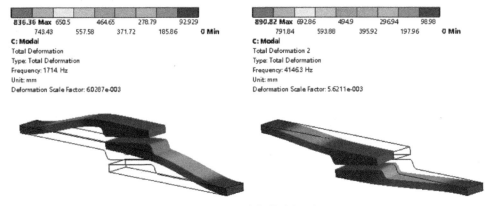

图 7.2.2-5　求解模态振型

图 7.2.2-6　预应力接触状态 APDL 修正控制

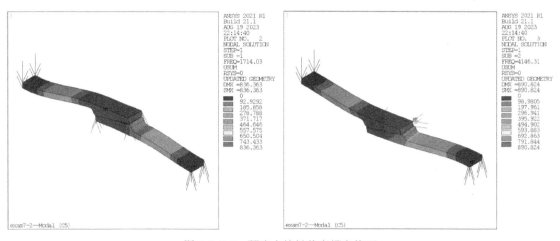

图 7.2.2-7　预应力接触状态模态修正

7.3　本章小结

本章主要进行线性扰动技术特点介绍，对线性扰动模态接触状态控制方法进行说明，对如何获得线性扰动模态后处理方法等进行说明。本章给出两个案例，案例二展示了考虑非线性接触状态特性后的预应力模态分析特点。

第8章

谐响应分析

8.1 谐响应分析目的

谐响应分析是计算线性结构在谐波（正弦）激励下响应的计算技术，用于验证结构几何是否能够克服共振、疲劳、强制振动等有害影响。

谐响应分析技术只计算结构稳态强迫振动，不计算激励开始时的瞬态振动，通过计算获得结构响应量（例如应力、位移等）与频率的关系图，确定频响图表最大峰值或热点峰值响应，提取对应的应力、应变等数值，如图 8.1-1 所示。广泛应用于车辆、旋转机械、变速器等的噪声、振动等设计分析工作。

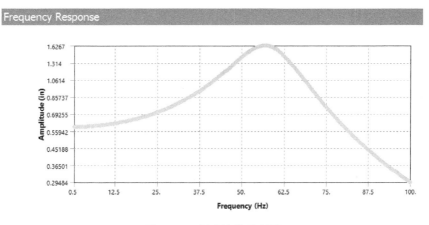

图 8.1-1　频响峰值示意图

8.2 谐响应分析基本原理

8.2.1 谐响应分析运动方程

通用运动控制方程：

$$M\ddot{u}+C\dot{u}+Ku=F$$

假定 F、u 简谐，其输入圆频率均为 Ω：

$$F=F_{max}e^{i\psi}e^{i\Omega t}=(F_1+iF_2)e^{i\Omega t}$$

$$u=u_{max}e^{i\psi}e^{i\Omega t}=(u_1+iu_2)e^{i\Omega t}$$

对 u 进行两次求导并代入通用运动控制方程，整理得出谐响应分析运动方程：

$$(-\Omega^2 M + i\Omega C + K)(u_1 + iu_2) = (F_1 + iF_2)$$

8.2.2 谐响应分析输入与输出

谐响应分析的全部输入载荷以及对应计算结构的响应输出均呈正弦变化，如图 8.2.2-1 所示。

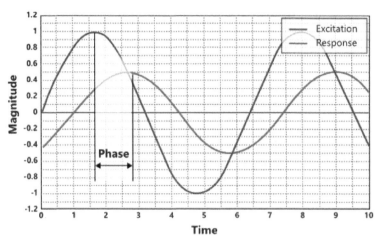

图 8.2.2-1　谐响应输入和输出特性

1. 计算输入

简谐载荷方程表达式为：

$$F_i = F_{imax}\sin(\omega t + \theta_i)$$

式中，F_{imax} 为幅值；ω 为频率；θ 为相位角，两个或多个谐响应载荷之间的相位差，单个载荷相位角无须输入，默认为 0。

2. 响应输出

分析将会输出每个自由度的谐响应位移，通常输出响应和输入载荷相位不同。当施加载荷的频率与结构固有频率接近时会发生共振，响应输出工具可以提取最大峰值响应频率或重点关注频率的应力、应变以及其他导出值等。

8.2.3 有阻尼体系简谐载荷作用响应

1. 频率比 β

载荷频率 Ω 与结构固有频率 ω 的比值称为频率比 β。

$$\beta = \Omega/\omega$$

2. 动力放大系数 R_d

阻尼简谐载荷放大效应的动力放大系数 R_d 为：

$$R_d = [(1-\beta^2)^2 + (2\zeta\beta)^2]^{-1/2}$$

3. 振幅 u 与相位差 ϕ

无阻尼简谐载荷作用下的响应计算公式包括稳态响应和暂态响应，真实结构阻尼的存在会使暂态响应逐步消失，Mechanical 谐响应分析仅研究稳态响应。

u 为稳态振动振幅：

$$u = \frac{f/k}{\sqrt{(1-\beta^2)^2 + (2\zeta\beta)^2}}$$

θ 为稳态振动相对简谐激励的相位差：

$$\theta = \arctan \frac{2\zeta\beta}{1-\beta^2}$$

如图 8.2.3-1 所示，典型单自由度弹簧-阻尼-质量振子系统的幅值与频率响应特性如下：

（1）阻尼大小是影响共振幅值高低的重要因素。

（2）很小的阻尼变化就会对所有频率响应振幅大小起关键影响作用，特别是共振频率附近的响应。

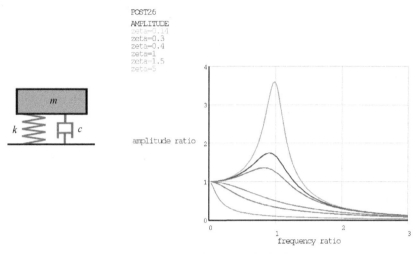

图 8.2.3-1　不同阻尼下的频响对比

如图 8.2.3-2 所示，典型单自由度弹簧-阻尼-质量振子系统相位与频率响应特性如下：

（1）当外部激励频率 Ω 远小于结构自振频率 ω 时，结构响应与外载荷之间的相位角 $\phi \to 0°$。这种情况下结构振动很慢，惯性力和阻尼力都很小，动载荷主要与刚度力相平衡，由于弹性力与位移成正比但方向相反，外载荷与位移基本上是同相位的。

（2）当外部激励频率 Ω 接近结构自振频率 ω 时，结构响应滞后于外载荷相位角 $\phi \to 90°$。动载荷主要与阻尼力相平衡，共振情况下阻尼力起主要作用。

（3）当外部激励频率 Ω 远大于结构自振频率 ω 时，结构响应滞后于外载荷相位角 $\phi \to 180°$。这种情况下结构振动很快，惯性力很大，阻尼力和刚度力很小，动载主要与惯性力平衡。惯性力与位移同相位，外载荷与位移方向相反，相位差 180°。

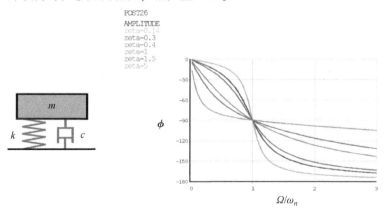

图 8.2.3-2　不同阻尼下的频率-相位对比

8.2.4 有阻尼共振响应

当外部载荷激励频率等于结构固有频率时，结构响应最大，发生共振。大多数结构共振对于设计是致命的。对于小阻尼体系，稳态响应最大振幅并不出现在频率比为 1 的位置，而是频率比略小于 1 的位置。

1. 共振响应频率比 β

在阻尼比小于 $1/\sqrt{2}$ 时，稳态响应最大振幅对应的频率比为：

$$\beta = \sqrt{1-\zeta^2}$$

2. 动力放大系数 $R_{d,max}$

动力放大系数 $R_{d,max}$ 为：

$$R_{d,max} = \frac{1}{2\zeta\sqrt{1-\zeta^2}}$$

3. 有阻尼共振响应比 $R(t)$

由于实际阻尼比一般很小，$\sqrt{1-\zeta^2}$ 接近于 1，可以得到有阻尼体系共振响应比为：

$$R(t) = \frac{u(t)}{f/k} = \frac{1}{2\zeta}\left[\left(e^{-\zeta\omega t}-1\right)\cos\omega t + \zeta e^{-\zeta\omega t}\sin\omega t\right]$$

当 $t\to\infty$ 时，阻尼共振响应比 $R(t)$ 在 $-\frac{1}{2\zeta} \sim \frac{1}{2\zeta}$ 范围内变化，阻尼比很小时，主要由 $\cos\omega t$ 贡献，相位差近 $\pm 90°$。

8.3 谐响应分析求解方法

8.3.1 完全法谐响应分析

1. 完全法计算方程

Mechanical 支持两种谐响应分析计算求解技术，其中，完全法（直接法）谐响应分析使用完整结构矩阵，允许非对称矩阵。

完全法谐响应分析求解准确，采用稀疏矩阵求解复杂计算方程，求解时间较长，不计算瞬态效果，支持各种类型的载荷和约束。

完全法谐响应计算方程为：

$$(-\Omega^2 M + i\Omega C + K)(u_1 + iu_2) = (F_1 + iF_2)$$

2. 完全法分析选项

完全法分析选项设置如图 8.3.1-1 所示。

（1）【Frequency Spacing】：基于频率空间定义方式，包括线性（Linear）、对数（Logarithmic）、倍频（Octaves）。

（2）【Range Minimum】：定义最小频率。

（3）【Range Maximum】：定义最大频率。

（4）【Solution Intervals】：用来定义求解间隔，如图 8.3.1-2 所示。

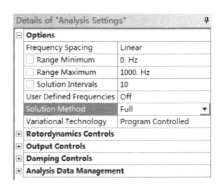

图 8.3.1-1　完全法分析选项设置

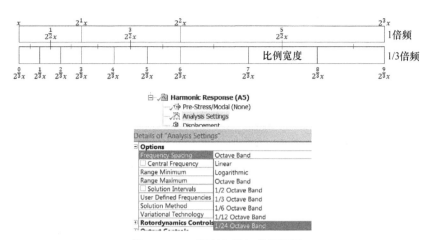

图 8.3.1-2 频率空间与求解间隔

- 线性：例如定义最小频率为 0Hz、最大频率为 100Hz，定义求解间隔 = 20，则求解计算发生在 20Hz、40Hz、60Hz、80Hz、100Hz，注意采用等间隔频率点可能丢失峰值响应。
- 对数：采用对数方法进行空间分割，例如频率范围 1~500Hz 的 10 个对数间隔，给出频率为 1Hz、1.9947Hz、3.979Hz、7.937Hz、15.83Hz、31.58Hz、62.99Hz、125.66Hz、250.66Hz 和 500Hz。
- 倍频：倍频频段以中心频率（Hz）两侧的值来设定最小和最大频率。

（5）【Solution Method】：求解方法，用来控制谐响应分析是基于完全法计算还是模态叠加法计算，完全法设置【Solution Method】=【Full】。

（6）【Output Controls】：用来控制求解后的输出数据类型，默认输出应力和应变结果。其他后处理选项需要修改为【Yes】。例如，对于薄壳结构需要输出膜应力计算结果，需要设置【General Miscellaneous】=【Yes】。

（7）【Damping Controls】：如前面所述，阻尼增加会降低所有频率响应幅值，很小的阻尼变化就会对接近共振点的响应有很大影响。应该针对分析结构的体量和特点进行阻尼值计算或者近似选择。

8.3.2 模态叠加法谐响应分析

1. 模态叠加法

模态叠加法谐响应分析首先通过计算模态获得振型，然后乘以系数进行叠加来计算动力学响应，如图 8.3.2-1 所示。模态叠加法谐响应分析是一种近似求解方法，求解结果近似程度取决于模态提取数量。模态叠加法相比完全法求解速度更快。模态数量提取不足可能导致模态叠加法应力结果准确性降低，为保证良好求解计算结果，应该提取一定的模态数量或找到激励峰值频率为止。模态叠加法谐响应分析不支持非线性求解，非线性接触关系自动转化为线性接触关系。

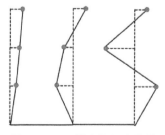

图 8.3.2-1 模态叠加法示意

$$(-\Omega^2 M + i\Omega C + K)(u_1 + iu_2) = (F_1 + iF_2)$$

$$\cdots$$

$$(-\Omega^2 + i2\omega_j \Omega \zeta_j + \omega_j^2) y_{jc} = f_{jc}$$

2. 模态叠加法分析选项设置

（1）模态叠加法分析选项设置如图 8.3.2-2 所示。

（2）模态叠加法谐响应分析首先进行模态分析，计算足够多的模态数量，如图 8.3.2-3 所示。

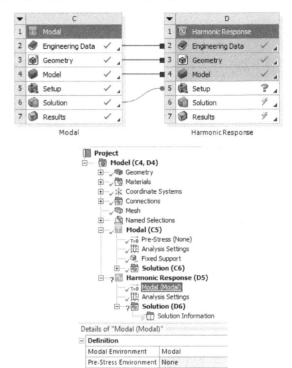

Options	
Frequency Spacing	Linear
☐ Range Minimum	0. Hz
☐ Range Maximum	500. Hz
Cluster Number	4
User Defined Frequencies	Off
Solution Method	Mode Superposition
Include Residual Vector	No
Cluster Results	Yes
Store Results At All Frequencies	Yes

图 8.3.2-2　模态叠加法分析选项设置

图 8.3.2-3　模态计算连接

（3）【Range Minimum】【Range Maximum】【Solution Intervals】同完全法谐响应分析计算，不进行说明。

（4）修改【Cluster Results】进行集群分布方式设置，通过在峰值频率周围布置指定数量的检测点来防止丢失关键响应，默认【Cluster Number】=4，如图 8.3.2-4 所示。

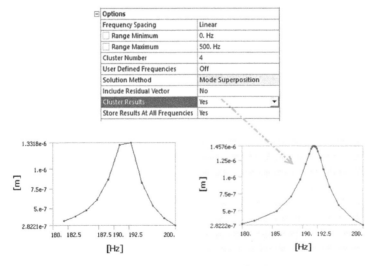

图 8.3.2-4　【Cluster Results】设置

（5）自定义频率【User Defined Frequencies】=【On】允许在【Tabular Data】中输入用户自定义频率，通常建议输入模态频率或热点频率。如图 8.3.2-5 所示，以表格数据形式填入模态固有频率值，帮助捕获共振频率附近的峰值响应。

Details of "Analysis Settings"

Options	
Frequency Spacing	Linear ②
☐ Range Minimum	0. Hz
☐ Range Maximum	2500. Hz ③
☐ Solution Intervals	50 ④
User Defined Frequencies	On ⑤
Solution Method	Mode Superposition ⑦
Include Residual Vector	No
Cluster Results	No
Store Results At All Frequencies	Yes
⊞ **Rotordynamics Controls**	
⊞ **Output Controls**	
⊞ **Damping Controls**	

Tabular Data

	User Defined Frequency Steps [Hz]
1	151.45
2	541.18
3	643.14
4	1005.5 ⑥
5	2150.4
6	2422.5
7	2612.8
8	3090.4
9	4105.5
10	4472.1

图 8.3.2-5　谐响应计算频率设置

8.3.3　阻尼控制

阻尼矩阵 C 一般不能明确计算获得，而是采用包括第 i 阶模态的阻尼比 ζ^d 来定义阻尼。阻尼比 ζ^d 定义一般包括：

- 常值阻尼比 ζ。
- 第 i 阶模态阻尼比 ζ^m_i。
- 瑞利阻尼：α 阻尼（质量矩阵乘子）、β 阻尼（刚度矩阵乘子）。
- 单元阻尼等。

Mechanical 阻尼定义方法如图 8.3.3-1 所示，具体参阅前文系统介绍。

（1）常值阻尼比 ζ 和瑞利阻尼 α、β 能够在分析设置【Analysis Settings】中获得。

（2）第 i 阶模态阻尼比 ζ^m_i 在材料属性中进行赋值。

（3）单元阻尼在对应单元设置中指定，例如在弹簧、套管运动副【Bushing Joints】等对应参数项中定义阻尼。

Details of "Analysis Settings"

⊞ **Step Controls**	
⊟ **Options**	
Frequency Spacing	Linear
☐ Range Minimum	0. Hz
☐ Range Maximum	400. Hz
Cluster Number	4
User Defined Frequencies	Off
Solution Method	Mode Superposition
Include Residual Vector	No
Cluster Results	Yes
Modal Frequency Range	Program Controlled
Store Results At All Frequencies	Yes
⊞ **Rotordynamics Controls**	
⊞ **Output Controls**	
⊟ **Damping Controls**	
Eqv. Damping Ratio From Modal	No
☐ Damping Ratio	2.e-002
Stiffness Coefficient Define By	Direct Input
☐ Stiffness Coefficient	2.6526e-005
☐ Mass Coefficient	8.72
⊞ **Analysis Data Management**	

Properties of Outline Row 3: Structural Steel

	A	B
1	Property	Value
2	⊞ 🔲 Material Field Variables	🔲 Table
3	🔲 Density	7850
4	⊟ 🔲 Material Dependent Damping	
5	Damping Ratio	0.01
6	Constant Structural Damping Coefficient	= 0.02
7	⊞ 🔲 Isotropic Elasticity	

图 8.3.3-1　阻尼定义

8.3.4　载荷与边界条件

（1）支持结构预应力分析，一般情况下预应力应远大于简谐载荷。

（2）瞬态效应不被计算，谐响应分析仅考虑稳态响应。

（3）谐响应分析支持几乎全部结构类载荷与约束，载荷在相同频率下呈现正弦变化，彼此可以不同相。但谐响应并不支持重力（Gravity Loads）、热载荷（Thermal Loads）、转速载荷（Rotational Velocity)、螺栓预紧力（Pretension Bolt Load）、单向压缩约束（Compression Only Support）等项。

（4）加速度（Acceleration）、轴承载荷（Bearing Load）、力矩载荷（Moment）能够在谐响应分析中施加，但不支持相位输入，认为其相位角始终为 0°。

（5）简谐载荷的幅值、相位施加在 Mechanical 中的输入方式如图 8.3.4-1 所示。

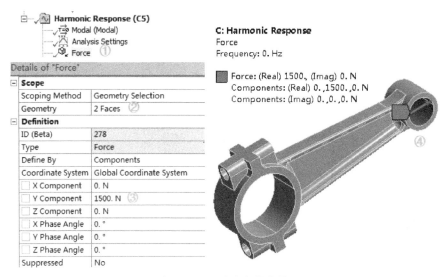

图 8.3.4-1　谐响应载荷输入

（6）Force、Pressure、Moment、Acceleration、Remote Force 等载荷支持频变载荷定义，能够在【Tabular Data】栏进行频率-载荷关系添加，如图 8.3.4-2 所示。

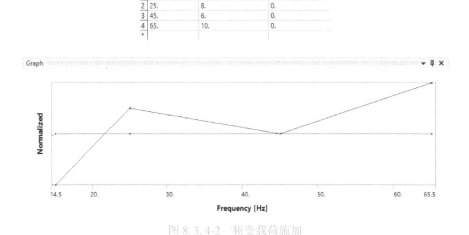

图 8.3.4-2　频变载荷施加

8.3.5　求解及后处理

1. 频率响应

【Frequency Response】用于显示频率响应曲线，一般以方向位移变形-频率响应作为后处理起始，获得方向振动位移幅值-频率关系。

如图 8.3.5-1 所示，获得了结构表面 Y 轴方向的变形-频率响应，在【Display】中可以进行幅值、相位、Bode 图、实部、虚部等观测方法的显示切换。

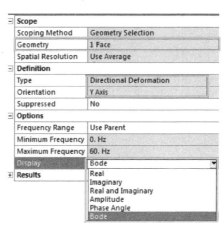

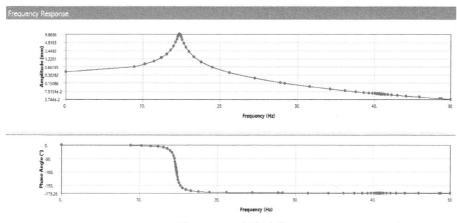

图 8.3.5-1　频率响应

2. 相位响应

【Phase Response】相位响应主要用于显示激励产生的响应落后于激励载荷的相位差，如图 8.3.5-2 所示。

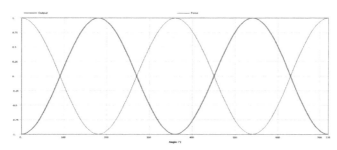

图 8.3.5-2　相位响应

3. 云图显示

结构几何的位移变形、应力、弹性应变、速度、加速度等计算结果后处理云图，可以通过指定频率、相位角获得，如图 8.3.5-3 所示。

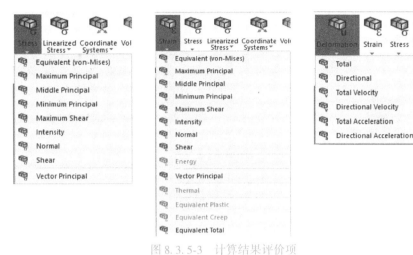

图 8.3.5-3　计算结果评价项

结构几何云图显示结果中，相位角与频率响应相位角大小相等、方向相反，使结构几何云图变形趋势与对应模态振型变形趋势相匹配，如图 8.3.5-4 所示。

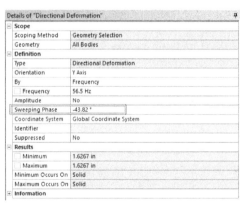

图 8.3.5-4　模态趋势匹配符号相反

能够通过快速创建云图结果【Create Contour Result】获得峰值响应计算结果，如图 8.3.5-5 所示。也可以基于多种方式进行频率、相位与结果云图显示的选择，例如 By Frequency、By Maximum Over Frequency、By Frequency of Maximum、By Maximum over Phase、By Phase of Maximum 等。

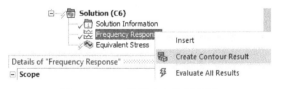

图 8.3.5-5　峰值响应结果创建

8.4　谐响应分析案例

8.4.1　支架模态叠加法谐响应计算案例

　　◇ 起始文件：exam/exam8-1/exam8-1_pre.wbpj
　　◇ 结果文件：exam/exam8-1/exam8-1.wbpj

1. 模态分析流程

Step 1   分析系统创建

启动 ANSYS Workbench 程序，浏览打开分析起始文件【exam8-1_pre.wbpj】。如图 8.4.1-1 所示，拖拽分析系统【Modal】进入项目流程图，共享起始文件【Geometry】单元格，继续拖拽分析系统【Harmonic Response】进入项目流程图，共享继承【Modal】的【Engineering Data】【Model】【Solution】单元格。

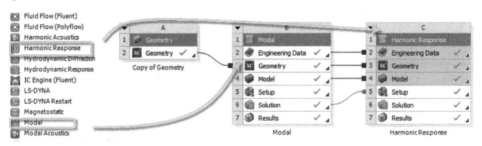

图 8.4.1-1   创建分析系统

Step 2   工程材料数据定义

计算材料采用默认材料结构钢【Structural Steel】，【Engineering Data（B2）】单元格材料库不进行任何修改设置。

Step 3   几何行为特性定义

双击单元格【Model（B4，C4)】，进入 Mechanical 模态分析环境。

（1）导航树【Geometry】下包括支架结构几何壳体体素，在 SCDM 中已经完成组件拓扑节点共享和厚度定义，其中全部偏置类型【Offset Type】=【Middle】，模型类型【Model Type】=【Shell】。

（2）定义支架质量以离散质量【Distributed Mass】表示，右击导航树节点【Geometry】插入离散质量，选择支架壳体表面（1 个表面），定义离散质量为 2000kg，如图 8.4.1-2 所示。

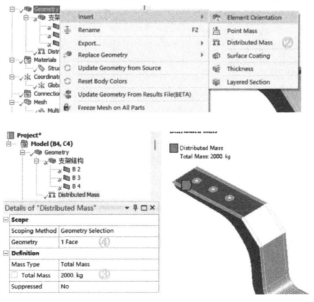

图 8.4.1-2   几何行为特性定义

Step 4 网格划分

（1）选择【Mesh】节点，在明细栏设置单元阶次线性：【Element Order】→【Linear】（线弹性计算推荐高阶单元，此处考虑计算速度与存储采用低阶单元）。

（2）右击【Mesh】节点插入【Method】，修改明细栏【Method】=【MultiZone Quad/Tri】，修改【Surface Mesh Method】=【Uniform】，设置单元尺寸为15mm，如图8.4.1-3所示。

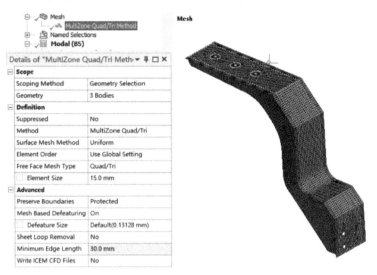

图 8.4.1-3 网格定义

Step 5 载荷与约束定义

（1）选择【Static Structural（B5）】节点，右击后选择【Insert】→【Fixed Support】，明细栏【Geometry】选中安装座的4个环面进行固定，如图8.4.1-4所示。

（2）选择【Static Structural（B5）】节点，右击后选择【Insert】→【Frictionless Support】，明细栏【Geometry】选中安装座侧面作为法向约束。

Step 6 模态分析设置

【Analysis Settings】提取模态10阶，不设置频率搜索范围。

Step 7 模态求解与后处理

（1）单击选中【Solution（B6）】节点，右击后选择【Insert】→【Solve】完成模态求解。

（2）单击选中【Solution（B6）】节点，按住〈Ctrl〉键选择视窗右下侧的【Tabular Data】模态频率数据，右击选择【Create Mode Shape Results】创建模态振型，得到前10阶模态振型，图8.4.1-5所示为第1阶、第2阶模态振型。

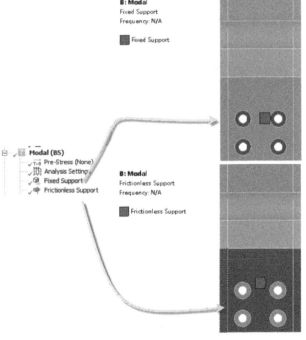

图 8.4.1-4 载荷与约束

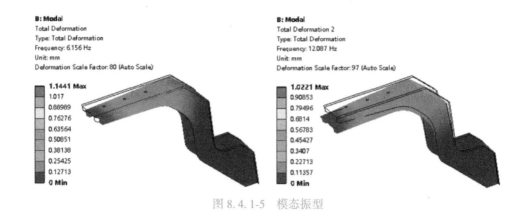

图 8.4.1-5　模态振型

2. 模态叠加法谐响应分析流程

Step 1　模态选项设置

模态选项设置如图 8.4.1-6 所示，采用默认设置。

Step 2　谐响应分析设置

（1）在【Analysis Settings】设置【Options】：频率空间类型设置为线性，空间范围为 0～75Hz，频率点群数量【Cluster Number】=3，默认采用模态叠加法。

（2）在【Analysis Settings】中设置阻尼控制【Damping Controls】：采用阻尼比定义，阻尼比为 0.02，如图 8.4.1-7 所示。

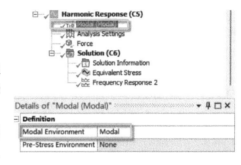

图 8.4.1-6　模态选项设置

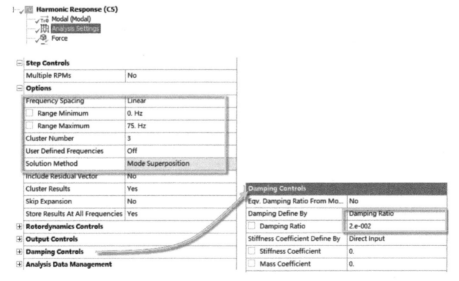

图 8.4.1-7　谐响应分析设置

Step 3　谐响应分析载荷定义

单击选中导航树【Harmonic Response（C5）】节点，右击后选择【Insert】→【Force】，明细栏【Geometry】选中 3 个环面，如图 8.4.1-8 所示，施加载荷力大小为 2000N，方向垂直于施加载荷面。

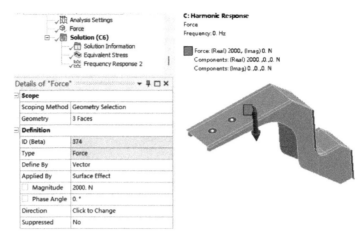

图 8.4.1-8　简谐力施加

Step 4　求解及后处理

（1）选择【Solution（C6）】节点，右击后选择【Insert】→【Solve】，完成谐响应模块求解。

（2）选择【Solution（C6）】节点，右击后选择【Insert】→【Frequency Response】→【Stress】，插入基于应力的频率响应结果，方向选择 X 轴，选择图 8.4.1-9 中高亮的 3 个面作为响应观测面。

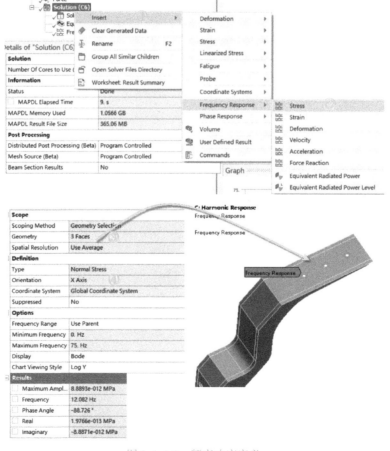

图 8.4.1-9　频率响应定义

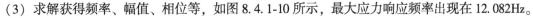

（3）求解获得频率、幅值、相位等，如图 8.4.1-10 所示，最大应力响应频率出现在 12.082Hz。

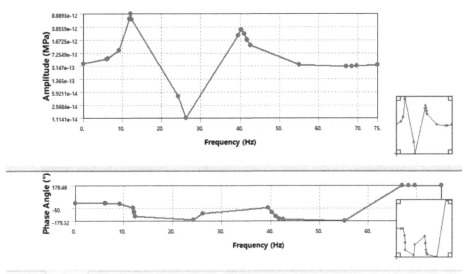

图 8.4.1-10　频率响应曲线

（4）右击上一步生成的【Frequency Response】结果，选择【Create Contour Result】生成峰值应力计算项，修改应力类型为【Equivalent（von-Mises）Stress】，如图 8.4.1-11 所示。

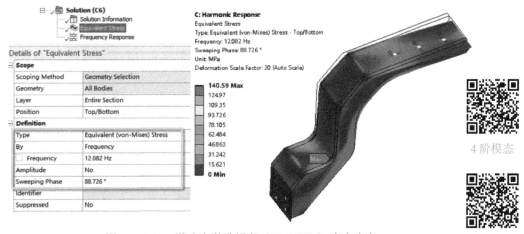

4 阶模态

谐响应应力

图 8.4.1-11　谐响应激励频率（12.082Hz）应力响应

8.4.2　三垂臂结构完全法谐响应计算案例

◇ 起始文件：exam/exam8-2/exam8-2_pre.wbpj
◇ 结果文件：exam/exam8-2/exam8-2.wbpj

Step 1　分析系统创建

启动 ANSYS Workbench 程序，浏览打开分析起始文件【exam8-2_pre.wbpj】。如图 8.4.2-1 所示，拖拽分析系统【Harmonic Response】进入项目流程图，共享起始文件【Geometry】单元格内容。

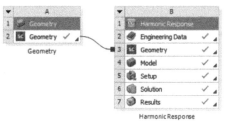

图 8.4.2-1　创建分析系统

Step 2 工程材料数据定义

计算材料采用默认材料结构钢【Structural Steel】,【Engineering Data（B2）】单元格材料库不进行任何修改设置。

Step 3 几何行为特性定义

双击单元格【Model（B4）】,进入 Mechanical 谐响应分析环境,导航树【Geometry】节点下是垂臂结构的 4 个几何实体体素,包括 1 个连接体几何,3 个垂臂几何,如图 8.4.2-2 所示。

图 8.4.2-2 几何行为特性定义

Step 4 定义运动副

（1）右击【Connections】节点,插入【Connection Group】,再次右击【Connection Group】插入【Joint】,修改连接类型【Connection Type】为【Body-Body】,关节类型选择旋转关节【Revolute】,不考虑扭转刚度与阻尼,在参考对象【Reference】的【Scope】中选择连接体的销轴孔（2 个圆面）,在运动对象【Mobile】的【Scope】中选择垂臂结构销轴孔（1 个圆面）,完成一个运动关节定义,如图 8.4.2-3 所示。

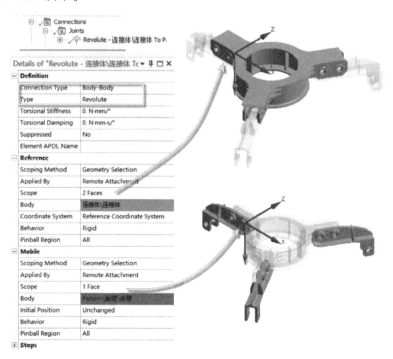

图 8.4.2-3 第一个运动副定义

（2）再次插入【Joint】，按照图 8.4.2-4 所示设置完成连接体和垂臂另一个销轴孔的运动关节定义。

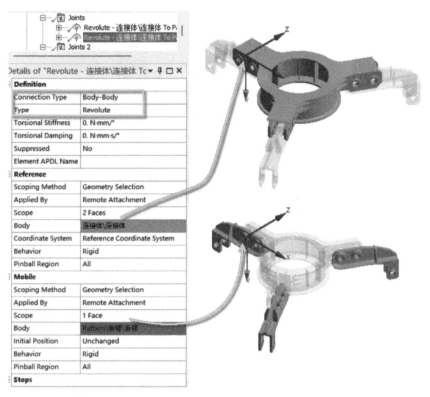

图 8.4.2-4　第二个运动副定义

（3）同理完成其他运动副创建，最终完成 3 组 6 个旋转运动关节的创建。

Step 5　网格划分

（1）选择【Mesh】节点，在明细栏设置单元阶次线性：【Element Order】→【Linear】（线弹性计算推荐高阶单元，此处考虑计算速度与存储采用低阶单元）。【Sizing】项设置【Resolution】为 2 级，转化过渡【Transition】=【Fast】，跨度中心角【Span Angle Center】=【Medium】。【Advanced】项设置采用前沿推进法：【Triangle Surface Mesher】=【Advancing Front】。

（2）右击【Mesh】插入【Method】，修改明细栏【Method】=【Patch Conforming Method】，设置单元尺寸为 25mm，如图 8.4.2-5 所示。

图 8.4.2-5　网格定义

Step 6　载荷与约束定义

（1）单击选中导航树【Harmonic Response（B5）】节点，右击后选择【Insert】→【Fixed Support】，明细栏【Geometry】选中连接体底部法兰环面，如图 8.4.2-6 所示。

（2）单击选中导航树【Harmonic Response（B5）】节点，右击后选择【Insert】→【Force】，重复 3 次，明细栏【Geometry】分别选中垂臂前端销轴孔环面，施加载荷力大小为−10000N，方向

垂直指向 Y 轴，对于第二个力载荷和第三个力载荷，分别指定相位差为 135°和 225°，如图 8.4.2-7
所示。

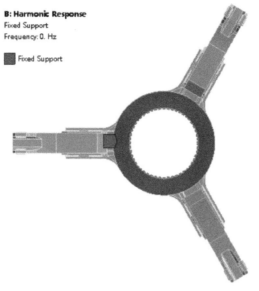

图 8.4.2-6　固定约束

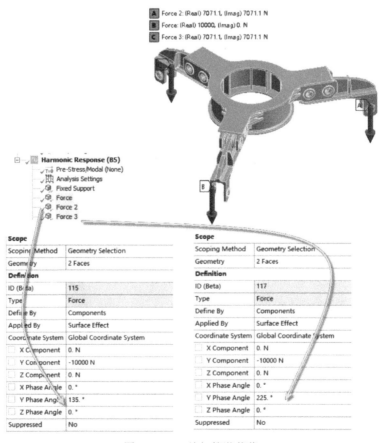

图 8.4.2-7　施加简谐载荷

Step 7　完全法谐响应分析设置

（1）在【Analysis Settings】中设置【Options】：频率空间类型设置为线性，空间范围为 0 ~ 150Hz，求解间隔分段 10 份，采用【Full】完全法谐响应分析。

（2）在【Analysis Settings】中设置阻尼控制【Damping Controls】：采用阻尼-频率定义方法，定义频率 75Hz 时的阻尼比为 0.02，如图 8.4.2-8 所示。

Step 8　求解及后处理

（1）单击选中导航树【Solution（B6）】节点，右击后选择【Insert】→【Solve】，完成谐响应模块求解。

（2）选择【Solution（B6）】节点，右击后选择【Insert】→【Frequency Response】→【Stress】，插入基于应力的频率响应结果，方向选择 Y 轴，选择其中一个垂臂体几何作为响应观测对象。

（3）求解获得频率、幅值、相位相应关系，如图 8.4.2-9 所示，最大应力响应频率出现在 75Hz。

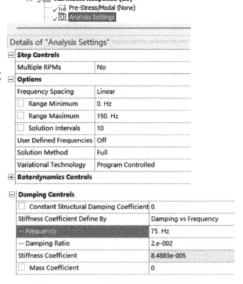

图 8.4.2-8　谐响应分析求解设置

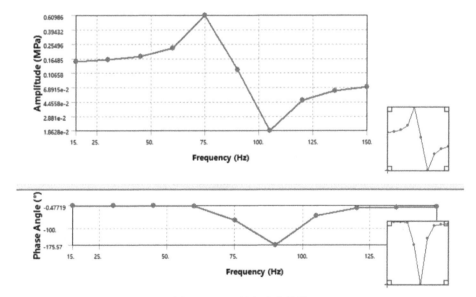

图 8.4.2-9　频率响应曲线

（4）右击上一步生成的【Frequency Response】结果，选择【Create Contour Result】，生成应力计算项，修改应力类型为【Equivalent（von-Mises）Stress】，频率响应峰值应力求解结果如图 8.4.2-10 所示。

（5）选择【Solution（B6）】节点，右击后选择【Insert】→【Frequency Response】→【Deformation】，插入基于变形的频率响应结果，方向选择 Y 轴，选择连接体上表面作为响应观测对象。

（5）求解获得频率、幅值、相位相应关系，最大 Y 轴位移响应频率出现在 90Hz。

（6）右击上一步生成的【Frequency Response】结果，选择【Create Contour Result】，生成方向变形结果【Directional Deformation】并评估数据，得到图 8.4.2-11 所示的 Y 方向峰值位移响应结果。

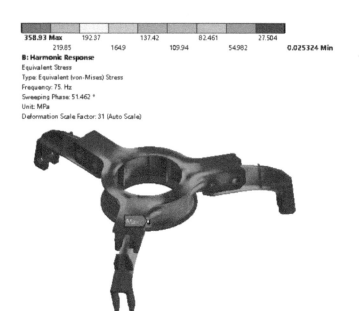

图 8.4.2-10 频率响应峰值应力求解结果

响应应力

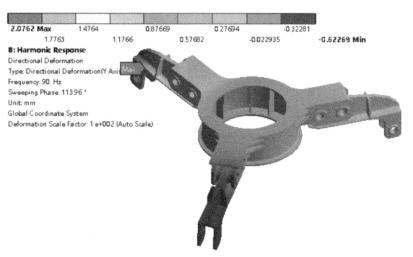

图 8.4.2-11 频率响应峰值位移

响应位移

8.5 本章小结

本章对谐响应分析方法进行介绍说明，系统介绍了谐响应分析基本原理、有阻尼体系简谐载荷作用响应、有阻尼共振响应等，以及谐响应分析求解方法和设置、完全法和模态叠加法等，并给出计算案例进行谐响应分析仿真建模方法详细说明。

第9章

线性扰动谐响应分析

9.1 线性扰动分析技术

9.1.1 预应力效应

结构分析施加载荷可能导致的额外刚度贡献称为"压力载荷刚度效应"。该效应对于模态分析、完全法谐响应分析整体刚度响应有重要作用。Mechanical 利用线性扰动技术进行具有预应力扰动的谐响应计算分析。

预应力谐响应分析计算建议设置【Large Deflection】=【On】，考虑大挠度大偏转效应，以产生准确的父项结构计算，用于谐响应分析计算。

9.1.2 接触状态控制

预应力谐响应分析接触状态控制方式分为真实接触状态（Use True Status）、力粘接（Force Sticking）、力绑定（Force Bonded）。预应力谐响应分析接触状态控制与模态分析接触状态控制策略相同，如图 9.1.2-1 所示。

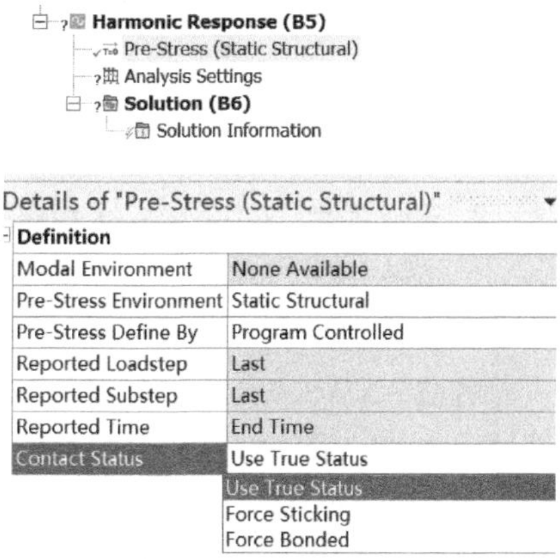

1. 真实状态

默认设置，使用当前接触状态。如果结构分析运行计算非线性，模态计算启动位置会将此时的非线性接触状态冻结，整个模态线性扰动分析以该接触状态进行求解。

2. 力粘接

此选项仅用于摩擦系数大于零的接触对，对摩擦接触对使用粘接接触刚度，使接触状态是滑动状态。

3. 力绑定

对处于闭合（粘接/滑动）状态的接触对使用绑定的接触刚度和状态。

图 9.1.2-1　预应力谐响应分析接触控制

9.1.3 计算结果集重启选择

预应力定义【Pre-Stress Define By】能够进行多种结果集的选择，用于谐响应分析接触状态启动点的控制。默认设置【Program Controlled】程序控制将采用父项结构分析的最终求解结果作为预应力谐响应分析起点，如图 9.1.3-1 所示。

重启点文件从父项分析中获得，父项结构分析重启控制设定如图 9.1.3-2 所示，静态或瞬态动力学分析任何时间点都可以作为扰动项。

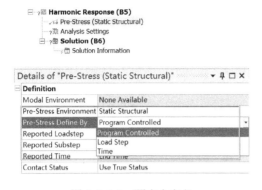

图 9.1.3-1　预应力定义

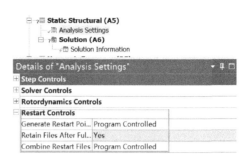

图 9.1.3-2　重启控制设定

9.1.4　线性扰动初始条件

扰动谐响应计算基于【Static Structural】等结构分析模块共享系统资源，例如工程数据、几何、网格、边界条件等，结构分析模块部分载荷将作为谐响应分析的扰动初始条件进行考虑。

（1）预应力结构扰动分析中施加的初始惯性载荷等将在谐响应分析中删除，例如加速度和旋转速度。

（2）预应力结构扰动分析中定义的位移、远程位移、节点位移、螺栓预紧力等载荷形式将作为谐响应计算的初始固定边界，其目的是防止位移载荷等在谐响应分析求解过程中成为正弦载荷。

（3）如果谐响应分析与预应力结构分析所施加的节点位移具有相同位置、方向等特征，将会覆盖预应力结构分析中对应的加载条件或边界条件。

9.2　线性扰动谐响应分析案例：承载基座线性扰动谐响应分析计算

◇ 起始文件：exam/exam9-1/exam9-1_pre. wbpj
◇ 结果文件：exam/exam9-1/exam9-1. wbpj

1. 静力学分析流程

启动 ANSYS Workbench 程序，浏览打开分析起始文件【exam9-1_pre. wbpj】。起重基座线性扰动分析过程类似 7.2.1 节，对其修改部分结构几何尺寸，引入集中点质量 2000kg，考虑将结构自重、拉索预紧力 25000N 等作为扰动量，其余设置相同。

2. 谐响应分析流程

Step 1　预应力选项设置

预应力选项设置【Pre-Stress（Static Structural）】如图 9.2.1-1 所示，采用默认设置。

Step 2　谐响应分析设置

（1）在【Analysis Settings】中设置【Options】：频率空间类型设置为线性，空间范围为 0 ~ 50Hz，求解间隔分

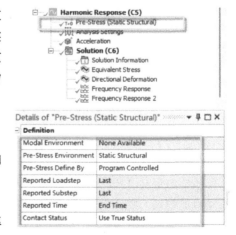

图 9.2.1-1　预应力选项设置

段 10 份，采用【Full】完全法谐响应分析。

（2）在【Analysis Settings】中设置阻尼控制【Damping Controls】：采用阻尼-频率定义方法，定义频率 25Hz 时的阻尼比为 0.02，如图 9.2.1-2 所示。

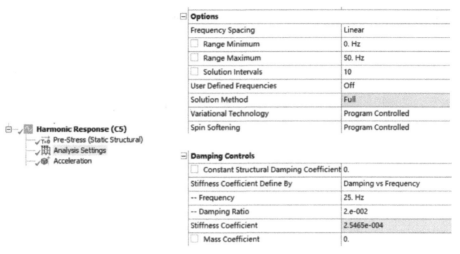

图 9.2.1-2　谐响应分析设置

Step 3　载荷与约束定义

（1）单击选中导航树【Harmonic Response（C5）】节点，右击后选择【Insert】→【Acceleration】，加速度数值大小为 9806.6mm/s²。

（2）预应力谐响应分析约束继承静力学约束条件，如图 9.2.1-3 所示。

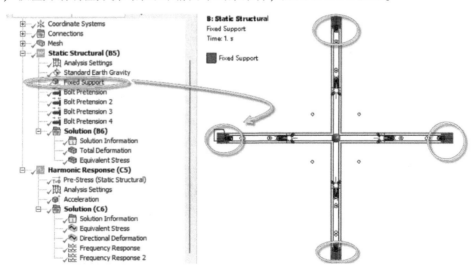

图 9.2.1-3　继承静力学约束条件

Step 4　谐响应分析求解

（1）单击选中导航树【Solution（B6）】节点，右击后选择【Insert】→【Solve】，完成谐响应模块求解。

（2）单击选中导航树【Solution（B6）】节点，右击后选择【Insert】→【Frequency Response】→【Stress】，插入基于应力的频率响应结果，方向选择 Y 轴，选择桁架小圆管上部的 4 条圆线几何作为响应观测对象。

（3）求解获得频率、幅值、相位关系，如图 9.2.1-4 所示，最大应力响应频率为 25Hz。

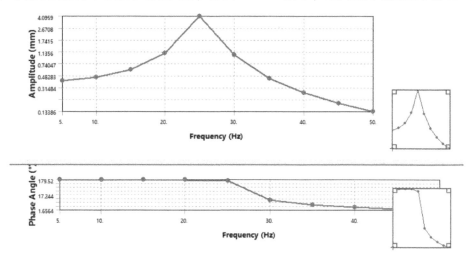

图 9.2.1-4　应力频率响应曲线

（4）右击上一步生成的【Frequency Response】，选择【Create Contour Result】生成应力计算项，修改应力类型为【Equivalent（von-Mises）Stress】，应力结果如图 9.2.1-5 所示。

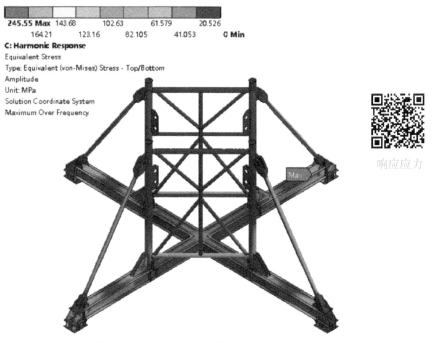

图 9.2.1-5　频率响应峰值应力

（5）选择【Solution（B6）】节点，右击后选择【Insert】→【Frequency Response】→【Deformation】，插入基于变形的频率响应结果，方向选择 Y 轴，选择桁架小圆管上部的 4 条圆线几何作为响应观测对象。

（6）求解获得频率、幅值、相位关系，如图 9.2.1-6 所示，最大 Y 轴位移响应频率为 25Hz。

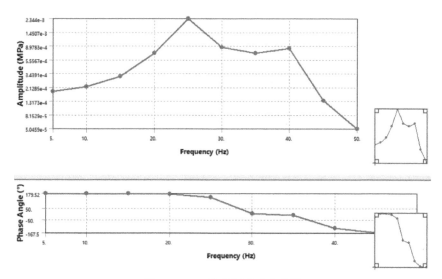

图 9.2.1-6　位移频率响应曲线

（7）右击上一步生成的【Frequency Response】，选择【Create Contour Result】，生成方向变形结果【Directional Deformation】并评估数据，得到图 9.2.1-7 所示频率 90Hz 时的 Y 方向最大位移响应结果。

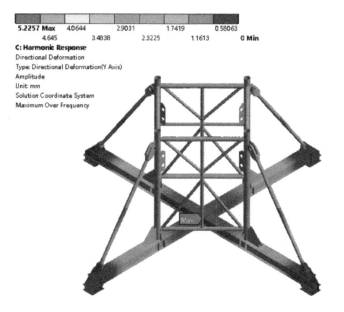

响应位移

图 9.2.1-7　频率响应峰值位移

9.3　本章小结

本章对线性扰动谐响应分析方法进行介绍，包括线性扰动谐响应分析基本原理、接触控制状态、计算结果重启选择等，也对求解方法和初始条件设置进行了说明，同时给出案例进行分析建模方法讲解。

第 10 章

子结构CMS法分析

10.1 子结构法分析概述

子结构技术通过相对少的超单元主自由度去描述一组单元等效质量、刚度、阻尼矩阵。子结构技术能有效节省计算求解时长，降低存储文件规模，通常用于计算系统包含许多重复组件的几何。子结构技术能避免重复计算单元矩阵，减少平衡迭代时间，使不同设计小组独立工作，共同组装系统级模型，适合大型复杂系统开展动力学分析计算，例如飞机、核电站、石油平台等，如图 10.1-1 所示。

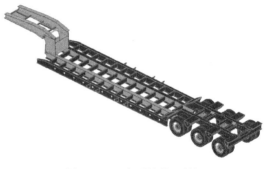

图 10.1-1 大型结构/系统

Mechanical 子结构技术利用 CMS（Component Mode Synthesis）法支持动力学计算，包括模态、谐响应分析、随机振动分析、响应谱分析，以及刚性动力学分析等。子结构技术利用【Condensed Part】功能实现，将结构几何视为向量组成的超单元，自由度远低于完整的有限元网格模型，进行相应计算并进行结果扩展。

10.2 CMS 设计流程

CMS 指系统矩阵被简化为主自由度集合，和其他组件之间建立一系列接口，是一种子结构技术。Mechanical 提供【Condensed Part】工具来作为一种生成超单元的方法，使用【Expansion Settings】扩展功能来扩展被压缩零件求解结果。CMS 设计流程包括三个步骤。

1. 生成子结构

Mechanical 生成子结构的工具是【Condensed Part】。一组单元及其相关接触面被缩减到一个超单元中，该超单元由被缩减质量、刚度、阻尼矩阵组成。

2. 使用子结构参与计算

使用超单元模型代表一部分结构参与计算分析。生成【Condensed Part】后，Mechanical 将在模态求解或谐响应求解中自动进行子结构计算通道处理。

3. 扩展子结构求解结果

利用超单元主自由度位移以及广义坐标与变换矩阵来计算超单元内的位移和应力。【Condensed Part】会在求解节点中创建【Expansion Settings】工具项。子结构位移计算来自主自由度位移计算延伸扩展，【Expansion Settings】工具项主要进行子结构位移计算，默认情况下子结构计算结果（应力、加速度等）不作为求解内容进行展开。

10.3　零件压缩

10.3.1　零件压缩设置选项

零件压缩【Condensed Part】设置选项如图 10.3.1-1 所示。

（1）【Matrix Reduction Method】：矩阵缩减方法，仅能选择 CMS。

（2）【Interface Method】：接口方法，仅有【Fixed】。特征向量全部以固定约束进行计算。

（3）【Number Of Modes To Use】：使用的模态数量，用于描述超单元的特征向量数量。

（4）【Interfaces】：接口，用于定义连接到其余模型的自由度，使用自动检测建立自动接口。

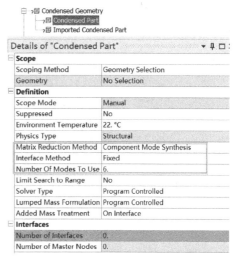

图 10.3.1-1　【Condensed Part】明细栏

10.3.2　零件压缩创建流程

（1）通用求解前处理。

建立结构分析系统前处理，设置边界条件等，例如一般动力学计算的绑定接触、载荷、约束、点质量等计算前处理。

（2）指定结构几何进行零件压缩。

选择要进行零件压缩的几何结构后，原前处理过程中该几何结构赋予的载荷、约束等相关内容将被临时挂起，不可编辑，呈现"?"状态，并给出警告窗口提醒，如图 10.3.2-1 所示。

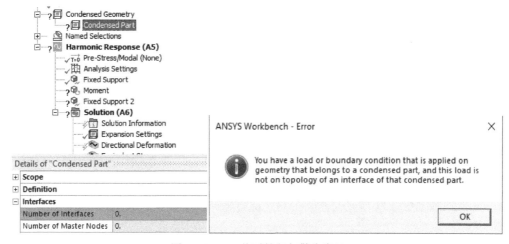

图 10.3.2-1　临时挂起与警告窗口

（3）接口关系创建。

右击【Condensed Part】项弹出快捷菜单，选择【Detect Condensed Part Interface】，进行接口关系创建，如图 10.3.2-2 所示。完成的子结构接口可以通过工作表查验，呈现"?"的未定义项将再次完全定义。如图 10.3.2-3 所示，可以在工作表中手动定义接口关系，需要用命名选择工具指定顶点、边、面等进行命名。

图 10.3.2-2　接口关系创建

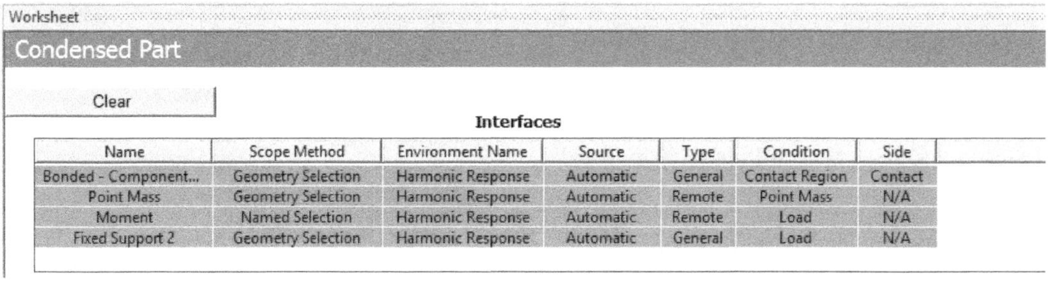

Condensed Part						
		Interfaces				
Name	Scope Method	Environment Name	Source	Type	Condition	Side
Bonded - Component...	Geometry Selection	Harmonic Response	Automatic	General	Contact Region	Contact
Point Mass	Geometry Selection	Harmonic Response	Automatic	Remote	Point Mass	N/A
Moment	Named Selection	Harmonic Response	Automatic	Remote	Load	N/A
Fixed Support 2	Geometry Selection	Harmonic Response	Automatic	General	Load	N/A

图 10.3.2-3　接口工作表

10.3.3　零件压缩功能限制

（1）非线性忽略：计算过程对于非线性特性进行忽略。

（2）接口有效性：接口一般自动侦测创建，连接结构有效性取决于几何、远程点、连接、加载、约束、点质量、命名选择等的合理定义。

（3）自动接触创建冗余控制：Mechanical 接触对创建具有自动侦测与生成功能，需要控制冗余接触表面。建议在自动接触创建过程中进行接触容差控制，并对生成的接触面、目标面几何特征确认其现实意义合理性。【Condensed Part】封装接触面无效节点会增加求解计算时长，建议采用固定副（Fixed Joint）进行接触对设置内容替换。图 10.3.3-1 所示是针对自动接触创建结果检查冗余前后的封装主节点数量对比。

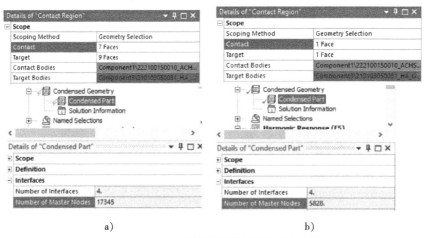

a)　　　　　　　　　　　　b)

图 10.3.3-1　自动接触创建封装主节点数量

a）自动创建接触对-冗余　b）自动创建接触对-合理

10.3.4 零件压缩阻尼定义

（1）工程数据阻尼定义

【Condensed Part】的阻尼定义可以在工程数据中进行瑞利阻尼等的设置，但不支持阻尼比定义，如图 10.3.4-1 所示。

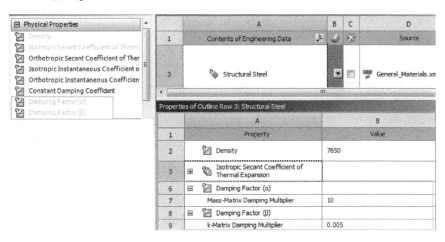

图 10.3.4-1 工程数据阻尼定义

（2）求解分析阻尼定义

通过求解分析设置进行瑞利阻尼、常值阻尼比定义，如图 10.3.4-2 所示。

（3）单元阻尼定义

【Condensed Part】阻尼的另一种定义方式是采用带有阻尼单元的模型进行定义，例如弹簧、套管运动副等，如图 10.3.4-3 所示为套管运动副阻尼定义。

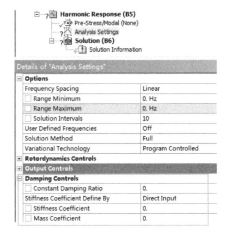

图 10.3.4-2 求解分析阻尼定义　　　　　　图 10.3.4-3 单元阻尼定义

10.3.5 阻尼模态求解设置

【Condensed Part】阻尼求解需要使用阻尼模态求解设置，如图 10.3.5-1 所示。

（1）【Solver Type】=【Reduced Damped】。

（2）【Store Complex Solution】=【No】。

【Condensed Part】要进行关于阻尼矩阵输出控制的定义，如图 10.3.5-2 所示。

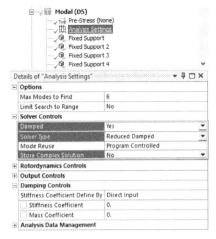 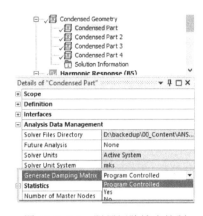

图 10.3.5-1　阻尼模态求解设置　　　　　图 10.3.5-2　阻尼矩阵输出控制

（1）【Program Controlled】是默认选项，将会产生阻尼矩阵。

（2）如果设置为【No】，将不会产生阻尼矩阵。

10.4　子结构法求解扩展

Mechanical 求解过程自动处理子结构计算，默认在【Solution】中列出的内容为非子结构计算结果。零件压缩默认只进行子结构位移计算，其计算来自主自由度位移延伸扩展，仅子结构接口周边位移云图可用。求解节点扩展【Expansion Settings】用于进行子结构指定的几何的其他后处理输出控制，例如应力、应变等，如图 10.4-1 所示。【Expansion Settings Worksheet】用于控制被压缩零件的扩展对象选择，如图 10.4-2 所示，通过运行扩展选项【Running Expansions Only】获得子结构后处理扩展，如图 10.4-3 所示。

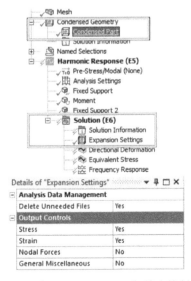

Condensed Part	☐ All Results	☑ Displacement
Condensed Part	☑	☑
Condensed Part 2	☐	☑
Condensed Part 3	☐	☑

图 10.4-1　【Expansion Settings】输出控制内容　　　图 10.4-2　【Condensed Part】扩展对象选择

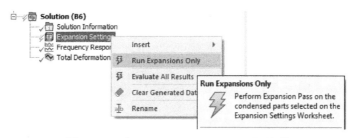

图 10.4-3 【Running Expansions Only】选项

10.5 子结构 CMS 法分析案例：重载吊臂子结构 CMS 法计算

◇ 起始文件：exam/exam10-1/exam10-1_pre. wbpj

◇ 结果文件：exam/exam10-1/exam10-1. wbpj

1. 模态分析流程

Step 1 分析系统创建

启动 ANSYS Workbench 程序，打开分析起始文件【exam10-1_pre. wbpj】。如图 10.5-1 所示，拖拽分析系统【Modal】进入项目流程图，共享起始文件【Geometry】单元格，继续拖拽分析系统【Harmonic Response】进入项目流程图，共享继承【Modal】的【Engineering Data】【Model】【Solution】单元格内容。

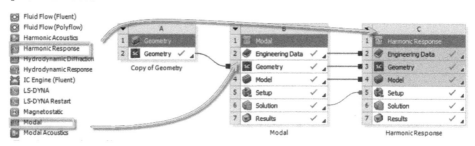

图 10.5-1 创建分析系统

Step 2 工程材料数据定义

计算材料采用默认材料结构钢【Structural Steel】，【Engineering Data（B2）】单元格材料库不进行任何修改设置。

Step 3 几何行为特性定义

双击单元格【Model（B4，C4）】，进入 Mechanical 模态分析环境。导航树【Geometry】节点下包括 4 个垂臂结构实体几何，2 个连接体实体几何，如图 10.5-2 所示。

Step 4 网格划分

（1）选择【Mesh】节点，在明细栏设置单元阶次为线性：【Element Order】→【Linear】（线弹性计算推荐高阶单元，此处考虑计算速度与存储采用低阶单元）。【Sizing】项设置【Resolution】为 2 级，转化过渡【Transition】=【Fast】，跨度中心角【Span Angle Center】=【Medium】。【Advanced】项设置采用前沿推进法：【Triangle Surface Mesher】=【Advancing Front】。

（2）右击【Mesh】插入 2 次【Method】和 2 次【Body Sizing】，选择 4 条垂臂结构作为网格划分对象，修改明细栏【Method】=【Patch Conforming Method】，设置单元尺寸为 35mm。再次选

择 2 个连接体结构作为网格划分对象，修改明细栏【Method】=【Patch Conforming Method】，设置单元尺寸为 40mm，如图 10.5-3 所示。

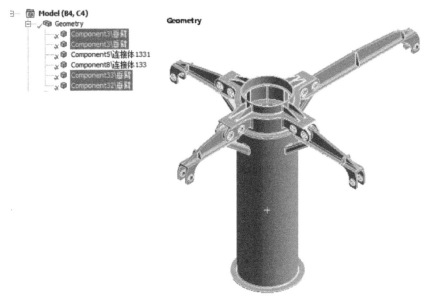

图 10.5-2　几何行为特性定义

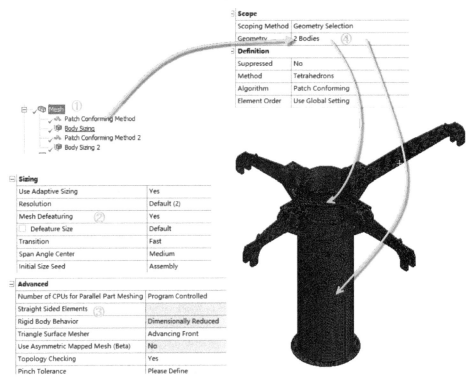

图 10.5-3　网格划分

Step 5　接触关系与运动副定义

（1）右击【Connections】节点，插入【Connection Group】，再次右击【Connection Group】插

入【Joint】关节，修改连接类型【Connection Type】为【Body-Body】，关节类型选择旋转关节【Revolute】，不考虑扭转刚度与阻尼，在参考对象【Scope】中选择连接体的销轴孔（2个圆面），在运动对象【Scope】中选择垂臂结构销轴孔（1个圆面），完成一个运动关节的定义，如图 10.5-4 所示。

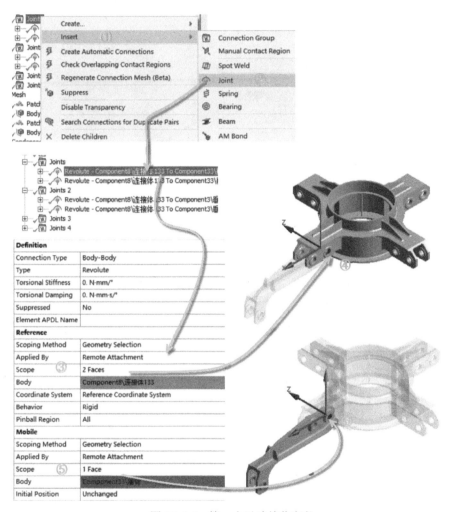

图 10.5-4　第一个运动关节定义

（2）再次右击【Connection Group】插入【Joint】关节，并按照图 10.5-5 所示设置完成连接体和垂臂另一个销轴孔的运动关节定义。

（3）同理完成其他运动关节的创建，最终完成 4 组 8 个旋转运动关节的创建。

（4）右击导航树【Connections】节点，插入【Connection Group】，单击导航树中生成的【Contacts】节点，【Scope】项下的【Geometry】选择名为"连接体"的 2 个几何零件，右击【Contacts】选择【Create Automatic Connection】，进行接触对自动创建，不修改接触对类型，默认为【Bonded】，完成两个连接体法兰之间接触关系的定义，如图 10.5-6 所示。

（5）同理完成 4 个垂臂几何与连接体（下部）几何之间的接触关系定义，默认为【Bonded】接触关系，如图 10.5-7 所示。

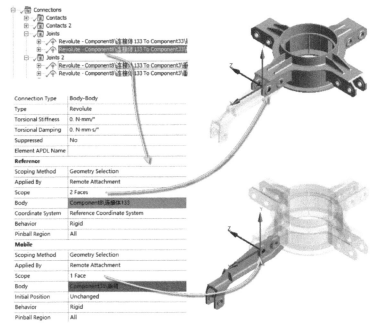

图 10.5-5　第二个运动关节定义

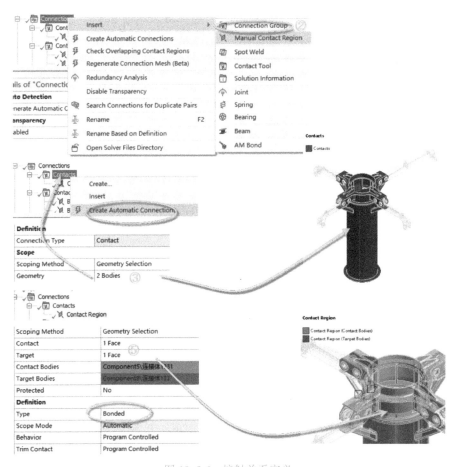

图 10.5-6　接触关系定义

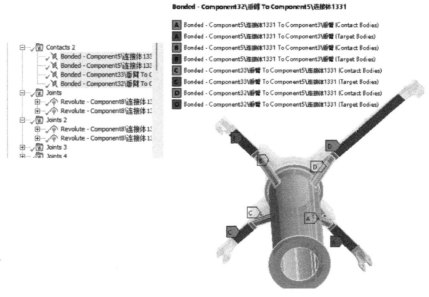

图 10.5-7　垂臂与连接体接触关系定义

Step 6　约束定义

选择【Static Structural（B5）】节点，右击后选择【Insert】→【Fixed Support】，在明细栏【Geometry】选中连接体底座法兰环面，如图 10.5-8 所示。

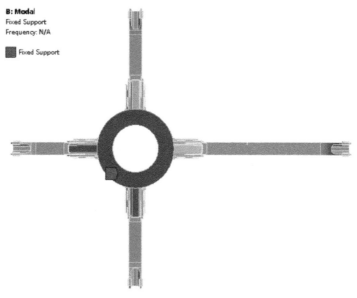

图 10.5-8　约束定义

Step 7　模态分析设置

【Analysis Settings】进行模态 12 阶提取，设置频率搜索范围为 0~100Hz。

2. 谐响应分析流程

Step 1　模态选项定义

谐响应分析采用模态叠加法，模态环境定义采用默认设置。

Step 2 谐响应分析设置

（1）在【Analysis Settings】中设置【Options】：频率空间类型设置为线性【Linear】，频率空间范围为 0~50Hz，默认采用模态叠加法，求解间隔【Solution Intervals】=10。

（2）在【Analysis Settings】中设置阻尼控制【Damping Controls】：采用阻尼比定义，阻尼比为0.02，如图 10.5-9 所示。

Step 3 谐响应分析载荷定义

选择【Harmonic Response（C5）】节点，连续4 次选择右键快捷菜单命令【Insert】→【Force】，插入 4 个集中力载荷，分别施加在图 10.5-10 所示的垂臂销轴孔表面，长臂施加载荷力大小为20000N，短臂施加载荷力大小为 15000N，相位角为180°，两侧臂分别施加载荷力 10000N，相位角90°，方向均垂直于地面。

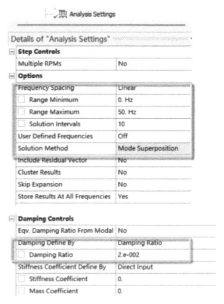

图 10.5-9 谐响应分析设置

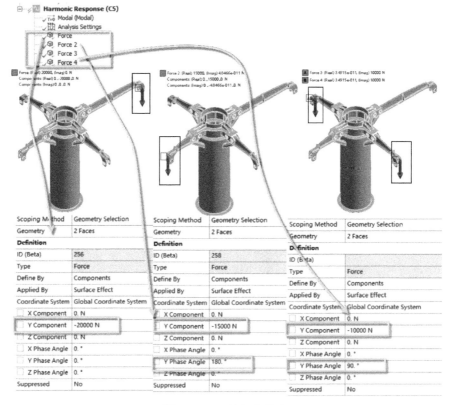

图 10.5-10 施加载荷力

3. 定义 CMS 子结构流程

Step 1 建立【Condensed Geometry】

（1）单击选中导航树【Model（B4，C4）】节点，右击后选择【Insert】→【Condensed Geometry】。

（2）选择【Condensed Geometry】节点，2 次右击并选择【Insert】→【Condensed Part】，插入 2 个【Condensed Part】项目，如图 10.5-11 所示。

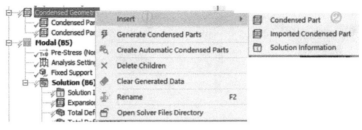

图 10.5-11　创建【Condensed Part】

（3）右击【Condensed Part】项，弹出快捷菜单，选择【Detect Condensed Part Interface】，进行接口关系创建。子结构接口相关细节通过工作表视窗查验，此时呈现"?"的未定义项将再次完全定义。再次右击【Condensed Part】项，弹出快捷菜单，选择【Generate Condensed Parts】，进行压缩零件创建，如图 10.5-12 所示。

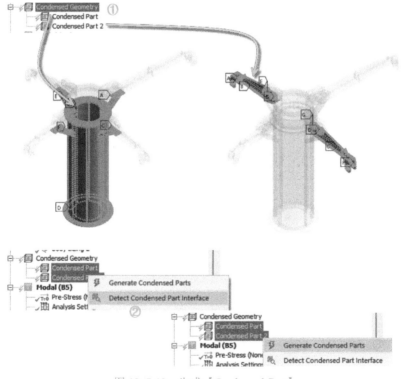

图 10.5-12　生成【Condensed Part】

Step 2　子结构扩展

子结构扩展设置【Expansion Settings】在模态分析和谐响应分析中均有控制项。

点选导航树模态分析【Expansion Settings】弹出【Worksheet】，对列表中的【Condensed Part 2】计算结果【All Results】进行输出；同理完成谐响应分析扩展【Condensed Part 2】计算结果【All Results】的输出，即对 4 个垂臂中原作为【Condensed Part】零件压缩的 2 个侧臂结构的计算结果也进行选择输出，如图 10.5-13 所示。

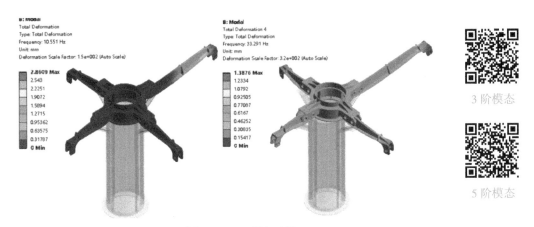

图 10.5-13 模态云图

4. 求解扩展及后处理

（1）单击选中导航树【Solution（B6）】节点，右击后选择【Insert】→【Solve】，完成模态求解，如图 10.5-13 所示，进行全部零件的第 1 阶和 4 阶模态振型提取，振型云图显示零件不包括子结构压缩零件定义的连接体下部结构。

（2）选择【Solution（C6）】节点，右击后选择【Insert】→【Solve】，完成谐响应模块求解。

（3）选择【Solution（C6）】节点，右击后选择【Insert】→【Frequency Response】→【Stress】，插入基于应力的频率响应结果，方向选择 Y 轴，选择长垂臂销轴孔作为响应观测面。

（4）求解获得频率、幅值、相位相应关系，如图 10.5-14 所示，应力响应峰值频率出现在 35Hz。

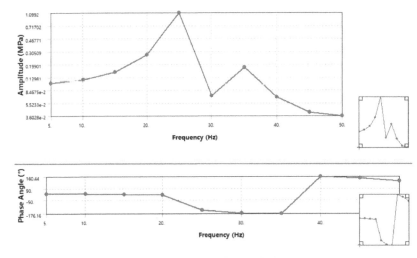

图 10.5-14 频率响应曲线

（5）右击上一步生成的【Frequency Response】，选择【Create Contour Result】，生成应力计算项，修改应力类型为【Equivalent（von-Mises）Stress】，峰值频率应力响应结果如图 10.5-15 所示，云图显示零件不包括子结构压缩零件连接体下部的应力。

（6）右击上一步生成的【Equivalent Stress】，选择【Create Results at all Sets】，获得全部频次的下应力结果，如图 10.5-16 所示，图中仅给出 3 阶频次应力结果与最大激励响应应力结果进行参考比对，可知共振响应与非共振响应结构应力值相差数十倍。

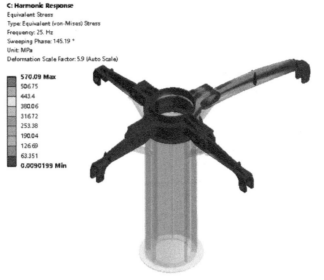

25Hz 激励应力

图 10.5-15　峰值频率应力响应结果

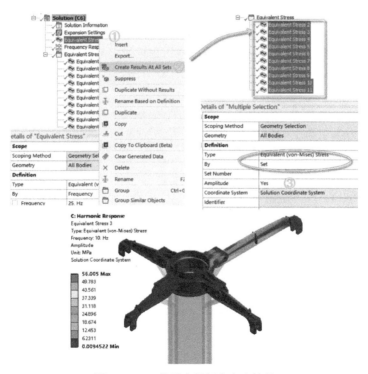

图 10.5-16　扩展全部频次应力结果

10.6　本章小结

　　本章对子结构 CMS 方法进行介绍说明，包括子结构分析概述、CMS 设计流程、零件压缩设计方法、子结构结果扩展等内容，并给出计算案例进行仿真设计方法说明。

第 11 章

响应谱分析

11.1　响应谱分析基础

11.1.1　响应谱分析概述

响应谱分析（Response Spectrum Analysis）是一种用于评价结构经受瞬态载荷过程中产生最大响应（位移、应力、应变等）的技术，因此响应谱分析能够替代瞬态动力学分析（硬件要求高、耗时、难于收敛）确定结构处于例如地震、风载、海洋波浪、火箭发动机振动等随动时变载荷等的最大响应。

响应谱分析能快速求得最大响应，不进行响应历程记录，与随机振动分析不同。响应谱分析计算的响应结果是历程最大值，而非统计学概率值。

11.1.2　响应谱定义

响应谱通过动力学载荷下线性单自由度系统最大响应与固有频率之间的关系进行描述，单自由度系统与模态组合被用来计算每个结构的最大模态响应，使用模态组合方法对这些极大值进行组合以获得峰值结构响应估计值，计算组合方法有均方根法（SRSS）、完全平方组合法（CQC）、统计矩法（ROSE）等。

如图 11.1.2-1 所示，响应谱横坐标代表系统自然频率，纵坐标代表系统最大响应值。响应类型可以是加速度、速度、位移和力等，通常由设计规范确定，基于规范可以快速计

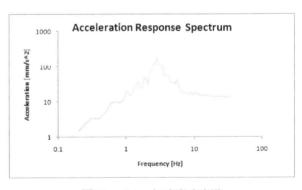

图 11.1.2-1　加速度响应谱

算各种动态激励下的峰值响应，因此响应谱分析设计在建筑地震分析等领域广泛应用。

11.1.3　响应谱分析基本设计流程

单自由度弹簧振子响应谱分析设计过程简述如下。

（1）建立单自由度弹簧振子系统（弹簧-质量-阻尼系统），使经历以加速度为例的一段时间历程载荷，跟踪相同阻尼、不同频率下对应各弹簧振子的最大响应（最大绝对值）并记录，如图 11.1.3-1 所示。将记录的频率和最大响应进行描点或拟合函数得到响应与频率之间的曲线关系，即为响应谱。

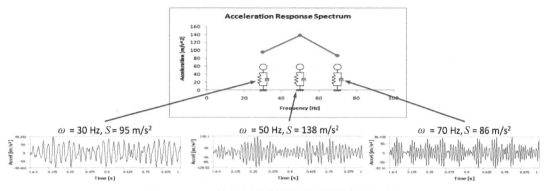

图 11.1.3-1　单自由度弹簧振子不同频率最大响应

（2）阻尼比包含在响应谱中，修改阻尼比可以获得不同阻尼比下的响应谱，如图 11.1.3-2 所示。

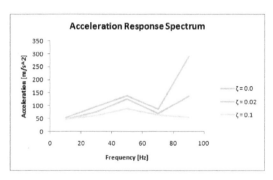

图 11.1.3-2　不同阻尼比下响应谱

（3）加速度、速度、位移谱关系可以通过改变频率关系进行转换：$S_d = S_v/(2\pi f) = S_a/(2\pi f)^2$，如图 11.1.3-3 所示。

（4）完成响应谱设计就可以进行对应结构的最大响应计算工作。

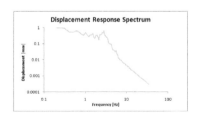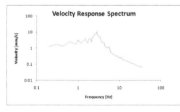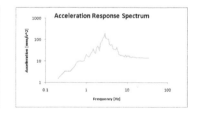

图 11.1.3-3　响应谱转化关系

11.2　单点响应谱分析

11.2.1　单点响应谱分析计算过程

响应谱分析分为单点响应谱分析和多点响应谱分析，其中，单点响应谱分析定义的求解结构只有一个约束集合，只定义一条响应谱载荷，如图 11.2.1-1 所示。

响应谱分析以模态叠加法为基础，模态叠加法以系统无阻尼振型为空间，通过坐标变化进行原动力方程解耦，使求解问题由联立微分方程转换为求解 n 个相互独立的方程。

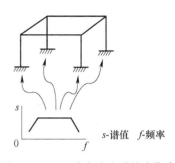

图 11.2.1-1　单点响应谱约束集合

求解获得模态位移后，通过叠加各阶模态贡献求得系统响应，动力学求解效率提升显著。在叠加过程中，保证动力响应精度要求的前提下可以舍弃贡献较少的高阶模态，但是需要提取足够多的模态数量。需考虑模态对各向量的贡献、与荷载时间变化相关的动力放大系数，也考虑与载荷空间分布相关的模态贡献系数等。

1. 计算参与因子γ_i

获得每阶模态计算下每一方向的参与因子γ_i，衡量该模态在某个方向的参与程度。

$$\gamma_i = \boldsymbol{\varphi}_i^\mathrm{T} \boldsymbol{M} \boldsymbol{D}$$

2. 计算响应谱值S_i

计算对应频率下的响应谱值S_i。

3. 确定每阶模态系数A_i

确定模态系数A_i：

$$A_i = S_i \gamma_i^*$$

模态系数A_i作为幅值因子与模态振型相乘得到最大位移响应。

位移谱$\gamma_i^* = \gamma_i$，速度谱$\gamma_i^* = \gamma_i / \omega_i$，加速度谱$\gamma_i^* = \gamma_i / \omega_i^2$。

4. 计算每阶模态最大响应

每阶模态最大响应 $\{R_i\}$ 通过频率、模态系数、振型进行计算组合，如图 11.2.1-2 所示。

模态	频率	响应形状	响应谱值	参与因子	模态系数	响应
1	ω_1	$\boldsymbol{\phi}_1$	S_1	γ_1	A_1	$\boldsymbol{R}_1$
2	ω_2	$\boldsymbol{\phi}_2$	S_2	γ_2	A_2	$\boldsymbol{R}_2$
3	ω_3	$\boldsymbol{\phi}_3$	S_3	γ_3	A_3	$\boldsymbol{R}_3$
$\vdots$	$\vdots$	$\vdots$	$\vdots$	$\vdots$	$\vdots$	$\vdots$

图 11.2.1-2　响应组合

- 位移响应：$\{R_i\} = A_i \{\varphi_i\}$。
- 速度响应：$\{R_i\} = \omega_i A_i \{\varphi_i\}$。
- 加速度响应：$\{R_i\} = \omega_i^2 A_i \{\varphi_i\}$。

5. 计算模态叠加响应

一般情况下各阶模态响应最值不应该能同时达到，且彼此之间也不完全同相位，因此不能简单叠加，需要采用合适的模态组合叠加进行结构整体响应计算。

Mechanical 支持三种模态叠加法：均方根法（Square Root of the Sum of Squares，SRSS）、完全平方组合法（Complete Quadratic Combination，CQC）、统计矩法（Rosenblueth，ROSE）。

11.2.2　响应谱分析模态叠加

- 均方根法（SRSS）：

$$R = \sqrt{R_1^2 + R_2^2 + \cdots + R_N^2} = \sqrt{\sum_{i=1}^{N} R_i^2}$$

- 完全平方组合法（CQC）：

$$R = \sqrt{\left| \sum_{i=1}^{N} \sum_{j=i}^{N} k \, \varepsilon_{ij} \, R_i \, R_j \right|}$$

- 统计矩法（ROSE）：

$$R = \sqrt{\left| \sum_{i=1}^{N} \sum_{j=1}^{N} \varepsilon_{ij} \, R_i \, R_j \right|}$$

11.2.3　均方根法修正

均方根法将各响应的最大值先进行平方和计算再进行平方根计算，计算值作为整体结构组合响应。均方根法对于在有足够频率计算条件的能够很好地接近响应最值。

均方根计算公式为

$$R = \sqrt{R_1^2 + R_2^2 + \cdots + R_N^2}$$

均方根法有三种情况需要进行修正，并考虑使用完全平方组合法或统计矩法代替。

1. 密集空间分布修正（Correlated Closely-Spaced Modes）

如果响应空间模态较为密集，就需要进行 SRSS 响应空间分布修正，如图 11.2.3-1 所示。

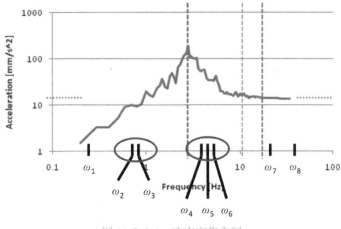

图 11.2.3-1　响应密集空间

（1）如果临界阻尼比≤2%且模态频率间隔在 10%以内，则认为是密集空间分布。例如 $f_i/f_j \leqslant$ 1.1，则 f_i 和 f_j 被认为是密集空间。

（2）如果临界阻尼比>2%，间隔最近频率是 5 倍临近阻尼比，则认为是密集空间分布。例如阻尼比 10%，$f_i/f_j \leqslant 1.1$，则 f_i 和 f_j 被认为是密集空间。

对于模态频率密集空间分布，能够采用完全平方组合法和统计矩法，使用 0~1 之间的修正系数 ε 进行模态分布间隔密集空间状态的修正。

2. 刚性响应（Rigid Response）

响应谱不同响应区域如图 11.2.3-2 所示，可以分为低频区间、中频区间和高频区间。

1）低频区间。周期响应作为主导，如果模态频率不存在间隔密集问题，不需要进行修正。

2）高频区间。刚性响应作为主导，响应与输入的频率之间完全相关，可以采用代数方法进行组合。

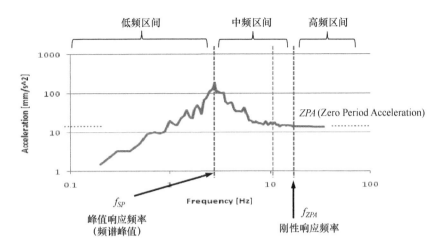

图 11.2.3-2 响应谱不同响应区域

3）中频区间。模型包含刚性成分与周期成分，采用 0~1 之间的系数进行周期分量和一个刚性分量修正，评估系数的方法有 Lindley-Yow、Gupta 等，如图 11.2.3-3 所示。

- Lindley-Yow 方法中，系数为

$$\alpha_i = \frac{ZPA}{S_{\alpha_i}}$$

- Gupta 方法中，系数为

$$\alpha_i = \frac{\ln f_i / f_1}{\ln f_2 / f_1}$$

图 11.2.3-3 刚性响应类型选择

修正后周期响应根据需要进行三种模态叠加法的组合，最终对合并的周期响应与合并的刚性响应按照如下算式进行组合，组合过程如图 11.2.3-4 所示。

模态	频率	响应谱值	响应	刚性响应系数	周期成分	刚性成分
1	ω_1	S_1	$\boldsymbol{R}_1$	α_1	$\boldsymbol{R}_{p1}$	$\boldsymbol{R}_{r1}$
2	ω_2	S_2	$\boldsymbol{R}_2$	α_2	$\boldsymbol{R}_{p2}$	$\boldsymbol{R}_{r2}$
3	ω_3	S_3	$\boldsymbol{R}_3$	α_3	$\boldsymbol{R}_{p3}$	$\boldsymbol{R}_{r3}$
$\vdots$	$\vdots$	$\vdots$	$\vdots$	$\vdots$	$\vdots$	$\vdots$

图 11.2.3-4 周期响应与合并的刚性响应

$$\boldsymbol{R}_t = \sqrt{\boldsymbol{R}_r^2 + \boldsymbol{R}_p^2}$$

其中：

$$\boldsymbol{R}_{pi} = \sqrt{1 - \alpha_i^2}\, \boldsymbol{R}_i$$
$$\boldsymbol{R}_{ri} = \alpha_i \boldsymbol{R}_i$$

3. 损失质量响应（Missing Mass Response）

通常无法提取所有模态的有效质量，丢失的质量会集成于一个附加响应。损失质量作为刚体

响应部分补充参与整体响应计算，损失的质量响应按图 11.2.3-5 所示进行控制。

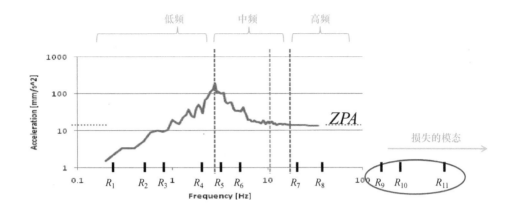

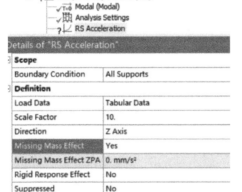

图 11.2.3-5　损失质量响应控制

更多 "Closely-Spaced Modes（Correlated）" "Rigid Response" "Missing Mass Response" 相关内容可以参阅用户手册等，不再进行说明。

11.3　多点响应谱分析

多点响应谱分析在模型不同约束集合上定义不同的响应谱载荷，如图 11.3-1 所示。多点响应谱计算要求结构特性依旧是线性的。

多点响应谱分析计算步骤如下。

（1）Mechanical 对各激励点进行单点响应谱分析计算。

（2）使用 SRSS 方法对每种响应谱进行组合。

$$\bm{R}_{\text{MPRS}} = \sqrt{\bm{R}_{\text{SPRS}1}^2 + \bm{R}_{\text{SPRS}2}^2 + \cdots + \bm{R}_{\text{SPRS}i}^2}$$

其中，$\{\bm{R}_{\text{MPRS}}\}$ 代表多点响应谱分析计算总体响应；$\{\bm{R}_{\text{SPRS}}\}_i$ 代表对应第 i 个响应谱曲线得到的结构总体响应。

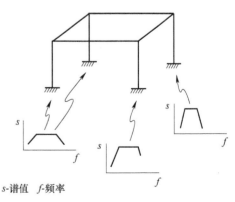

s-谱值　f 频率

图 11.3-1　多点响应谱

11.4 响应谱分析设置

1. 模态分析

响应谱分析以模态分析为基础，如图 11.4-1 所示。

图 11.4-1 模态分析

2. 响应谱分析设置

响应谱分析设置如图 11.4-2~图 11.4-4 所示。

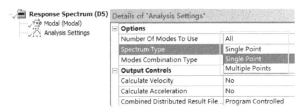

图 11.4-2 响应谱类型设置

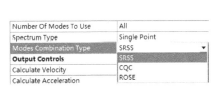
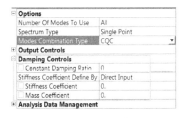

图 11.4-3 模态叠加法设置　　　　图 11.4-4 阻尼控制

（1）【Number Of Modes To Use】：用于确定使用的模态数量，推荐模态计算频率范围不小于最大响应谱计算频率的 1.5 倍。

（2）【Spectrum Type】：确定分析类型为单点响应谱分析或多点响应谱分析。

（3）【Modes Combination Type】：用于选择模态叠加法类型，包括 SRSS、CQC、ROSE。

（4）【Output Controls】：用于控制是否输出速度、加速度数据结果等。

（5）【Damping Controls】：阻尼控制，进行响应谱分析计算阻尼定义。关于阻尼控制各项内容，此处不再进行描述。

11.5 约束与载荷

11.5.1 响应谱分析约束

响应谱分析约束类型如下。

（1）Fixed Support：固定约束。

（2）Displacement：位移约束。

（3）Remote Displacement：远程位移约束。

（4）Springs：Body-To-Ground：空间对地形式弹簧等。

单点、多点响应谱约束与分析类型的匹配如下。

（1）单点响应谱分析：施加的响应谱作用到所有约束。

（2）多点响应谱分析：施加响应谱可以与不同约束关联，激励需要选择加载方向。

11.5.2 响应谱分析载荷施加

1. 响应谱输入类型

ANSYS 支持三种响应谱输入，如图 11.5.2-1 所示。

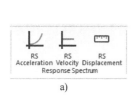 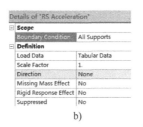 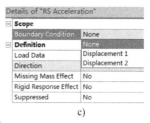

图 11.5.2-1　响应谱输入

a）三种响应谱输入　b）单点响应谱　c）多点响应谱

（1）位移输入激励：【RS Displacement】。

（2）速度输入激励：【RS Velocity】。

（3）加速度输入激励：【RS Acceleration】。

对于单点响应谱类型，输入激励谱应用在模型所有边界条件；对于多点响应谱类型，每个输入激励谱能与一个对应边界条件相关联。

2. 响应谱激励设置

响应谱激励设置如图 11.5.2-2 所示。

（1）【Scale Factor】：比例因子，用于加速度在 g 和 m/s² 之间的转换。

（2）【Missing Mass Effect】：用于控制损失质量效应的影响，如果设置为 Yes 则在总响应计算中考虑高频模态贡献。【Missing Mass Effect】仅适用于【RS Acceleration】。需要定义 ZPA 值，缩放因子也会应用于 ZPA 值。

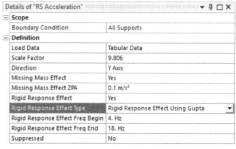

图 11.5.2-2　响应谱激励设置

（3）【Rigid Response Effect】：【Rigid Response Effect】和【Rigid Response Effect Type】用于考虑刚体响应影响以及考虑评估系数方法（选择【Lindley-Yow】或【Gupta】）。

11.6　响应谱分析案例：钢结构响应谱分析

◇ 起始文件：exam/exam11-1/exam11-1_pre.wbpj

◇ 结果文件：exam/exam11-1/exam11-1.wbpj

1. 模态分析流程

Step 1　创建分析系统

启动 ANSYS Workbench 程序，浏览打开分析起始文件【exam11-1_pre. wbpj】。如图 11.6-1 所示，拖拽分析系统【Modal】进入项目流程图，共享起始文件【Geometry】单元格。继续拖拽【Response Spectrum】分析系统进入项目流程图，共享继承【Modal】的【Engineering Data】【Model】单元格。

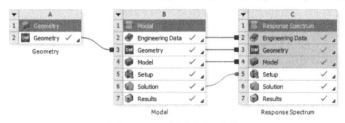

图 11.6-1　创建分析系统

Step 2　工程材料数据定义

计算材料采用默认材料结构钢【Structural Steel】，【Engineering Data（B2）】单元格材料库不进行任何修改设置。

Step 3　几何行为特性定义

双击【Modal（B4）】单元格进入分析程序，并进行如下操作。

（1）导航树【Geometry】节点下包括井架钢结构主体几何，均为线体体素，所有几何线体体素已经在 DM 中进行了型材截面定义，井架几何在 DM 中已经进行共享节点定义。

（2）定义桁架支架附加质量以离散质量进行表示。右击【Geometry】节点插入离散质量，选中钢结构线体，定义离散质量为 10^5 kg，如图 11.6-2 所示。

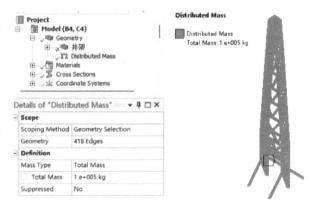

图 11.6-2　附加离散质量设置

Step 4　网格划分

选择【Mesh】节点，右击后插入【Sizing】（尺寸）项，选择几何为全部线体几何，给定单元尺寸 200mm。

Step 5　约束定义

选择【Modal（B5）】节点，右击选择【Insert】→【Fixed Support】插入 2 次固定约束，明细栏【Geometry】分别选中井架安装座底部支点（2 个点）以及底部前后辅助支点（4 个点）。

Step 6　模态分析设置

在【Analysis Settings】中定义【Max Modes to Find】= 50，限制频率范围【Range Minimum】= 0Hz，【Range Maximum】= 15Hz，如图 11.6-3 所示。模态求解频率范围建议为后续动力学求解频率范围 1.5 倍以上，考虑求解时长与存储空间，此处仅计算 15Hz 频率范围的模态数量。

2. 响应谱分析流程

Step 1　响应谱分析设置

响应谱分析采用模态叠加法，分析类型为多点响应谱分析方法，模态组合方法采用 ROSE，阻尼比定义为 0.02，分析设置如图 11.6-4 所示。

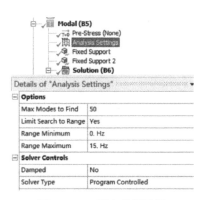
图 11.6-3 模态分析设置

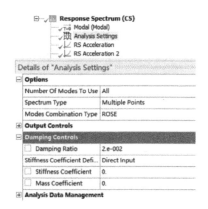
图 11.6-4 谐响应分析设置

Step 2 加速度响应谱载荷

（1）选择【Modal（B5）】节点，右击插入 2 次【RS Acceleration】，边界条件【Boundary Condition】＝【Fixed Support】，分别选择井架安装座底部支点（2 个点）以及底部辅助支点（4 个点）的两个固定约束作为响应谱载荷边界。

（2）修改【RS Acceleration】载荷数据为表格数据【Tabular Data】，录入附带文件"SavannahRiverEarthquake. xls"中前 10Hz 加速度响应谱（注意换算放大 9806.6），方向为 Y 轴，不考虑损失质量和刚体响应的影响。

Step 3 求解与结果后处理

（1）选择【Solution（C6）】节点，右击后选择【Insert】→【Deformation】→【Total】，提交求解，响应谱载荷位移云图及最大变形如图 11.6-5 所示。

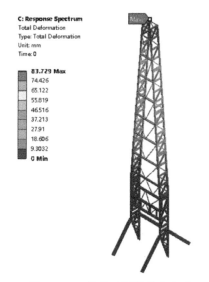
图 11.6-5 位移云图及最大变形

（2）选择【Solution（C6）】节点，右击后选择【Insert】→【Worksheet Result Summary】，进行自定义结果输出，选择图 11.6-6 步骤③所示 BEAM 单元类型求解，右击后选择【Create User Defined Result】，如图 11.6-6 所示。获得自定义应力计算结果【BEAMMAX_TOTAL_COMBINED】，如图 11.6-7 所示。

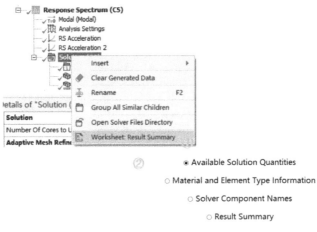

图 11.6-6　自定义结果输出

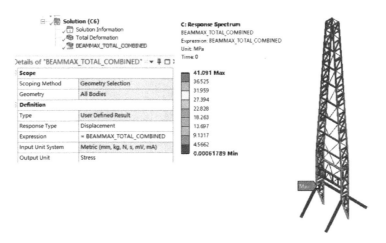

图 11.6-7　BEAMMAX_TOTAL_COMBINED

11.7　本章小结

　　本章介绍响应谱分析基本原理，包括响应谱定义、单点响应谱和多点响应谱分析计算原理，给出响应谱分析案例进行设置方法和基本建模方法说明等。

第 12 章

随机振动分析

12.1 随机振动分析基础

随机振动分析也称为功率谱密度分析，是一种谱分析方法，计算前提是获得功率谱密度（PSD）以及进行模态组合。计算结果一般是统计学角度的结构响应统计学特性，通常是一个标准偏差（1σ）下的位移变形、应力等，随机振动被认为是稳定的，响应也是一个稳定的随机过程。

随机振动分析主要应用于航天器发射、汽车路面颠簸、海洋平台风浪载荷等持续承受随机载荷作用的产品结构，载荷特点是时间历程上时刻变化而无法精确计算每个时间点的载荷值，一般无法采用瞬态动力学分析方法进行替换计算。

12.1.1 输入功率谱密度

给定频率范围的随机振动过程激励幅值一定是变化的，但过程中重复多次的幅值均值可以趋于一个相对稳定的常量，如图 12.1.1-1 所示。如果将随机振动过程总频率分解为若干个频率范

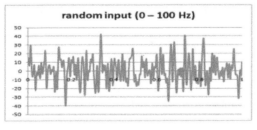

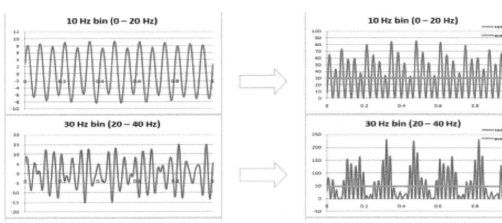

图 12.1.1-1　频率范围分割

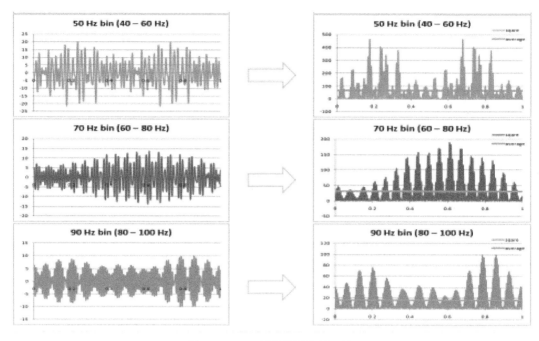

图 12.1.1-1　频率范围分割（续）

围，对每个频率范围计算平方和的平均值，BIN 尺寸越大获得的激励信号平均值和均方值就越大，需要一个一致定义来解释不同的 BIN 范围。工程上一般采用激励的均方值与频率带宽的比值来评估，即 $PSD=$ 均方 $/(f_1-f_2)$，单位为 units^2/Hz。因此，功率谱密度是结构在随机动态载荷激励下响应的统计结果，是一条功率谱密度值与频率值的关系曲线，如图 12.1.1-2 所示。

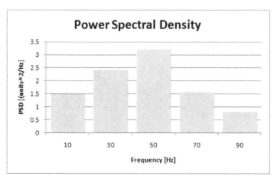

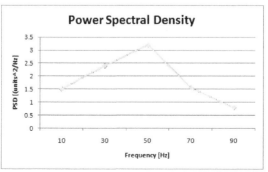

图 12.1.1-2　功率谱密度值与频率值的关系

功率谱密度一般由设计规范或者建筑规范提供，且具有多种形式，一般包括位移功率谱密度、速度功率谱密度、加速度功率谱密度、重力加速度功率谱密度等，如图 12.1.1-3 所示。位移/速度/加速度功率谱密度三者之间通过乘除 $2\pi f$ 的平方能够较为容易地进行转换。

图 12.1.1-3　功率谱密度类型定义

$$S_d = S_v / (2\pi f)^2 = S_a / (2\pi f)^4$$

加速度与重力加速度谱也可以通过乘除 g^2 进行相互转化。

$$S_G = S_a / g^2$$

12.1.2　输出功率谱密度

随机振动分析允许多个功率谱密度输入，激励是稳态的随机过程，随机振动的随机变量之间有的具有相互关系，有的不具有明显相互关系，对此 Mechanical 支持输入类型完全相关、不相关或部分相关。

随机振动分析过程计算每个模态响应的统计量并将其合并，响应（输出）功率谱密度通过单自由度系统的传递函数 $H(\omega)$、模态叠加技术、输入功率谱密度进行组合计算。

1. 响应功率谱密度（RPSD）

第 i 个自由度的位移响应功率谱密度动态部分、伪静态部分、协方差部分等构成如下。

动态部分为：

$$S_{d_i}(\omega) = \sum_{j=1}^{n} \sum_{k=1}^{n} \phi_{ij}\phi_{ik}\Big(\sum_{l=1}^{r_1}\sum_{m=1}^{r_1} \gamma_{lj}\gamma_{mk}H_j^*(\omega)H_k(\omega)\bar{S}_{lm}(\omega) + \sum_{l=1}^{r_2}\sum_{m=1}^{r_2} \Gamma_{lj}\Gamma_{mk}H_j^*(\omega)H_k(\omega)\hat{S}_{lm}(\omega) \Big)$$

伪静态部分为：

$$S_{s_i}(\omega) = \sum_{l=1}^{r_2}\sum_{m=1}^{r_2} A_{il}A_{im}\Big(\frac{1}{\omega^4}\hat{S}_{lm}(\omega) \Big)$$

协方差部分为：

$$S_{sd_i}(\omega) = \sum_{j=1}^{n}\sum_{l=1}^{r_2}\sum_{m=1}^{r_2} \phi_{ij}A_{il}\Big(-\frac{1}{\omega^2}\Gamma_{mj}H_j(\omega)\hat{S}_{lm}(\omega) \Big)$$

2. 频率响应传递函数（$H(\omega)$）

RPSD 通过输入功率谱密度乘以传递函数进行计算，速度、加速度、位移等载荷形式不同，频率响应传递函数 $H(\omega)$ 不同。

力和加速度：

$$H_j(\omega) = \frac{1}{\omega_j^2 - \omega^2 + i(2\zeta_j\omega_j\omega)}$$

位移：

$$H_j(\omega) = \frac{\omega^2}{\omega_j^2 - \omega^2 + i(2\zeta_j\omega_j\omega)}$$

速度：

$$H_j(\omega) = \frac{i\omega}{\omega_j^2 - \omega^2 + i(2\zeta_j\omega_j\omega)}$$

其中，ω 为载荷频率；ω_j 为第 j 模态的自然圆频率。

对于单自由度振动系统，RPSD 与传递函数以及输入 PSD 的计算关系如图 12.1.2-1 所示。

$$RPSD = H(\omega)^2 \times PSD$$

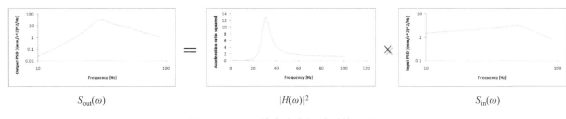

$$S_{out}(\omega) \qquad |H(\omega)|^2 \qquad S_{in}(\omega)$$

图 12.1.2-1　单自由度振动系统 RPSD

3. 均方根（RMS）

系统线性且输入满足高斯分布，则一般随机振动输出响应也服从高斯分布。

系统响应平均值是 RPSD 曲线下方的面积，代表均方响应。均方根代表一个标准偏差（1σ）响应，例如应力计算 1-Sigma 值代表总体应力响应的 68.27% 不会大于这个值。

- 1×RMS（1-Sigma）代表总体响应的 68.27%。
- 2×RMS（2-Sigma）代表总体响应的 95.951%。
- 3×RMS（3-Sigma）代表总体响应的 99.737%。

12.2　随机振动分析模型搭建

12.2.1　随机振动分析设置

随机振动分析基于模态叠加法，求解计算建立在模态分析之后。随机振动分析设置【Analysis Settings】如图 12.2.1-1 所示。

（1）确定模态提取数量：通过【Options】下的【Number Of Modes To Use】进行模态提取数量定义，推荐提取模态频率范围应该至少为随机振动激励最大频率的 1.5 倍。

（2）设置模态重要性水平：对【Options】进行【Exclude Insignificant Modes】和【Mode Significance Level】设置，通过设置模态重要性水平可以去除不重要的模态，0 为包含所有模态，1 为不选择模态。

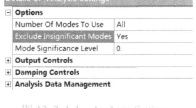

图 12.2.1-1　Analysis Settings

（3）输出控制：【Output Controls】用于控制输出速度与加速度数据，例如【Fatigue Tools】进行随机振动疲劳计算必须输出速度和加速度数据。

（4）阻尼控制：【Damping Controls】定义阻尼比和常值阻尼，小的阻尼变动对于随机振动计算结果有较大影响。阻尼相关介绍不再赘述。

12.2.2　载荷与约束

（1）随机振动边界约束条件在模态分析中施加定义。

（2）支持位移、速度、加速度、重力加速度的功率谱密度，如图 12.2.2-1 所示。

（3）功率谱密度载荷数据能够进行拟合，如图 12.2.2-2 所示，建议求解之前修正功率谱密度载荷值进行拟合。

直接录入的载荷数据会表现为绿色、黄色和红色三种状

图 12.2.2-1　施加功率谱密度

态，分别代表合理、警告和不信任，需要对警告和不信任数据进行拟合处理。

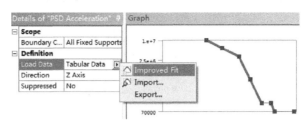

图 12.2.2-2　数据修正拟合

- 绿色：录入数值准确可靠。
- 黄色：警示指标，结果计算可能不可靠。
- 红色：计算结果被认为不可信任。

（4）支持多组 PSD 载荷输入：PSD 激励施加在固定约束节点上。随机振动分析分为单点随机振动分析和多点随机振动分析，其中，多点随机振动分析需要在模型不同点集上施加不同功率谱密度。

12.2.3　求解计算结果

（1）变形结果：如图 12.2.3-1 所示，支持方向（X/Y/Z）位移、方向速度、方向加速度云图输出，能够定义输出比例因子的 1/2/3 个标准偏差倍成。

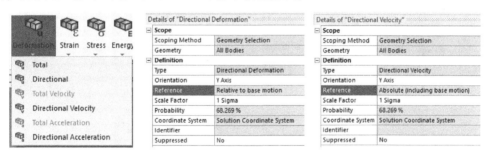

图 12.2.3-1　变形云图提取

（2）应力结果：如图 12.2.3-2 所示，支持输出正应变应力、剪应变应力以及等效应力，对于壳体、2D 平面能够输出膜和弯曲应力，能够定义输出比例因子的 1/2/3 个标准偏差倍成。

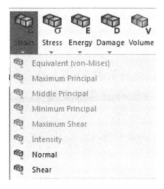 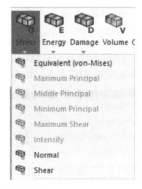

图 12.2.3-2　应力云图提取

（3）RPSD 曲线输出：如图 12.2.3-3 所示，RPSD 能够对结果类型位移、速度、加速度、应力和应变等进行响应曲线输出，输出为节点（指定点）指定方向的频率与该结果类型关系曲线。RPSD 能为节点指定方向、频率的均方根值输出，输出参考采用指定的相对基础约束点或绝对值指定点。

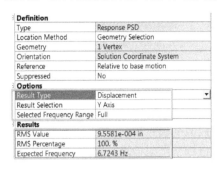
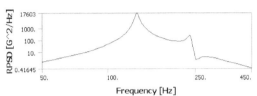

图 12.2.3-3　RPSD 曲线输出

（4）RPSD 采样频率控制：使用【Response PSD Tool】，如图 12.2.3-4 所示。

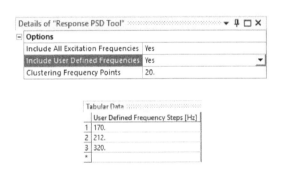

图 12.2.3-4　Response PSD Tool

1）【Include All Excitation Frequencies】（默认为 Yes）：当设置为"No"时，包括最小、最大激励频率和固有频率，否则包括全部激励频率。

2）【Include User Defined Frequencies】（默认为 No）：当设置为"Yes"时，可以手动输入额外自定义频率。

3）【Clustering Frequency Points】：频率点聚集默认最低为 20 点，在求解的自然频率点聚集更多监测点能使计算结果更为准确，但当 PSD 输入包含的峰值点较多时，求解时间会大大增长。

12.3　随机振动分析案例：并联机械臂随机振动计算

◇ 起始文件：exam/exam12-1/exam12-1_pre.wbpj
◇ 结果文件：exam/exam12-1/exam12-1.wbpj

1. 静力学分析流程

Step 1 分析系统创建

启动 ANSYS Workbench 程序，浏览打开分析起始文件【exam12-1_pre. wbpj】。如图 12.3-1 所示，该随机振动分析准备文件已经完成【Static Structural】【Modal】两个分析系统的求解计算工作，拖拽【Random Vibration】共享继承【Modal】的【Engineering Data】【Model】【Solution】等单元格内容。

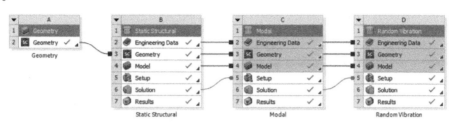

图 12.3-1　创建分析系统

Step 2 工程材料数据定义

计算材料采用默认材料结构钢【Structural Steel】，【Engineering Data（B2）】单元格材料库不进行任何修改设置。

Step 3 几何行为特性定义

双击单元格【Model（B4）】，进入 Mechanical 静力学分析环境。

（1）导航树【Geometry】下包括并联机械臂结构主体几何，全部为实体体素。

（2）定义机械臂附加质量以集中点质量【Point Mass】进行表示。右击【Geometry】节点插入集中质量点，选中下部挂座的销轴孔，定义集中质量为 200kg，如图 12.3-2 所示。

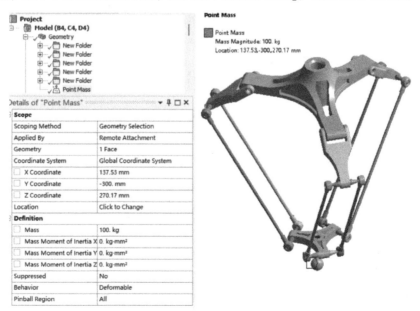

图 12.3-2　几何行为特性定义

Step 4 定义运动副

（1）右击【Connections】节点插入【Connection Group】，再次右击【Connection Group】插入

【Joint】关节，修改连接类型【Connection Type】为【Body-Body】，关节类型选择固定关节【Fixed】。在参考对象的【Scope】中选择【Arm】几何结构的销轴孔，在运动对象的【Scope】中选择【Arm Connecter】几何结构的销轴表面，完成固定关节定义，如图 12.3-3 所示，同理完成全部 6 个固定关节的定义。

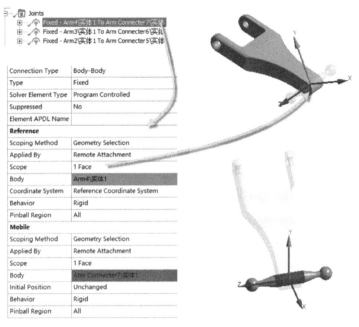

图 12.3-3　固定关节定义

（2）再次右击【Connection Group】，插入【Joint】关节，按照图 12.3-4 所示设置完成【Arm Connecter】和【Ball Joint】球铰关节的定义，修改连接类型【Connection Type】为【Body-Body】，关节类型选择球铰关节【Sphcrical】，在参考对象的【Scope】中选择【Ball Joint】零件几何的圆孔，在运动对象的【Scope】中选择【Arm Connecter】几何结构的销轴表面，同理完成全部 12 个球铰关节的定义。

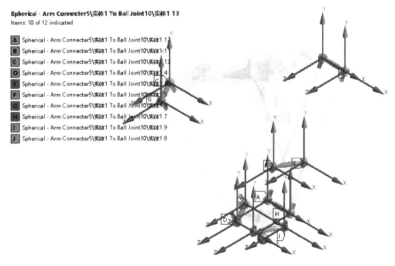

图 12.3-4　球铰关节定义

（3）右击【Connections】节点插入【Connection Group】（图 12.3-5 所示步骤①和②），选择生成的【Contacts】节点，在【Geometry】中选择图 12.3-5 所示几何零件，再次右击【Contacts】选择【Create Automatic Connection】进行接触对自动创建，不修改接触对类型，使用默认的【Bonded】接触关系，完成全部未建立运动关节零件的接触关系定义。

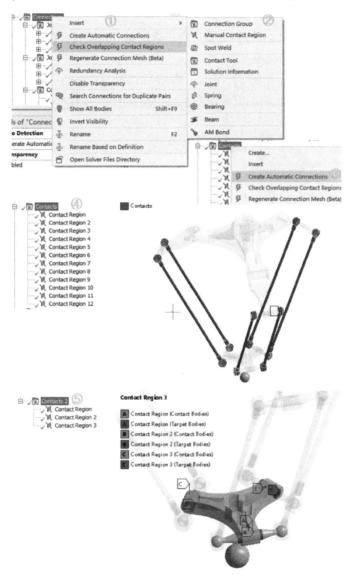

图 12.3-5　接触关系定义

Step 5　网格划分

（1）选择【Mesh】节点，在明细栏设置单元阶次为线性：【Element Order】→【Linear】（线弹性计算推荐高阶单元，此处考虑计算速度与存储采用低阶单元）。【Sizing】项设置：【Resolution】为 7 级，转化过渡【Transition】=【Slow】，跨度中心角【Span Angle Center】=【Fine】。【Advanced】项设置：设置使用前沿推进法，【Triangle Surface Mesher】=【Advancing Front】。

（2）右击【Mesh】节点插入 5 次【Method】，5 次【Body Sizing】，如图 12.3-6 所示。

（3）选择 6 条命名为【Link】的细杆结构，修改明细栏【Method】=【MultiZone】，【Surface

Mesh Method】=【Uniform】，设置单元尺寸为 1.5mm。

（4）修改其他局部控制方法，明细栏均为【Method】=【Patch Conforming Method】，分别修改【Arm】几何零件单元尺寸为 4mm、【Top】几何零件单元尺寸为 6mm、【Arm Connecter】几何零件单元尺寸为 1.5mm、【Ball Joint】几何零件单元尺寸为 2.5mm。

Step 6　载荷与约束定义

（1）选择【Static Structural（B5）】节点，右击后选择【Insert】→【Standard Earth Gravity】，明细栏修改【Direction】=【-Y Direction】。

（2）选择【Static Structural（B5）】节点，右击后选择【Insert】→【Fixed Support】，明细栏【Geometry】选中【Top】零件上端的安装座圆孔面，如图 12.3-7 所示。

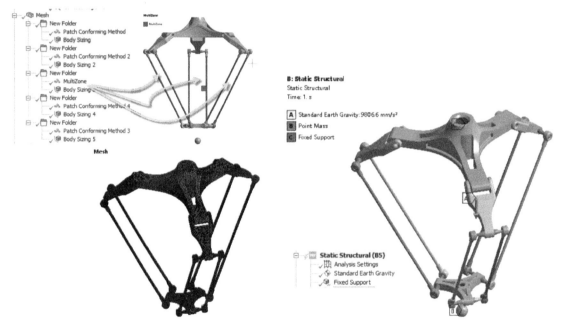

图 12.3-6　网格划分　　　　图 12.3-7　施加载荷与约束

Step 7　求解与后处理

单击选中导航树【Solution（B6）】节点，右击后选择【Insert】→【Deformation】→【Total】，插入总变形【Total Deformation】和应力【Equivalent Stress】。总变形和应力计算结果如图 12.3-8 所

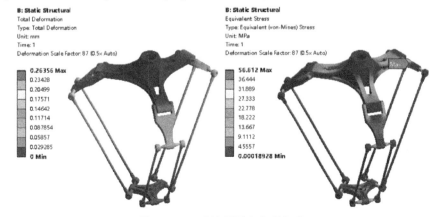

图 12.3-8　后处理预应力观察项

示，限用于预应力计算合理性判断。

2. 模态分析流程

Step 1   模态预应力选项定义

模态预应力选项【Pre-Stress（Static Structural）】定义如图 12.3-9 所示，采用默认设置。

Step 2   模态分析设置

在【Analysis Settings】中设置提取模态 6 阶，频率搜索不限制范围，不进行输出控制。

Step 3   模态分析求解

（1）选择【Solution（C6）】节点，右击后选择【Insert】→【Solve】，完成模态求解。

（2）单击选中【Solution（C6）】节点，按住〈Ctrl〉键选择视窗右下侧的【Tabular Data】模态频率数据，右击选择【Create Mode Shape Results】创建模态振型，得到前 6 阶模态振型，图 12.3-10 所示为第 1~4 阶模态振型。

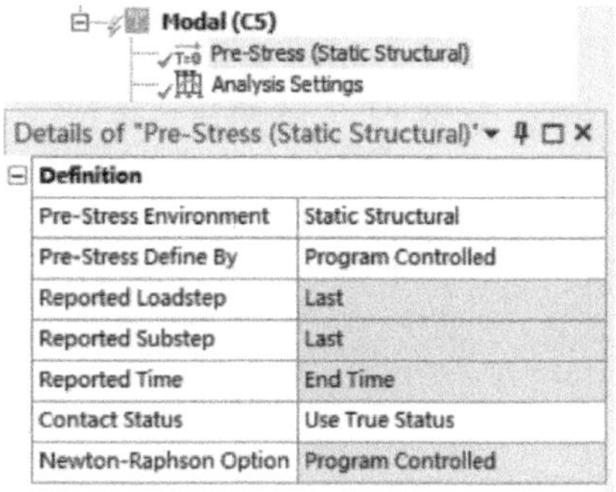

图 12.3-9   模态预应力选项定义

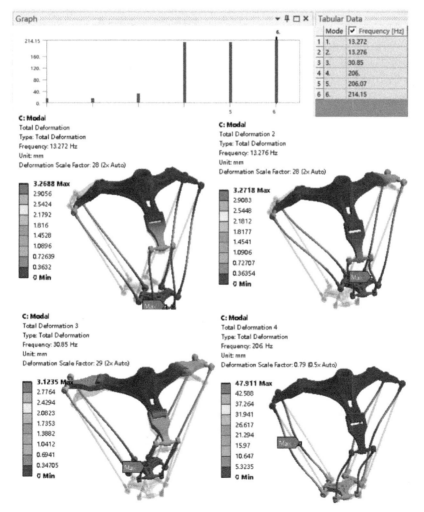

图 12.3-10   第 1~4 阶模态振型

3. 随机振动分析流程

Step 1 模态环境定义

模态环境定义如图 12.3-11 所示，采用默认设置。

Step 2 随机振动分析设置

（1）在【Analysis Settings】中设置【Options】为使用所有模态。

（2）在【Analysis Settings】中设置阻尼控制【Damping Controls】：采用阻尼比定义，阻尼比为 0.02，如图 12.3-12 所示。

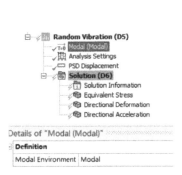

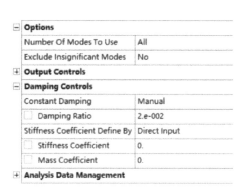

图 12.3-11 模态环境定义   图 12.3-12 随机振动分析设置

Step 3 随机振动分析载荷定义

选择【Random Vibration（D5）】节点，右击后选择【Insert】→【PSD Displacement】，如图 12.3-13 所示，进行随机振动分析载荷定义。

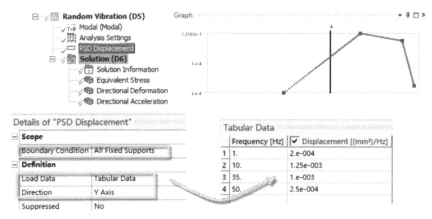

图 12.3-13 随机振动分析载荷定义

Step 4 求解及后处理

（1）选择【Solution（D6）】节点，右击后选择【Insert】→【Solve】，完成随机振动模块求解。

（2）选择【Solution（D6）】节点，右击后选择【Insert】→【Stress】，插入基于概率统计的 1σ 应力结果，如图 12.3-14 所示。

（3）同理插入方向变形【Directional Deformation】和方向加速度【Directional Acceleration】，选择方向为 Y 方向，观测值使用 1σ 概率条件，如图 12.3-15 所示。

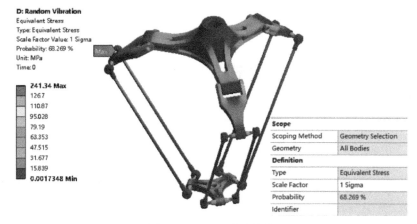

图 12.3-14　1σ 应力结果

应力

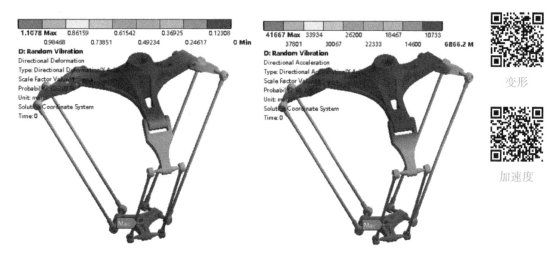

变形

加速度

图 12.3-15　1σ 变形与加速度

12.4　本章小结

本章主要介绍功率谱密度、响应功率谱密度、随机振动原理等，也给出案例进行随机振动分析建模流程的说明。

第13章

刚体动力学分析

13.1 刚体动力学简介

刚体动力学分析（Rigid Dynamic Analysis）主要用于计算刚性系统机构的动态响应，结构之间通过运动副、弹簧、约束方程、接触关系定义等建立机构连接，在机器人、车辆、机械设备、游园设施等的传动机构设计中得到广泛应用。

刚体动力学分析计算特点如下。

（1）刚体动力学分析的机构零件为刚性，几何特性默认指定【Rigid】，仅考虑材料密度，如图13.1-1所示。

图 13.1-1　几何特性默认指定【Rigid】

（2）刚体动力学输入、输出数据为力、力矩、位移、速度、加速度等运动参数，不能输出应力、应变等。

（3）运动机构搭建以运动副、约束方程、弹簧等建立连接关系，支持部分接触关系定义。

（4）求解器程序推荐自动调整时间步长，手动调整效率低下。

（5）通过【Motion Load】求解载荷输出，并结合惯性释放功能进行单零件强度计算求解。

13.2 运动副定义

运动副（Joints）是建立刚体动力学分析机构运动的重要方法，需要系统掌握机械原理中平面与空间运动副的相关知识。Mechanical 运动副自由度约束与释放以参考坐标系为基础，运动副示意图中灰色表明自由度限制，非灰色表明自由度没有被约束。

13.2.1 基础运动副

（1）Fixed Joint（固定副）：约束所选位置几何的全部自由度。

（2）Revolute Joint（铰接副）：放松 ROTZ 旋转自由度，约束其他自由度。铰接副能提供扭转刚度和扭转阻尼，如图13.2.1-1所示。

Definition	
Connection Type	Body-Ground
Type	Cylindrical
Torsional Stiffness	0. N·m/°
Torsional Damping	0. N·m·s/°
Suppressed	No
Reference	
Coordinate System	Reference Coordinate System
Mobile	
Scoping Method	Geometry Selection
Applied By	Remote Attachment
Scope	1 Face
Body	Solid
Initial Position	Unchanged
Behavior	Rigid
Pinball Region	All

图 13.2.1-1　Revolute Joint

（3）Cylindrical Joint（圆柱副）：放松 UZ 和 ROTZ 自由度，约束其他全部自由度。圆柱副能提供扭转刚度和扭转阻尼，如图 13.2.1-2 所示。

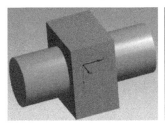

Definition	
Connection Type	Body-Ground
Type	Revolute
Torsional Stiffness	0. N·m/°
Torsional Damping	0. N·m·s/°
Suppressed	No
Reference	
Coordinate System	Reference Coordinate System
Mobile	
Scoping Method	Geometry Selection
Applied By	Remote Attachment
Scope	1 Face
Body	Solid
Initial Position	Unchanged
Behavior	Rigid
Pinball Region	All

图 13.2.1-2　Cylindrical Joint

（4）Translational Joint（移动副）：放松 UX 自由度，约束其他全部自由度，如图 13.2.1-3 所示。

（5）Slot Joint（狭槽副）：约束 UY、UZ 自由度，放松其他全部自由度，如图 13.2.1-4 所示。

图 13.2.1-3　Translational Joint　　　　　　图 13.2.1-4　Slot Joint

（6）Universal Joint（万向节）：约束 ROTX、ROTZ 自由度，放松其他全部自由度，如图 13.2.1-5 所示。

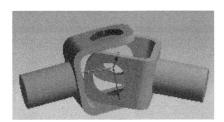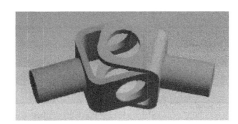

图 13.2.1-5　Universal Joint

（7）Spherical Joint（球副）：约束 UX、UY、UZ 自由度，放松其他全部自由度，如图 13.2.1-6 所示。

（8）Planar Joint（平面副）：约束 UZ、ROTX、ROTY 自由度，放松其他全部自由度，如图 13.2.1-7 所示。

图 13.2.1-6　Spherical Joint　　　　　　　图 13.2.1-7　Planar Joint

13.2.2　高级运动副

1. General Joint

General Joint（通用副）自定义自由度，能定义多个方向的刚度和阻尼系数，支持常值与数组定义。图 13.2.2-1 所示为某机构的通用副自由度说明，灰色图标 X、Z、RX、RY 自由度被限制，非灰色图标 Y、RZ 自由度没有被约束。

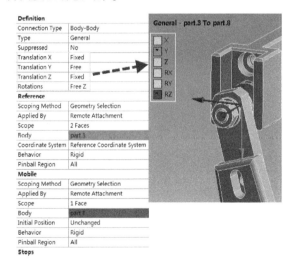

图 13.2.2-1　General Joint（通用副）

2. Bushing Joint

Bushing Joint（套管副）有六个自由度（3 平动 3 旋转），以刚度和阻尼来控制移动、转动自由度，采用工作表方式录入刚度系数、阻尼系数，可以使用非线性力-挠度曲线模拟非线性刚度特性，如图 13.2.2-2 所示。

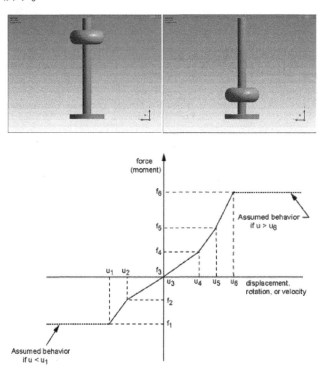

图 13.2.2-2　Bushing Joint（套管副）

3. Screw Joint

Screw Joint（螺旋副）约束自由度 UX、UY、ROTX、ROTY，仅支持刚性动力学求解器。如图 13.2.2-3 所示，直线位移、螺距、转角关系如下：

$$UZ = pitch * ROTZ/2 * \pi(radians) = pitch * ROTZ/360$$

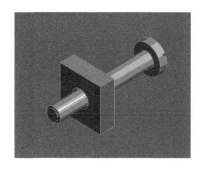

图 13.2.2-3　Screw Joint（螺旋副）

4. Constant Velocity Joint

Constant Velocity Joint（等速副）也称为 Homoki-netic Joint（虎克副），仅支持刚性动力学求解器。约束自由度 UX、UY、UZ。参考件和运动件 Y 轴确定轴转动方向且角速度相等，如图 13.2.2-4 所示。

5. Distance Joint

Distance Joint（尺距运动副）的长度由参考坐标系和移动坐标系之间的距离指定，不能为零。不进行 UX、UY、UZ、ROTX、ROTY、ROTZ 自由度约束，以参考坐标系和移动坐标系之间的距离尺寸作为约束。

$\omega\gamma_{\text{Reference}}=\omega\gamma_{\text{Mobile}}$

图 13.2.2-4 Constant Velocity Joint（等速副）

6. Point on Curve Joint

如果点在线上不考虑旋转，如图 13.2.2-5a 所示，进行 UY、UZ、ROTX、ROTY、ROTZ 自由度约束；如果点在线上考虑旋转，如图 13.2.2-5b 所示，对自由度 UY、UZ 进行约束。

a)   b)

图 13.2.2-5 Point on Curve Joint

13.2.3 间隙运动副

1. In-Plane Radial Gap

平面副径向间隙特性约束 UZ、ROTX、ROTY，允许参考体和运动体间隙动荡特性，如图 13.2.3-1 所示。

2. Spherical Gap

球面副间隙特性约束 UX、UY、UZ，允许参考体和运动体间隙动荡特性，如图 13.2.3-2 所示。

3. Radial Gap

径向间隙能考虑参考体和运动体之间的孔轴配合间隙动荡特性，如图 13.2.3-3 所示。

图 13.2.3-1 In-Plane Radial Gap （平面径向间隙）

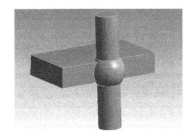

图 13.2.3-2 Spherical Gap（球面间隙）   图 13.2.3-3 Radial Gap（径向间隙）

13.2.4 高副模拟

刚体动力学模块没有直接的高副工具，一般采用无摩擦或摩擦接触建立点-面和线-线接触高副关系，如凸轮机构、齿轮啮合等，如图 13.2.4-1 所示。

Scope	
Scoping Method	Geometry Selection
Contact	5 Faces
Target	1 Face
Contact Bodies	Solid
Target Bodies	Solid
Definition	
Type	Frictionless
Advanced	
Pinball Region	Program Controlled
Restitution Factor	0

图 13.2.4-1　高副接触

刚体动力学求解无摩擦或摩擦接触问题时，基于时间积分方法处理高速、间隙、大时间步长计算、振动问题等。

13.2.5 运动副技术特性

1. 停止与锁死

（1）Stop（停止）对 Joint 单元两个节点之间的相对运动施加停止限制，如图 13.2.5-1 所示。

（2）Lock（锁死）对 Joint 单元两个节点之间的相对运动进行锁定限制。当锁定激活时，组件分析的相对运动保持锁定。

2. 冗余分析

Redundancy Analysis（冗余分析）用于排除不合理的运动自由度定义，改进关节力计算提取合理性，为柔性分析提供合理的载荷求解数值。通过修改为合理的运动副关节进行冗余改进，例如图 13.2.5-2 所示，将回转副改为球面副进行自由度释放，完成冗余自由度修改。

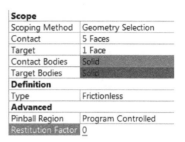

Definition	
Connection Type	Body-Ground
Type	Revolute
Torsional Stiffness	0. N·m/°
Torsional Damping	0. N·m·s/°
Suppressed	No
Reference	
Coordinate System	Reference Coordinate System
Mobile	
Scoping Method	Geometry Selection
Scope.	1 Face
Body	Part 1
Initial Position	Unchanged
Stops	
RZ Min Type	None
RZ Max Type	None
	Stop
	Lock

图 13.2.5-1　停止和锁死

3. 位置配置工具

Configuration Tool（位置配置工具）用于配置运动副几何位置。

如图 13.2.5-3 所示步骤①、②、③，激活配置工具，手动操作杆或执行步骤④输入【Delta】值完成位置指定（移动副只有 X 轴位移自由度），单击【Set】确定当前设置，设置过程允许步骤堆栈，单击【Revert】返回初始位置。

4. 装配工具

Assemble Tool（装配工具）能够对散装装配几何在 Mechanical 环境下依据运动副参考体和运动体的局部坐标系定位关系进行装配再调整。

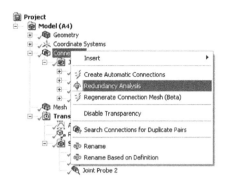

Number of free degrees of freedom: 1

Name	Type	Scope	X Displacement	Y Displacement	Z Displacement	Rotation X	Rotation Y	Rotation Z
Revolute - Solid To Solid	Revolute	Body-Body	Redundant	Redundant	Redundant	Redundant	Redundant	Free
Revolute - Solid To Solid	Revolute	Body-Body	Fixed	Fixed	Fixed	Fixed	Fixed	Free
Fixed - Ground To Solid	Fixed	Body-Ground	Fixed	Fixed	Fixed	Fixed	Fixed	Fixed
Fixed - Ground To Solid	Fixed	Body-Ground	Fixed	Fixed	Fixed	Fixed	Fixed	Fixed

Number of free degrees of freedom: 1

Name	Type	Scope	X Displacement	Y Displacement	Z Displacement	Rotation X	Rotation Y	Rotation Z
Spherical - Solid To Solid	Spherical	Body-Body	Fixed	Fixed	Fixed	Free	Free	Free
General - Solid To Solid	General	Body-Body	Fixed	Fixed	Free	Free	Free	Free
Fixed - Ground To Solid	Fixed	Body-Ground	Fixed	Fixed	Fixed	Fixed	Fixed	Fixed
Fixed - Ground To Solid	Fixed	Body-Ground	Fixed	Fixed	Fixed	Fixed	Fixed	Fixed

图 13.2.5-2 冗余分析

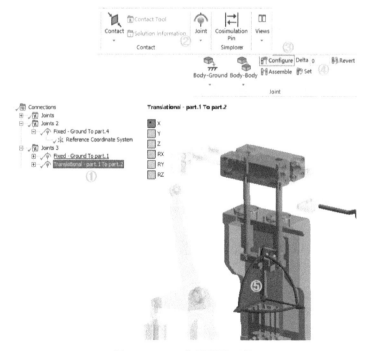

图 13.2.5-3 位置配置工具

如图 13.2.5-4 所示，导入 CAD 散装几何，建立运动副，将【Mobile】的初始位置【Initial Position】选项【Unchanged】修改为【Override】，激活运动体的局部坐标系，对散装几何装配位置建立主从（参考体与运动体）面局部坐标系创建和定位，如图步骤②、③所示，单击步骤④所示

【Assemble】进行组装，完成散装几何基于运动副参考体与运动体局部坐标系定义位置的重新装配。

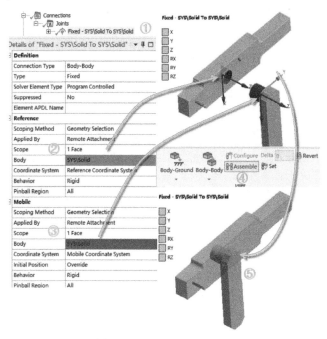

图 13.2.5-4　Assemble Tool

5. 运动副参考对调

运动副右键快捷菜单能对运动副的参考体、运动体及局部坐标系进行交换，参考体和运动体之间的参考坐标系基于参考体几何形心位置创建。

如图 13.2.5-5 所示，以滚子圆面作为参考体建立局部坐标系，采用【Flip Reference/Mobile】

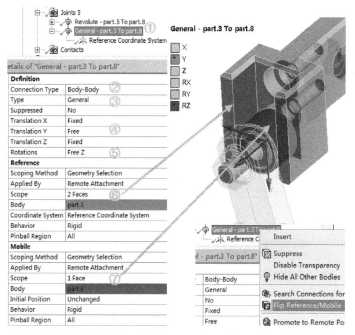

图 13.2.5-5　参考体与运动体对调

进行参考体"滚子"和运动体"槽"的几何对调（局部坐标系位置不动），使"滚子"结构作为运动体几何在参考体"槽"结构中，以此做往复刚体动力学分析。

13.3 弹簧

弹簧是一种弹性元件，外力撤销后弹簧恢复原长。

Mechanical 弹簧计算特点如下。

（1）通常定义为无载荷或卸载状态，可以指定弹簧初始加载条件，使用预载力或预载压缩量等。

（2）弹簧需要定义长度方向，将两物体连接或将一个物体连接地面。

（3）弹簧力大小取决于弹簧刚度、位移量。

（4）弹簧可以定义阻尼，是速度或角速度的函数。

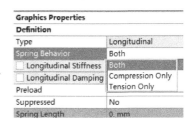

图 13.3-1　弹簧行为

1. 弹簧行为

弹簧行为【Spring Behavior】有三种，同时拉压、单压、单拉，如图 13.3-1 所示。

"单拉"行为弹簧对压缩载荷不提供任何抗压缩能力，"单压"行为弹簧不能抵抗任何抗拉伸能力。两种行为示意如图 13.3-2 所示。

图 13.3-2　弹簧单拉/单压行为

a）单拉　b）单压

2. 预载荷

预载荷【Preload】有三个选项，默认为自由状态不承载，可以选择自由长度或者预载荷值两种方式进行预载荷定义，如图 13.3-3 所示。

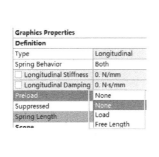

图 13.3-3　弹簧预载荷

（1）自由长度（Free Length）。实际长度使用需要参考移动范围内的弹簧端点进行计算。弹簧处于拉伸还是压缩状态取决于指定自由长度是小于还是大于原始弹簧长度。

（2）预载荷值（Load）。正值产生拉伸力，负值产生压缩力。

3. 非线性弹簧刚度

非线性力-位移曲线可以模拟非线性弹簧刚度（Nonlinear Spring Stiffness），如果使用【Tension Only】选项定义非线性刚度曲线，则忽略所有具有负位移的数据，反之，【Compression Only】选项忽略所有具有正位移的数据。

13.4 约束方程

约束方程可以建立零件之间的相对运动关系，如图 13.4-1 所示。

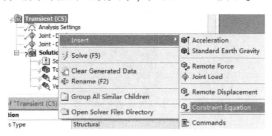

图 13.4-1　约束方程

约束方程通过专用向导创建特殊运动关节之间的位置、速度和加速度等关系，例如图 13.4-2 所示齿轮啮合运动约束方程，建立传动比进行控制：$\omega_1 + 5\omega_2 = 0$，即小齿轮转动 10 齿对应大齿轮转动 50 齿的传动比关系。

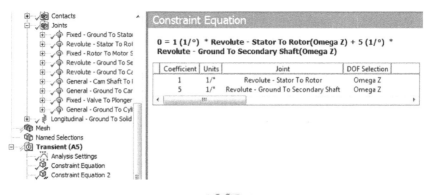

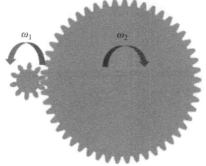

图 13.4-2　齿轮啮合运动约束方程

13.5　刚体网格定义

刚体几何不需要体积网格，仅对刚体接触面网格化，网格技术主要用于三维零件接触面的单元控制，使用面网格拓扑技术生成三角形/四边形线性或带中间节点的网格单元，提供接触点密度。

刚体最大接触点数为 6（每个刚体自由度对应一个），低密度网格对于刚体动力学通常可接受且被推荐。例如图 13.5-1 所示高副接触关系，系统有两个旋转运动副，并沿着一条线接触做高副，只需要一个线上的点就可正确地表达组件运动学关系。

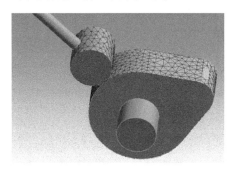

图 13.5-1　刚体高副网格

13.6　分析设置

刚体动力学分析设置【Analysis Settings】如图 13.6-1 所示，求解方法采用显式时间积分法，所需时间步长由系统响应中的最高频率决定。建议使用自动时间步长设置，手动确定最佳时间步长通常是较为困难的。

（1）初始时间步长：初始时间步长过大会导致加速度过高的提示消息。如果时间步长仅稍大（或稍小），自动时间步长能够纠正这一问题，使其回到正确轨道。

（2）最小时间步长：如果所需时间步长低于最小时间步长，停止求解。

（3）最大时间步长：限制自动时间步长的最大时间步长大小，确保时间步长不会增长到跨越期望的计算结果。

Details of "Analysis Settings"	
Step Controls	
Number Of Steps	4
Current Step Number	2
Step End Time	2. s
Auto Time Stepping	Off
Time Step	0.1 s
Solver Controls	
Time Integration Type	Runge-Kutta 4
Use Stabilization	Off
Use Position Correction	Yes
Use Velocity Correction	Yes
Dropoff Tolerance	1.e-006
Nonlinear Controls	
Output Controls	
Analysis Data Management	
Visibility	

图 13.6-1　分析设置【Analysis Settings】

13.7　载荷和约束

刚体动力学能够定义初始条件，载荷仅有惯性载荷（加速度和自重载荷），不支持柔体零件计算分析采用的载荷和约束形式。

运动载荷施加通过【Joint Load】进行，【Joint Load】定义方法如图 13.7-1 所示，插入【Joint Load】后在【Joint】下查找要添加载荷功能的运动副（已定义），在载荷类型【Type】中选择位移、力、速度、加速度等载荷形式，并录入载荷（支持常值、表格数据以及函数载荷添加方式）。

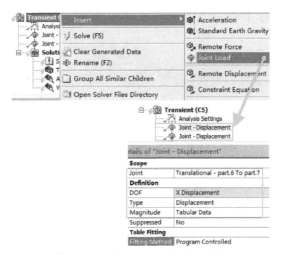

图 13.7-1 【Joint Load】定义方法

13.8 求解后处理

刚体动力学求解仅能显示变形和探测（Probe）结果，如图 13.8-1 所示。

运动副、弹簧等可以直接拖放到【Solution Information】节点，快速获得【Joint】【Spring】等的【Probe】值，过程如图 13.8-2 所示。

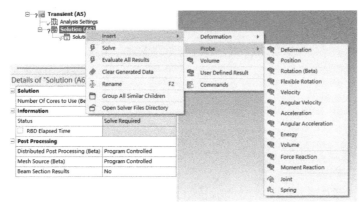

图 13.8-1 求解后处理

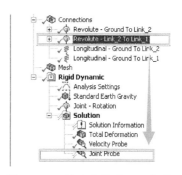

图 13.8-2 快速获得【Probe】值

13.9 运动载荷求解

刚体动力学分析模块能输出运动载荷（Motion Load），如图 13.9-1 所示。输出的运动载荷以 TXT 文本形式记录零件对应时刻的运动特性，借助惯性释放理论在静力学分析模块中对该零件加载，完成强度求解计算工作。

运动载荷求解方法如下。

（1）复制项目流程图刚体动力学求解系统中的【Rigid

图 13.9-1 输出运动载荷

Dynamics】，替换分析类型为【Static Structural】，如图 13.9-2 所示。

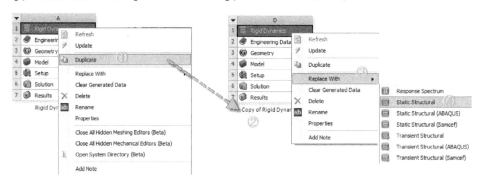

图 13.9-2　转为静力学分析

（2）返回刚体动力学分析模块，求解后处理相关项选择零件关注时刻的总体变形输出项【Total Deformation】，右击选择【Export Motion Loads】输出零件运动载荷至指定文件夹，如图 13.9-1 所示。

（3）进入复制替换的静力学求解模块，选择上一步导出的运动载荷几何零件（其余零件抑制），明细栏修改计算几何行为特性为柔性，如图 13.9-3 所示。

（4）在【Analysis Settings】中修改惯性释放【Inertia Relief】=【On】，修改弱弹簧选项【Weak Springs】=【Program Controlled】。

（5）在静力学分析【Static Structural】的边界条件中插入【Motion Loads】，找到运动载荷TXT 文本，如图 13.9-4 所示。

（6）求解并后处理，略。

图 13.9-3　抑制其余零件并转为柔体

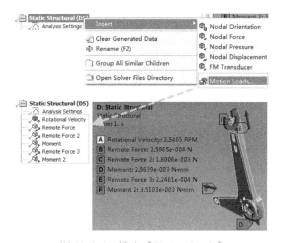

图 13.9-4　插入【Motion Loads】

13.10　刚体动力学分析案例

13.10.1　送物机刚体动力学计算案例

◇ 起始文件：exam/exam13-1/exam13-1_pre.wbpj
◇ 结果文件：exam/exam13-1/exam13-1.wbpj

Step 1 分析系统创建

启动 ANSYS Workbench 程序，浏览打开分析起始文件【exam13-1_pre. wbpj】。

Step 2 工程材料数据定义

计算材料采用默认材料结构钢【Structural Steel】，【Engineering Data（A2）】单元格材料库不进行任何修改设置。

Step 3 几何行为特性定义

双击项目【Modal】单元格，进入 Mechanical 刚体动力学分析环境。

导航树【Geometry】节点下包括送物机整体结构，共有 10 个实体体素零件，如图 13.10.1-1 所示，零件材料均为【Structural Steel】，并设置为刚体。

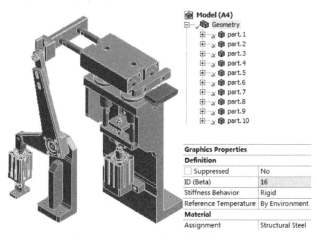

图 13.10.1-1 几何行为特性定义

Step 4 创建运动副与接触关系

（1）右击【Connections】节点插入【Connection Group】，再次右击【Connection Group】插入【Joint】关节，按照图 13.10.1-2 设置，获得第一组第 1 个运动副，该关节为固定关节。

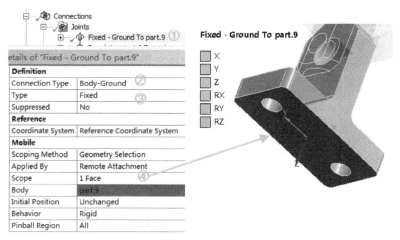

图 13.10.1-2 固定关节定义 1

（2）右击【Connection Group】插入【Joint】关节，按照图 13.10.1-3 设置，完成第 2 个运动副，该关节为旋转关节。

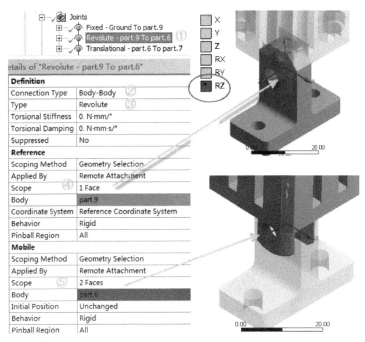

图 13.10.1-3　旋转关节定义 1

（3）右击【Connection Group】插入【Joint】关节，按照图 13.10.1-4 设置，获得第 3 个运动副设置，该关节为直线运动副。

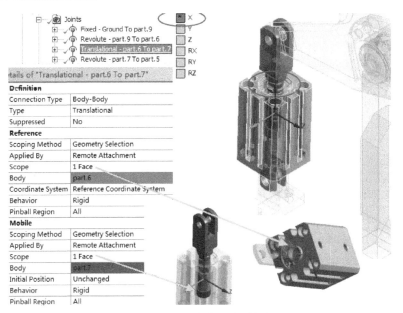

图 13.10.1-4　直线运动副定义 1

（4）右击【Connection Group】插入【Joint】关节，按照图 13.10.1-5 设置，完成第 4 个与第 5 个运动副，该两个关节均为旋转关节，至此完成第一组运动副的定义。

（5）右击【Connections】节点插入【Connection Group】，然后再次右击【Connection Group】插入【Joint】关节，并按照图 13.10.1-6 设置，获得第二组第 1 个运动副，该关节为固定关节。

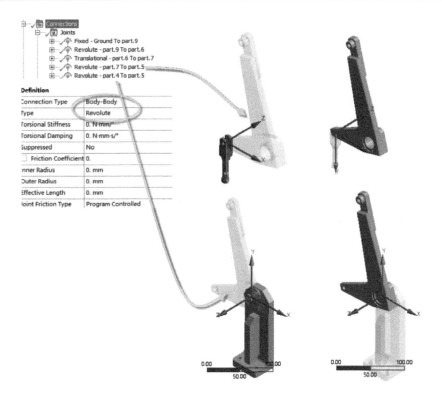

图 13.10.1-5　旋转关节定义 2

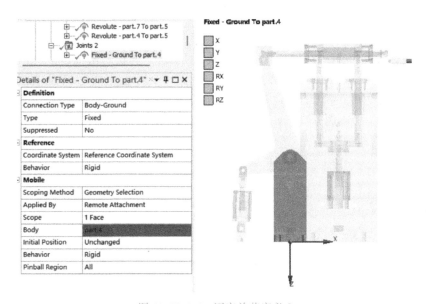

图 13.10.1-6　固定关节定义 2

（6）右击【Connections】节点插入【Connection Group】，再次右击【Connection Group】插入【Joint】关节，按照图 13.10.1-7 设置，获得第三组第 1 个运动副，该关节为固定关节；同理完成第三组其他 3 个模拟导杆-导套的滑动直线运动副定义，其中第 3、4 个运动副应引入自由度冗余，但本例忽略。

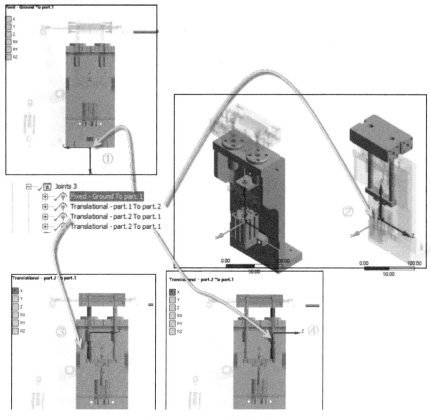

图 13. 10. 1-7　固定关节定义 3

（7）右击【Connections】节点插入【Connection Group】，再次右击【Connection Group】插入【Joint】关节，并按照图 13. 10. 1-8 设置，完成第四组第 1 个运动副，该关节为直线运动副；同理完成第四组第 2 个运动副，两个直线运动副模拟导杆-导套的滑动运动副特性，第 1、2 个运动副将会引入自由度冗余，但本例忽略。

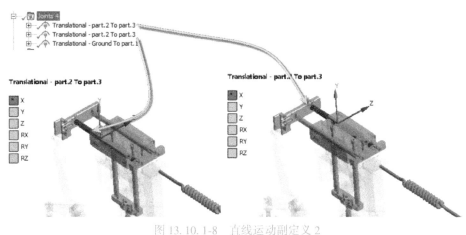

图 13. 10. 1-8　直线运动副定义 2

（8）右击【Connection Group】插入【Joint】关节，按照如图 13. 10. 1-9 设置，获得第四组第 3 个运动副，该关节为直线运动副，模拟推动工件直线运动。

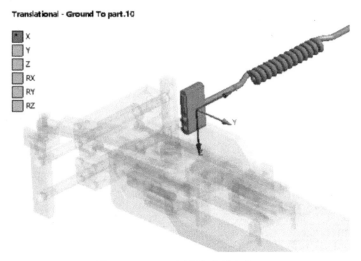

图 13.10.1-9　直线运动副定义 3

（9）右击【Connections】节点插入【Connection Group】，再次右击【Connection Group】插入【Joint】关节，按照如图 13.10.1-10 设置，完成第五组第 1 个运动副，该关节为旋转运动副。

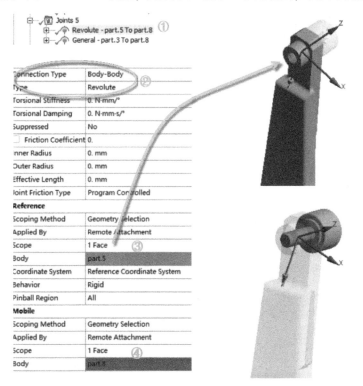

图 13.10.1-10　旋转关节定义 3

（10）右击【Connection Group】插入【Joint】关节，按照图 13.10.1-11 设置，获得第五组第 2 个运动副，该关节为通用运动副。创建【General】运动副，图中所示为已完成创建的模型状态。注意观察【Reference】与【Mobile】中的【Scope】几何，目前【Reference】中【Body】选为【part.3】，而【Mobile】中【Body】选为【part.8】。但设置时，先在【Reference】选择【part.8】的圆周面，然后在【Mobile】中选择【part.3】的两个对应面，利用右键快捷菜单对参考体与运动体模型进行交换，保证参考坐标系在【part.8】的圆弧面中心。

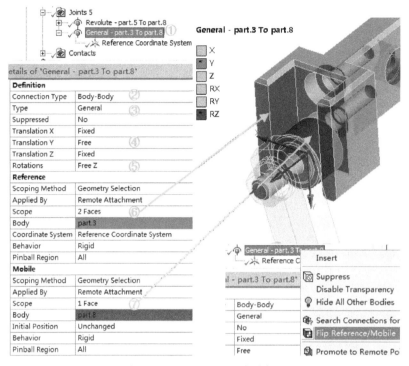

图 13.10.1-11　通用运动副定义

（11）创建接触对，建立【Forced Frictional Sliding】接触，如图 13.10.1-12 所示。

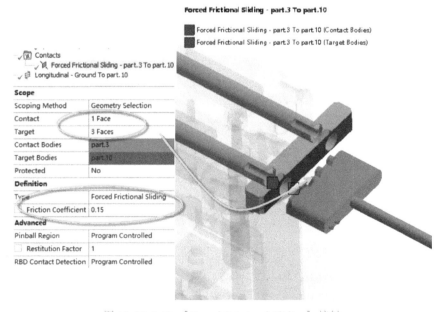

图 13.10.1-12　【Forced Frictional Sliding】接触

（12）创建弹簧连接，如图 13.10.1-13 所示，用于模拟送物过程中的阻抗力。

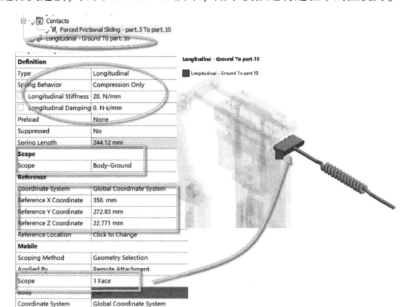

图 13.10.1-13　弹簧连接

Step 5　刚体动力学分析设置

刚体动力学分析设置中，采用 3 个载荷步，每个载荷步 1s，采用自动时间步长计算，如图 13.10.1-14 所示。

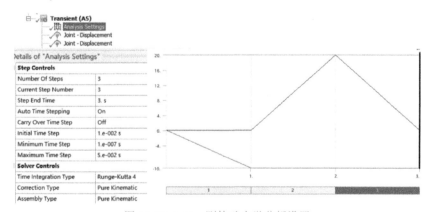

图 13.10.1-14　刚体动力学分析设置

Step 6　载荷与边界条件

（1）选择【Transient（A5）】节点，右击后选择【Insert】→【Joint Load】，在明细栏【Joint】中选择图 13.10.1-15 步骤①所示运动副，设置自由度【DOF】为【X Displacement】，录入各个载荷步的位移值。

（2）再次选择【Transient（A5）】节点，右击后选择【Insert】→【Joint Load】，在明细栏【Joint】中选择图 13.10.1-15 步骤②所示运动副，设置自由度【DOF】为【X Displacement】，录入各个载荷步的位移值。

Step 7　求解与结果后处理

（1）选择【Solution（A6）】节点，右击后选择【Insert】→【Solve】，完成刚体动力学分析求解。

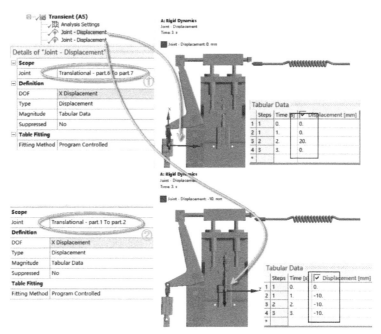

图 13. 10. 1-15　运动副载荷施加

（2）选择【Solution（A6）】节点，右击后选择【Insert】→【Deformation】→【Total】，插入总变形【Total Deformation】，如图 13. 10. 1-16 所示。

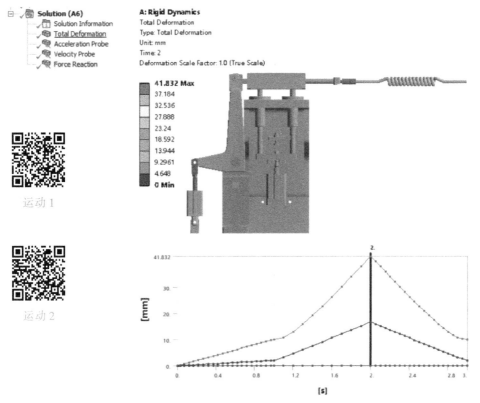

运动 1

运动 2

图 13. 10. 1-16　总变形与刚体运动提取

（3）选择【Solution（A6）】节点，右击后选择【Insert】→【Probe】→【Force Reaction】，选择接触进行接触反力计算结果输出，如图 13.10.1-17 所示。

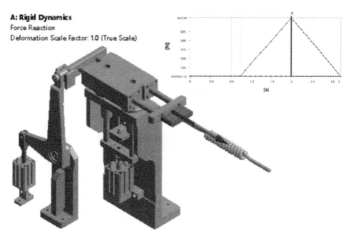

图 13.10.1-17　接触反力计算结果输出

（4）选择【Solution（A6）】节点，右击后选择【Insert】→【Probe】→【Joint】，选择所关注运动关节的各项特性计算结果进行输出，例如速度和加速度等，如图 13.10.1-18 所示。

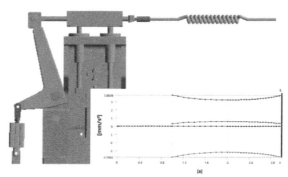

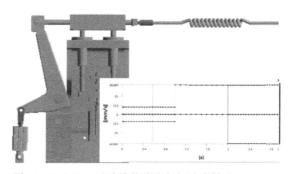

图 13.10.1-18　运动关节速度与加速度输出

13.10.2　刚体运动载荷计算案例

◇ 起始文件：exam/exam13-2/exam13-2_pre. wbpj
◇ 结果文件：exam/exam13-2/exam13-2. wbpj

1. 刚体动力学运动载荷提取分析流程

Step 1　分析系统创建

（1）启动 ANSYS Workbench 程序，浏览打开分析起始文件【exam13-2_pre. wbpj】，如图 13.10.2-1 所示，已经完成送物机刚体动力学分析。

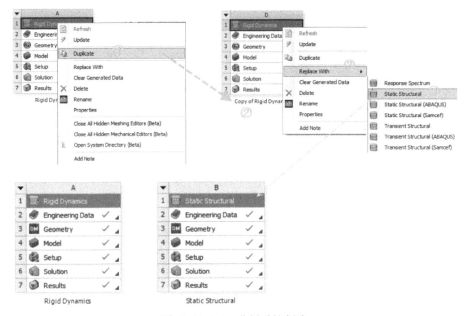

图 13.10.2-1　分析系统创建

（2）对项目流程图中的原刚体动力学求解单元【Rigid Dynamics】进行复制，替换分析类型为【Static Structural】。

Step 2　工程材料数据定义

计算材料采用默认材料结构钢【Structural Steel】，【Engineering Data（A2）】单元格材料库不进行任何修改设置。

Step 3　【Export Motion Loads】配置

（1）双击项目【Modal】单元格，进入 Mechanical 刚体动力学分析环境。

（2）后处理选项中选择总变形输出项【Total Deformation】，选择关注时刻（2s），右击选择【Export Motion Loads】输出运动载荷至指定存储文件夹，如图 13.10.2-2 所示。

2. 静力学分析求解流程

Step 1　几何行为特性定义

（1）进入替换的静力学求解模块。

（2）选择【Part. 5】作为静力学求解计算结构，修改其明细栏中计算几何特性为柔性，抑制其余所有装配体零件几何，如图 13.10.2-3 所示。

Step 2　静力学分析设置

静力学分析设置【Analysis Settings】中，修改惯性释放【Inertia Relief】=【On】，修改弱弹簧

选项【Weak Springs】=【On】，如图 13.10.2-4 所示。

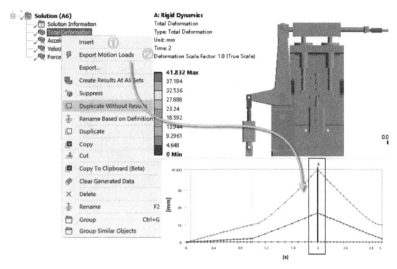

图 13.10.2-2　输出运动载荷【Export Motion Loads】

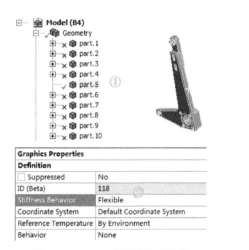

图 13.10.2-3　刚体零件柔体化

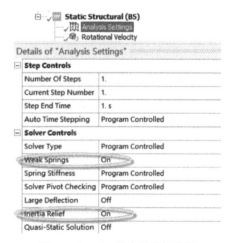

图 13.10.2-4　静力学分析设置

Step 3　载荷与边界条件

（1）选择【Static Structural】节点，右击后选择【Insert】→【Motion Loads】，找到前一步生成的运动载荷 TXT 文本进行选择。

（2）导航树【Transient（A5）】节点下将会获得由【Motion Loads】信息创建的多种载荷与约束条件，过程如图 13.10.2-5 所示。

Step 4　求解与结果后处理

（1）单击选中导航树【Solution（B6）】节点，右击后选择【Insert】→【Solve】，完成静力学分析求解。

（2）单击选中导航树【Solution（B6）】节点，右击后选择【Insert】→【Deformation】→【Total】，插入总变形评价结果，右击后选择【Insert】→【Stress】→【Equivalent Stress】，插入应力评价结果，各结果如图 13.10.2-6 所示。

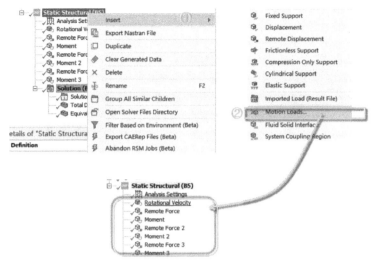

图 13.10.2-5　运动载荷施加

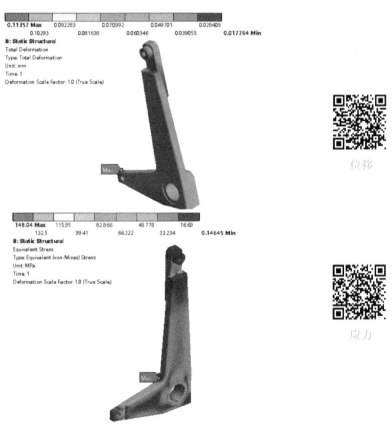

图 13.10.2-6　求解与结果后处理

位移

应力

13.11　本章小结

　　本章主要介绍了刚体动力学运动副、弹簧、约束方程定义方法，刚体动力学分析设计与载荷约束建立方法，利用运动载荷惯性释放进行强度计算分析的方法等。

第 14 章

瞬态动力学分析基础

14.1 瞬态动力学分析基本原理

瞬态动力学分析是确定系统结构能否承受时间历程载荷作用的一种动态响应分析方法。机构运动、汽车行驶路途颠簸、建筑结构风载变化等都属于瞬态动力学求解范畴。

瞬态动力学分析特点如下。

- 结构几何可以定义刚性、柔性，刚性体关注其运动学性能能够节省大量求解资源，柔性结构能够考虑非线性特性。
- 支持几乎所有 Joint 运动关节、接触算法，支持所有约束、载荷施加方法，支持惯性效应、阻尼特性。
- 瞬态动力学分析求解可以基于完全法或模态叠加法进行。
- 瞬态动力学分析输入包括时间函数载荷，如位移、力、加速度、速度等。
- 瞬态动力学输出包括输出与输入时间函数载荷相对应的求解结果，如位移变形、应力、应变、反力等。

14.1.1 瞬态动力学运动控制方程

$$M\ddot{u} + C\dot{u} + Ku = F(t)$$

式中，M 为结构质量矩阵；C 为结构阻尼矩阵；K 为结构刚度矩阵；$F(t)$ 为随时间变化的载荷函数；u、$\dot{u}$、$\ddot{u}$ 分别对应节点位移、速度和加速度矢量。

14.1.2 运动控制方程求解方法

1. Newmark 时间积分法

Newmark 法将时间离散化，运动方程仅要求在离散的时间点满足。

(1) 在一个时间间隔 Δt 内的速度：

$$\dot{u}_{n+1} = \dot{u}_n + \left[(1-\delta)\ddot{u}_n + \delta\ddot{u}_{n+1} \right] \Delta t\, u_{n+1}$$

(2) 下一个时刻的位移 u_{n+1} 按照如下公式计算：

$$(a_0 M + a_1 C + K) u_{n+1}$$

$$= F^a + M(a_0 u_n + a_2 \dot{u}_n + a_3 \ddot{u}_n) + C(a_1 u_n + a_4 \dot{u}_n + a_5 \ddot{u}_n)$$

式中，积分常数 $a_0 \sim a_5$ 是数值阻尼 γ 和积分时间步长 Δt 的函数，数值阻尼直接作为分析输入。

(3) Newmark 参数 α 和 δ 可以通过如下公式计算：

$$\alpha = \frac{1}{4}(1+\gamma)^2, \quad \delta = \frac{1}{2} + \gamma$$

2. 改良 HHT 方法

（1）HHT 法推导位移 u_{n+1} 按照如下公式计算：

$$(a_0 M + a_1 C + (1-\alpha_f)K)u_{n+1}$$
$$= (1-\alpha_f)F_{n+1}^a + \alpha_f F^a - \alpha_f K u_n + M(a_0 u_n + a_2 \dot{u}_n + a_3 \ddot{u}_n) + C(a_1 u_n + a_4 \dot{u}_n + a_5 \ddot{u}_n)$$

式中，积分常数 $a_0 \sim a_5$ 是数值阻尼 γ 和积分时间步长 Δt 的函数，数值阻尼直接作为分析输入。

（2）参数 α 和 δ 可以通过如下公式进行计算：

$$\alpha = \frac{1}{4}(1+\gamma)^2, \delta = \frac{1}{2}+\gamma, \alpha_f = \gamma$$

数值阻尼 γ 输入位置如图 14.1.2-1 所示。

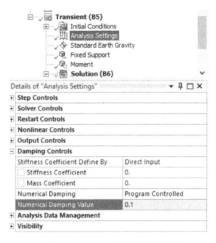

图 14.1.2-1　数值阻尼定义

14.2　Newton-Raphson 平衡迭代

线性分析中直接由线性方程一次求解，而非线性分析中需要将载荷分解成许多线性近似迭代增量求解，每一增量确定一平衡条件。

Mechanical 使用牛顿-辛普森（Newton-Raphson）方程平衡迭代法进行非线性问题求解，每个载荷增量步结束时，平衡迭代驱使解回到平衡状态。

$$K^T \Delta u = F^a - F^{nr}$$

式中，K^T 为切向刚度矩阵；Δu 为位移增量；F^a 是施加的载荷矢量；F^{nr} 为内力矢量。

如图 14.2-1 所示，采用一个载荷增量、四个迭代步的迭代求解过程来说明 Newton-Raphson 方程计算方法。

第一次迭代施加总载荷 F^a，对应位移结果为 x_1，根据位移 x_1 计算力 F_1，若是 $F^a \neq F_1$，系统不收敛，将进行刚度矩阵的修正，如图点虚线所示。其中 $F^a - F_1$ 的差值，即外力与内力的偏差称为残差力，残差力需要足够小才能得以收敛，然后进行第二次迭代，第三次迭代……直至 $F^a = F_i$ 收敛。

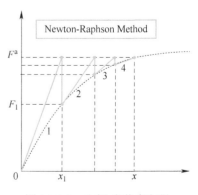

图 14.2-1　牛顿-辛普森方程

Newton-Raphson 利用收敛度量决定迭代过程，定义"残差"作为外部载荷与内部载荷的差值。

$$R = F^a - F^{nr}$$

Mechanical 能够整合两种收敛策略获得收敛解：渐变式加载、扩大收敛半径，如图 14.2-2 所示。

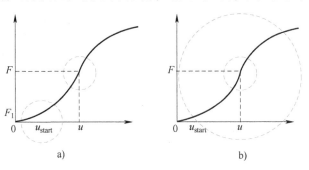

图 14.2-2　渐变式加载与扩大收敛半径

a）渐变式加载　b）扩大收敛半径

残差是力不平衡的尺度，当残差足够小，即残差范数小于指定容限乘参考力值时，认为求解数值收敛。

$$\|R\| < (\varepsilon_R R_{ref})$$

式中，$\varepsilon_R R_{ref}$ 为收敛准则；ε_R 为容差因子；R_{ref} 为载荷与反力的范数。

切向刚度矩阵代表多维空间中载荷-位移曲线的斜度，切向刚度矩阵 $[K^T]$ 由四部分组成。

$$K^T = K^{inc} + K^u + K^\sigma - K^\alpha$$

式中，K^{inc} 是主切向刚度矩阵；K^u 为初始位移矩阵，考虑单元形状与位置改变有关的刚度；K^σ 为初始应力矩阵，考虑单元应力状态有关的刚度，结合应力刚化效应；K^α 为初始载荷矩阵，考虑压力载荷取向改变有关刚度，取向改变由变形引起。

14.3　时间步长控制原理

14.3.1　载荷步、子步与平衡迭代

Mechanical 瞬态动力学求解默认开启大变形控制（【Large Deflection】=【On】），按照三个层次进行非线性求解组织。如图 14.3.1-1 所示，载荷步 1 有两个子步，载荷步 2 有三个子步，在每一增量载荷步中完成平衡迭代步，每个载荷步及子步都与时间关联。

（1）顶层是载荷步，求解选项、载荷、边界条件都施加于指定载荷步。

（2）子步是载荷步中的载荷增量，用于逐步施加载荷。

（3）平衡迭代步是为得到给定子步（载荷增量）收敛解而采用的方法。

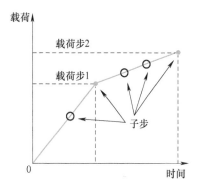

图 14.3.1-1　载荷步与子步

瞬态动力学加载时间观念如下。

（1）率相关（见 15.2.1 节）分析（蠕变、粘塑性）问题计算时间数值代表真实时间。

（2）率无关静态分析时间仅表示加载次序，静态分析时间可设置为任何适当值。

14.3.2　自动时间步

自动时间步（Auto Time Stepping）基于结构对应用载荷响应的程度进行分配，每个子步结束将会计算一个优化时间步长，自动时间步默认为程序控制，将以求解模型的特性自动设置求解步长。自动时间步在求解过程中将自动调节载荷增量，难收敛求解问题将会施加更小的增量。当收敛困难时自动时间步算法将进行"二分"，求解将返回最后一个成功收敛的子载荷步，采用一个更小增量施加载荷（通常为上次的一半）。

可基于经验确定初始载荷步、最小载荷步、最大载荷步等并进行手动输入。

14.3.3　载荷步控制

载荷步控制（Step Controls）如图 14.3.3-1 所示，默认采用自动时间步控制，可以采用时间和载荷步两种控制方式。

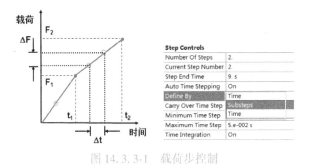

图 14.3.3-1　载荷步控制

（1）【Number Of Steps】：用于定义总载荷步数量。

（2）【Current Step Number】：设置当前载荷步内的载荷步结束时间。

（3）【Auto Time Stepping】：自动时间步选择【On】开启、【Off】关闭。采用【Substeps】和【Time】两种控制方式。选择【On】开启时需要定义最小/最大时间步长或最小/最大子步，选择【Off】关闭时需要指定时间步长或子步数量。

（4）【Time Integration】：时间积分用来控制是否考虑瞬态效应，例如结构惯性等。

14.4　求解与非线性控制

1. 求解控制（Solver Controls）

（1）【Solver Type】：求解类型，如图 14.4-1 所示。选项如下。

- 【Program Controlled】：程序控制，能够根据求解问题自动选择求解器。

- 【Direct（Sparse）】：稀疏求解器更稳健，推荐用于梁、壳等结构中。

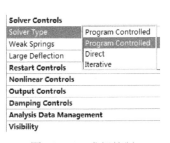

- 【Iterative（PCG）】：更有效率，适用于大型结构求解。

（2）【Weak Springs】：弱弹簧。用来防止结构刚体位移导致的计算不收敛。由于刚度很小，不会明显影响结构的计算结果。

图 14.4-1　求解控制

（3）【Large Deflection】：大变形。说明如下。

- 对于瞬态动力学模块，默认设置【Large Deflection】=【On】。

- 对于静力学分析模块，需要修改【Large Deflection】=【On】。

【Large Deflection】设置开启将考虑大变形、大旋转和大应变引起的单元形状和方向改变，计算结果更为准确。

2. 非线性控制（Nonlinear Control，图 14.4-2）

（1）【Newton-Raphson Option】：牛顿-辛普森选项，如图 14.4-3 所示，具体如下。

- 完整法：上面讨论的计算方法即为完整法。
- 初始法：刚度矩阵没有更新，斜率是常数。
- 修改法：完整法和初始法的组合方法。
- 不对称法：对强非线性问题求解有帮助，如接触摩擦系数大于 0.15 时。

Nonlinear Controls	
Newton-Raphson Option	Program Controlled
Force Convergence	Program Controlled
Moment Convergence	Program Controlled
Displacement Convergence	Program Controlled
Rotation Convergence	Program Controlled
Line Search	On
Stabilization	Constant
--Method	Damping
--Damping Factor	1.e-004
--Activation For First Substep	On Nonconvergence
--Stabilization Force Limit	0.2
Moment Convergence	On
--Value	Calculated by solver
--Tolerance	0.5%
--Minimum Reference	10. N·mm

图 14.4-2 非线性控制

图 14.4-3 牛顿-辛普森选项

（2）收敛准则。

① 收敛准则与修改。

默认收敛准则适应于大多数工程应用；对于一些特殊计算条件，可以修改默认收敛准则容差，使其更加容易收敛，但会影响计算结果精确程度。

对于力/力矩默认的容差是 0.5%；对于位移/旋转增量默认的容差是 5%。建议通过调整"紧或松"标准，将容差系数更改一个或两个数量级，不要更改默认参考值。

② 收敛过程图。以力的收敛来进行说明如何在 Worksheet 中观察收敛过程，如图 14.4-4 所示。

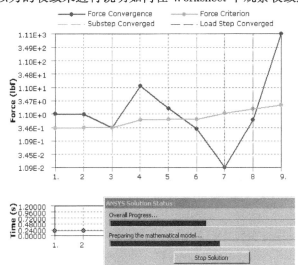

图 14.4-4 非线性控制收敛过程图

- 力收敛过程图显示力准则和残余力（力收敛）与迭代次数的关系图，当残差小于准则时解收敛。
- 每个子步收敛用垂直绿色虚线标记；每个加载步收敛用蓝色虚线标记。
- 力矩收敛、位移收敛、旋转收敛等相似。

（3）【Line Search】：线性搜索。线性搜索有助于收敛，通过一个 0~1 的比例因子去影响位移增量帮助收敛，适合施加力载荷、薄壳、细长杆结构或求解收敛振荡的情况。

（4）【Stabilization】：稳定性。用于结构强度分析环境中设置相关阻尼参数，考虑真实非线性屈曲分析问题。

14.5　重启动控制

1. 重启动技术目的

重启动技术主要用于因为单元扭曲、载荷步不合理等停止求解的非线性不收敛问题再次提交求解，处理的计算问题主要如下。

- 向分析中添加更多步骤。
- 创建额外加载条件。
- 从非线性分析收敛失败中恢复计算。
- 暂停或停止运行以检查运行中的结果等。

2. 重启动设置选项

（1）【Generate Restart Points】：设置为程序控制。重启文件能够保留收敛失败或手动中断求解运行的最后一个成功收敛子步。

（2）【Generate Restart Points】：设置为手动。

- 【Load Step】：加载步骤，设置为【Last】或者【All】（最后或全部），指定要创建重启点的加载步骤。
- 【Substep】：子步骤，指定在加载步骤中创建重启点的频率，可选择【Last】【All】【Specified Recurrence Rate】【Equally Spaced】等方法进行定义。
- ➢【Last】：仅为每个加载步骤的最后一个子步创建一个重启点。
- ➢【All】：为每个加载步骤的所有子步创建重启点。
- ➢【Specified Recurrence Rate】：指定重复率，为每个加载步骤指定重复的子步个数来创建重启点。
- ➢【Equally Spaced】：在加载步骤中以等间隔创建指定数量的重启点。例如，为每个加载步骤写入 3 个等间隔的重启文件，如图 14.5-1 所示子步控制定义示意。

（3）【Maximum Points to Save Per Step】：求解计算不收敛时，默认保存全部分析步。

默认情况下，重启动文件完全求解后自动删除。通过修改如下三种方式都可以保留重启动文件。

- 【Retain Files After Full Solve】=【Yes】。
- 【Future Analysis】=【Prestressed analysis】。
- 【Delete Unneeded Files】=【No】。

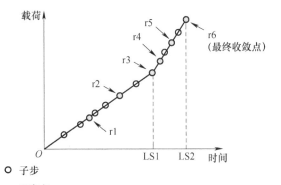

○ 子步
※ 重启点

图 14.5-1　子步控制定义示意

3. 使用重启点

如果采取默认重启控制，重启将仅适用于最后一个成功执行的子步。建议挑战性求解计算将重新启动类型切换到手动，可以选择当前重启点，也可以在图形窗口上选择对应标记设置当前重启点，如图 14.5-2 所示。

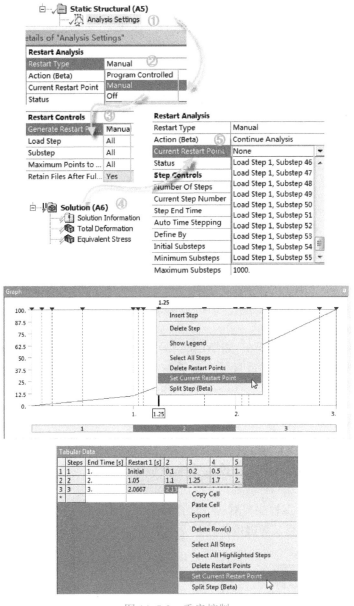

图 14.5-2　重启控制

14.6　瞬态动力学分析设置

瞬态动力学分析包括完全法瞬态动力学分析和模态叠加法瞬态动力学分析，技术涵盖宽泛，还涉及金属弹塑性、超弹体等材料非线性、几何大变形、广泛接触非线性求解问题，以及结构运动设计、弹簧、约束方程等内容。瞬态动力学计算非线性问题相关内容在"瞬态动力学非线性问题"章节详细介绍，运动副连接关系问题在"刚体动力学"章节描述。

本节主要针对瞬态动力学分析的初始条件、载荷、约束以及完全法和模态叠加法进行说明。

14.6.1 初始条件设置

瞬态动力学的初始条件设置有两种办法：一种方法是采用【Initial Conditions】工具直接定义，另一种方法是利用多载荷步定义初始位移和速度。

1. 【Initial Conditions】定义

【Initial Conditions】定义主要用于瞬态动力学计算的初始位移和速度，可以施加在一个或者多个零件上，默认情况下，初始条件结构处于休眠状态。其中，初始位移为 0、初始速度不为 0 的情况按照图 14.6.1-1 所示方法施加初始速度。

2. 多载荷步定义初始位移和速度

赋予初始条件的另一种方法是综合使用时间增量效应和载荷步进行初始条件的定义。

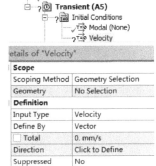

图 14.6.1-1　利用【Initial Conditions】定义初始条件

（1）初始位移＝0，初始速度≠0：在很短的时间间隔内施加很小的位移得到想施加的初始速度，然后在载荷步 2 中将位移删除，位移删除通过【Activate/Deactivate At This Step】功能完成。

（2）初始位移≠0，初始速度≠0：在很短的时间间隔内施加期望的位移，得到想施加的初始速度，然后在载荷步 2 中将位移删除，位移删除通过【Activate/Deactivate At This Step】功能完成。

（3）初始位移≠0，初始速度＝0：需要用两个子步来实现，所加位移在两个子步间，呈阶跃变化。如果位移不是阶跃变化的（或只用一个子步），所加位移将随时间变化，从而获得非零初速度。

14.6.2 完全法分析设置

完全法瞬态动力学分析设置包括：载荷步控制【Step Controls】、求解控制【Solver Controls】、重启动控制【Restart Controls】、非线性控制【Nonlinear Controls】等，如图 14.6.2-1 所示，相关技术方法前面已详细描述。

输出控制【Output Controls】主要对一些计算结果或引申求解进行控制，例如节点力的输出用于求解 nCodeDesignLife 焊点、焊缝疲劳计算等，如图 14.6.2-2 所示。

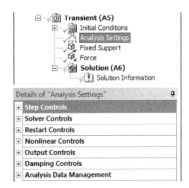

图 14.6.2-1　完全法分析设置

Output Controls	
Stress	Yes
Strain	Yes
Nodal Forces	No
Contact Miscellane...	No
General Miscellaneo...	No
Store Results At	Equally Spaced Points
--- Value	10.
Cache Results in Me...	Never
Combined Distribut...	Program Controlled

图 14.6.2-2　输出控制

阻尼控制【Damping Controls】详见动力学各基础章节阻尼设置详细说明。

数据管理【Analysis Data Management】明细栏内容如图 14.6.2-3 所示。

Analysis Data Management	
Solver Files Directory	E:\Learning Books\Ansys\AN
Future Analysis	None
Scratch Solver Files ...	
Save MAPDL db	No
Delete Unneeded Fil...	Yes
Nonlinear Solution	Yes
Solver Units	Active System
Solver Unit System	nmm
Visibility	
[A] Joint - Rotation ...	Display

图 14.6.2-3　数据管理

14.6.3　模态叠加法分析设置

模态叠加法从模态分析得到各振型，分别乘以系数叠加来计算动力学响应。模态叠加法瞬态动力学响应先计算模态结果作为瞬态分析初始条件。

模态叠加法瞬态动力学分析设置【Analysis Settings】与完全法分析设置区别在于需要模态计算，同时对于载荷步控制【Step Controls】需要保持时间步长为常数，不支持自动载荷步选项，时间积分自动打开等。

14.6.4　载荷与约束

瞬态动力学分析支持所有类型的惯性和结构载荷，允许所有类型的约束，此处不进行详细说明。

14.7　瞬态动力学分析计算案例

14.7.1　天车臂瞬态阻尼振荡计算案例

◇ 起始文件：exam/exam14-1/exam14-1_pre.wbpj

◇ 结果文件：exam/exam14-1/exam14-1.wbpj

1. 模态分析流程

Step 1　分析系统创建

启动 ANSYS Workbench 程序，浏览打开分析起始文件【exam14-1_pre.wbpj】。如图 14.7.1-1 所示，分析系统【Modal】计算文件已经存在于项目流程图，拖拽分析系统【Transient Structural】进入项目流程图，共享继承【Modal】的【Engineering Data】【Model】【Solution】等单元格内容。

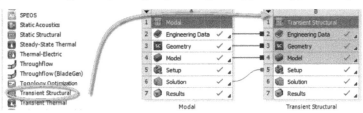

图 14.7.1-1　创建分析系统

Step 2　工程材料数据定义

计算材料采用默认材料结构钢【Structural Steel】，【Engineering Data（B2）】单元格材料库不进行任何修改设置。

Step 3　几何行为特性定义

双击单元格【Model（B4）】，进入 Mechanical 模态分析环境。

导航树【Geometry】节点下包括 3 个组件，每个组件几何体素均为壳体，所有壳体已经在 SCDM 中进行厚度定义，其中全部偏置类型【Offset Type】=【Middle】，模型类型【Model Type】=【Shell】，如图 14.7.1-2 所示。

图 14.7.1-2　几何行为特性定义

Step 4　接触关系定义

右击【Connections】节点插入【Connection Group】，选择导航树生成的【Contacts】节点，对【Scope】项下的【Geometry】选择对象为【All Body】，再次右击【Contacts】，选择【Create Automatic Connection】，自动创建天车支架各结构之间的接触对，不修改接触对类型，默认为 Bonded 接触关系，过程如图 14.7.1-3 所示。

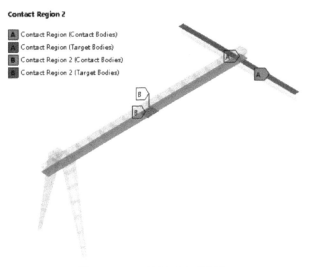

图 14.7.1-3　接触对自动创建

Step 5 网格划分

选择【Mesh】节点，右击【Mesh】插入 3 次【Method】，几何对象分别选择 3 个组件中的全部壳体几何体素，修改明细栏【Method】=【MultiZone Quad/Tri】，设置单元尺寸为"工字钢"100mm、"主体"70mm、"负载"45mm，如图 14.7.1-4 所示。

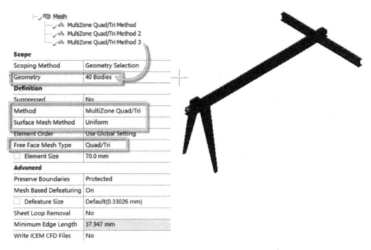

图 14.7.1-4 网格定义

Step 6 约束定义

（1）选择【Static Structural（B5）】节点，右击后选择【Insert】→【Fixed Support】，明细栏【Geometry】选中工字钢两端边线。

（2）选择【Static Structural（B5）】节点，右击后选择【Insert】→【Fixed Support】，明细栏【Geometry】选中主体支腿下方两端表面，完成约束定义，如图 14.7.1-5 所示。

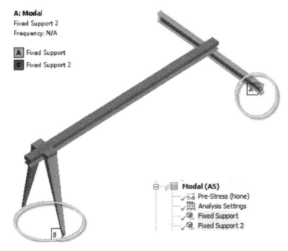

图 14.7.1-5 约束定义

Step 7 模态分析设置

【Analysis Settings】提取模态 6 阶，不进行频率搜索范围定义。

Step 8 模态求解

模态求解前 4 阶频率振型如图 14.7.1-6 所示。

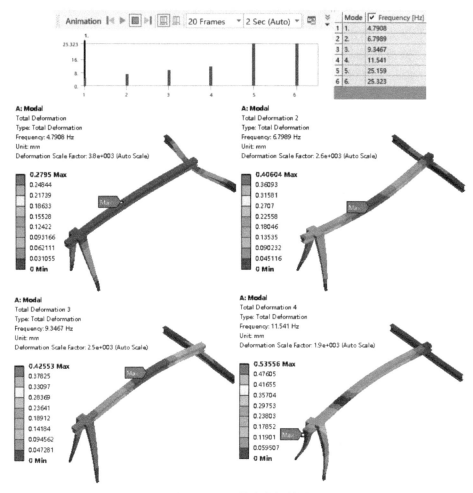

图 14.7.1-6　模态求解结果

2. 瞬态动力学分析流程

Step 1　模态选项定义

瞬态动力学分析采用模态叠加法，初始条件定义为模态环境，采用默认设置。

Step 2　瞬态动力学分析设置

（1）【Analysis Settings】选项设置载荷步数量为 2，其中第 1 载荷步时间 0.1s，10 个子步；第 2 载荷步时间 1.1s，100 个子步。

（2）【Analysis Settings】选项阻尼控制【Damping Controls】，采用阻尼比定义，阻尼比为 0.02，如图 14.7.1-7 所示。

Step 3　瞬态动力学分析载荷定义

选择【Transient（B5）】节点，右击后选择【Insert】→【Remote Force】，将远程力施加在"负载"结构几何的 4 圈线上。其中第 1 载荷步 0.1s，施加载荷大小为 500000N，载荷保持到第 2 载荷步 1.1s 求解结束，如图 14.7.1-8 所示。

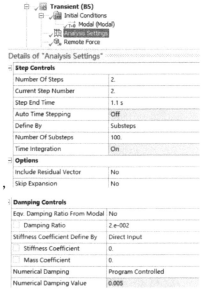

图 14.7.1-7　瞬态动力学分析设置

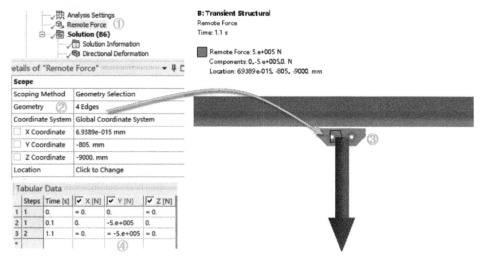

图 14.7.1-8 远程力施加

Step 4 求解后处理

（1）选择【Solution（B6）】节点，右击后选择【Insert】→【Solve】，完成瞬态动力学分析模块求解。

（2）选择【Solution（B6）】节点，右击后选择【Insert】→【Stress】，插入【Equivalent Stress】应力；同理，选择【Solution（B6）】节点，右击后选择【Insert】→【Deformation】，插入【Directional Deformation】，方向选择 Y 轴。求解计算结果如图 14.7.1-9 所示。

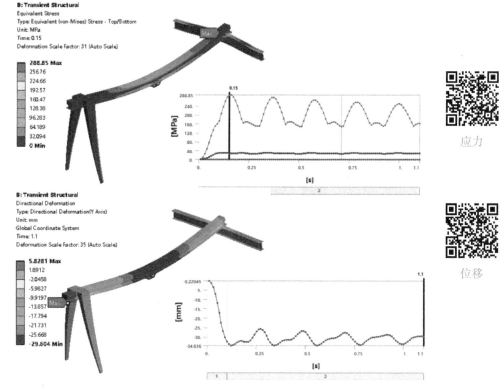

图 14.7.1-9 求解计算结果

（3）建立天车臂垂直振动幅值-时间关系图，如图 14.7.1-10 所示，可知阻尼作用下天车臂垂直振幅随时间逐渐降低。

图 14.7.1-10　幅值-时间关系图后处理设置

14.7.2　落锤冲击瞬态动力学计算案例

◇ 起始文件：exam/exam14-2/exam14-2_pre. wbpj
◇ 结果文件：exam/exam14-2/exam14-2. wbpj

Step 1　分析系统创建

启动 ANSYS Workbench 程序，浏览打开分析起始文件【exam14-2_pre. wbpj】，分析系统【Transient Structural】已经存在于项目流程图。

Step 2　工程材料数据定义

计算材料采用默认材料结构钢【Structural Steel】，【Engineering Data（A2）】单元格材料库不进行任何修改设置。

Step 3　几何行为特性定义

双击单元格【Model（A4）】，进入 Mechanical 瞬态动力学分析环境。导航树【Geometry】节点下包括 4 个组件，其中构造几何组件为几何壳体体素，落锤零件作为刚体参与计算，试件结构几何为柔性体，如图 14.7.2-1 所示。

Step 4　接触关系定义

右击【Connections】节点插入【Connection Group】，选择导航树生成的【Contacts】节点，【Scope】项下的【Geometry】选择落锤和试件两个几何体，再次右击【Contacts】，选择【Create Automatic Connection】，自动创建两个结构之间的接触对，修改接触对类型为摩擦，摩擦系数为 0.15，为非对称接触关系，过程如图 14.7.2-2 所示。

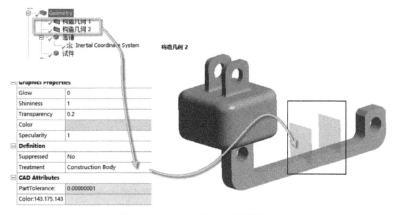

图 14.7.2-1　几何行为特性定义

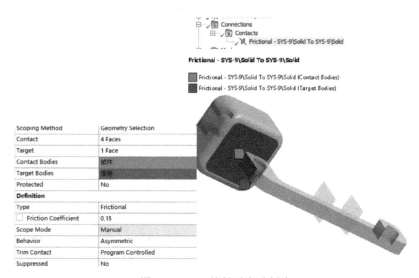

图 14.7.2-2　接触对自动创建

Step 5　网格划分

（1）选择【Mesh】节点，在明细栏设置单元为高阶单元：【Element Order】→【Quadratic】，不使用适应尺寸网格划分方法，【Advanced】项设置为采用前沿推进法：【Triangle Surface Mesher】=【Advancing Front】。

（2）右击【Mesh】插入 2 次【Method】和 2 次【Body Sizing】，选择试件结构作为网格划分对象，修改明细栏【Method】=【Patch Conforming Method】，设置单元尺寸为 4mm；再次选择落锤结构作为网格划分对象，修改明细栏【Method】=【All Triangles Method】，设置单元尺寸为 6mm，如图 14.7.2-3 所示。

Step 6　裂纹创建

（1）右击【Model（A4）】插入【Fracture】，再右击【Fracture】插入 2 次【Arbitrary Crack】。

（2）选择试件结构作为【Geometry】对象，选择局部坐标系（局部坐标系以"构造几何"底边为几何对象进行选择，局部坐标系方向如图 14.7.2-4 所示），裂纹表面【Crack Surface】选择"构造几何"，并按照图示说明进行裂纹尺寸设置，修改明细栏【Named Selections Creation】各项，进行裂纹尖点以及表面命名选择输出，过程如图 14.7.2-4 所示。

图 14.7.2-3　网格定义

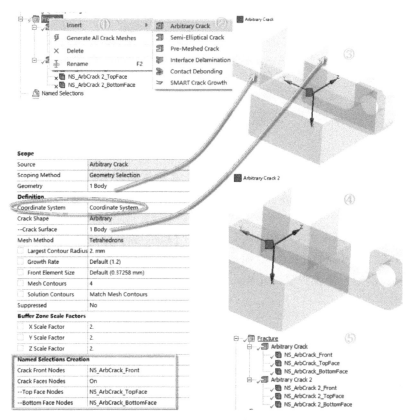

图 14.7.2-4　裂纹创建流程

（3）最终完成 2 道裂纹创建，如图 14.7.2-5 所示。

Step 7 约束定义

选择【Static Structural（A5）】节点，右击后选择【Insert】→【Fixed Support】，明细栏【Geometry】选中试件尾部销轴孔，如图 14.7.2-6 所示。

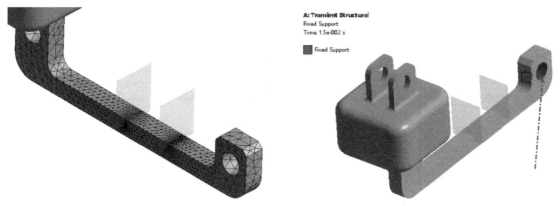

图 14.7.2-5　裂纹创建网格显示　　　　　　　　图 14.7.2-6　约束定义

Step 8 瞬态动力学分析设置

（1）【Analysis Settings】选项设置载荷步数量为 1，载荷步求解时间为 0.015s，定义【Substeps】，初始子步 50，最小子步 20，最大大子步 10000，考虑时间积分效应。

（2）在【Analysis Settings】开启裂纹控制选项，保持初始默认选项。

（3）在【Analysis Settings】的阻尼控制选项中选择阻尼刚度系数直接输入方式【Direct Input】，全部设置如图 14.7.2-7 所示。

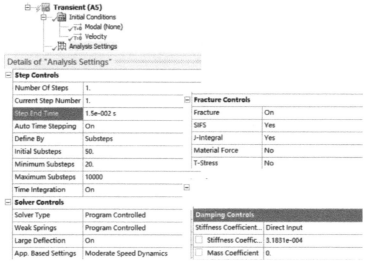

图 14.7.2-7　瞬态动力学分析设置

（4）建立初始条件，选择碰撞瞬间的速度作为初始速度计算载荷，如图 14.7.2-8 所示。

Step 9 求解后处理

（1）选择【Solution（A6）】节点，右击后选择【Insert】→【Solve】，完成瞬态动力学分析模块求解。

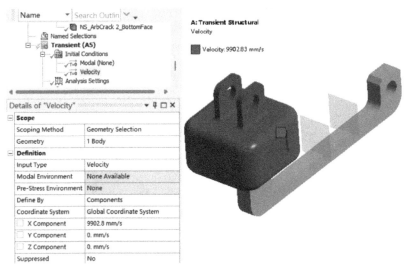

图 14.7.2-8 瞬态动力学初始条件

（2）选择【Solution（A6）】节点，右击后选择【Insert】→【Stress】，插入【Equivalent Stress】应力；同理，选择【Solution（B6）】节点，右击后选择【Insert】→【Deformation】，插入总体变形；求解计算结果如图 14.7.2-9 所示，可知落锤与试件之间产生冲击且有连续相互作用。

（3）选择【Solution（A6）】节点，右击后选择【Insert】→【Fracture Tool】，插入裂纹应力评价，略。

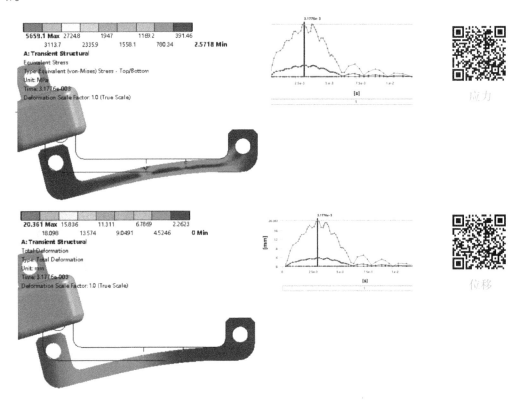

图 14.7.2-9 求解计算结果

14.7.3 多体运动瞬态动力学计算案例

◇ 起始文件：exam/exam14-3/exam14-3_pre.wbpj

◇ 结果文件：exam/exam14-3/exam14-3.wbpj

Step 1 分析系统创建

启动 ANSYS Workbench 程序，浏览打开分析起始文件【exam14-3_pre.wbpj】，分析系统【Transient Structural】已经存在于项目流程图，该求解文件已经完成工程材料定义、网格划分、接触定义等前处理工作。

Step 2 工程材料数据定义

计算结构金属材料采用工程数据【Engineering Data】中通用材料库【General Materials】的铝合金材料【Aluminum Alloy】，单击"+"按钮进行添加。

Step 3 几何行为特性定义

双击项目【Transient Structural】中的【Modal（A4）】单元格，进入瞬态动力学分析环境。

在导航树【Geometry】节点下，观察分析几何体共有 9 个零件，除 Part.2 外，其他零件都设置为刚体。全部几何结构材料属性为【Aluminum Alloy】，如图 14.7.3-1 所示。

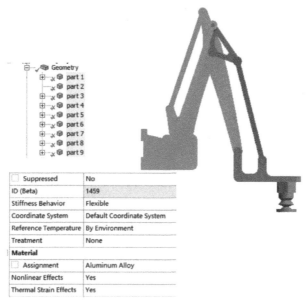

图 14.7.3-1 几何行为特性定义

Step 4 运动副定义

（1）共建立 13 个运动副，其中包括 1 个固定副，12 个旋转副，如图 14.7.3-2 所示。

（2）以【Joints 5】中第 2 个旋转副为例进行说明，右击【Connections】插入【Joint】，按照图 14.7.3-3 所示进行选项修改，【Reference】选择 part.7 销轴红色高亮表面，【Mobile】选择 part.8 连杆绿色高亮孔表面。其他运动副建立过程不进行详细说明，详见本例准备文件。

Step 5 网格划分

右击插入【Method】和【Body Sizing】，选择 part.2 零件，采用网格划分方法【Patch Conforming Method】，指定体单元尺寸为 2mm，其他刚体零件不参与应力计算、无接触关系定义，不进行网格划分，如图 14.7.3-4 所示。

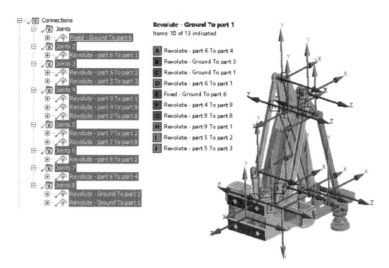

图 14.7.3-2　运动副设置

Connection Type	Body-Body
Type	Revolute
Torsional Stiffness	0. N·mm/°
Torsional Damping	0. N·mm·s/°
Suppressed	No
Element APDL Name	
Reference	
Scoping Method	Geometry Selection
Applied By	Remote Attachment
Scope	1 Face
Body	part 7
Coordinate System	Reference Coordinate System
Behavior	Rigid
Pinball Region	All
Mobile	
Scoping Method	Geometry Selection
Applied By	Remote Attachment
Scope	1 Face
Body	part 6
Initial Position	Unchanged
Behavior	Rigid

图 14.7.3-3　旋转副设置

图 14.7.3-4　网格划分

Step 6   瞬态动力学分析设置

（1）【Analysis Settings】选项设置载荷步数量为 6，总时间长度为 46s，采用时间定义步长，每个载荷步和载荷子步时长分别定义，关闭自动时间步长控制，激活时间积分效应。

（2）设置【Analysis Settings】求解控制选项开启：【Large Deflection】=【On】，【App. Based Settings】选择中等速度动力学，全部设置如图 14.7.3-5 所示。

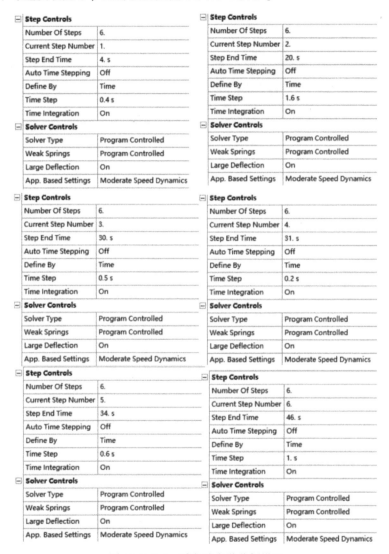

图 14.7.3-5   瞬态动力学分析设置

Step 7   载荷与约束定义

（1）选择【Transient Structural（A5）】节点，右击后选择【Insert】→【Remote Force】，并在明细栏【Geometry】下选择图 14.7.3-6 中 part.7 的下表面，单击【Apply】确定，按照图中所示输入载荷步相应载荷。

（2）选择【Transient Structural（A5）】节点，右击后选择【Insert】→【Joint Load】，并在明细栏【Joint】中选择【Revolute-Ground To part.1】，如图 14.7.3-7 所示，输入对应载荷步的转动角度。

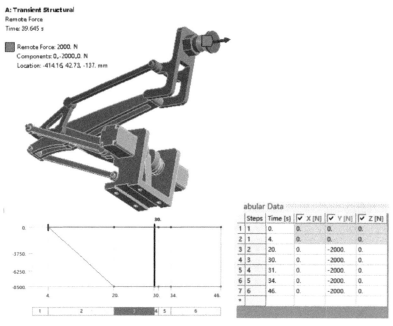

图 14.7.3-6　远程力载荷

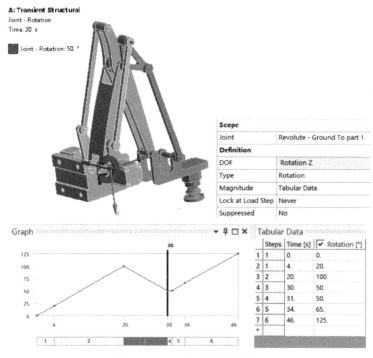

图 14.7.3-7　转动角度载荷 1

（3）选择【Transient Structural（A5）】节点，右击后选择【Insert】→【Joint Load】，并在明细栏【Joint】中选择【Revolute-Ground To part. 3】，如图 14.7.3-8 所示，输入对应载荷步的转动角度。

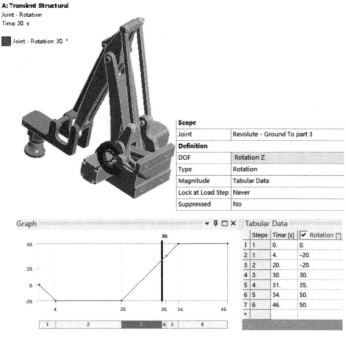

图 14.7.3-8　转动角度载荷 2

Step 8　求解后处理

（1）选择【Solution（A6）】节点，右击后选择【Insert】→【Deformation】→【Total】，插入总变形，如图 14.7.3-9 所示。

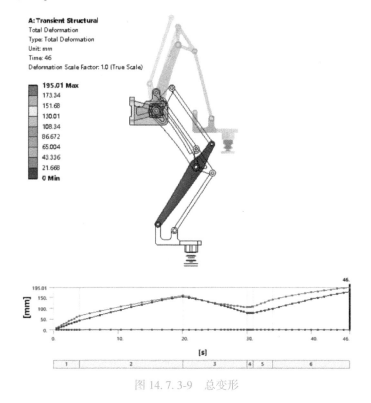

图 14.7.3-9　总变形

（2）选择【Solution（A6）】节点，右击后选择【Insert】→【Stress】→【Equivalent】→【von-Mises】，插入等效应力，如图 14.7.3-10 所示。

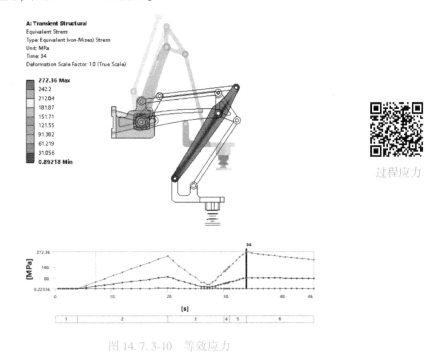

图 14.7.3-10　等效应力

（3）选择【Solution（A6）】节点，右击后选择【Insert】→【Stress Tool】→【Safety Factor】，插入安全因子，如图 14.7.3-11 所示可知求解计算结果安全因子较小，建议修改材料或加强几何设计等。

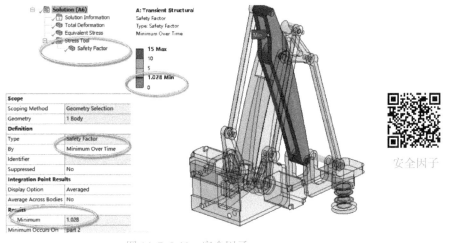

图 14.7.3-11　安全因子

14.8　本章小结

本章主要介绍 Mechanical 瞬态动力学分析基本理论、方法、操作设置等，给出三个计算案例进行瞬态动力学分析设计和操作流程讲解。

第 15 章

瞬态动力学非线性问题

15.1 结构非线性分析基础

15.1.1 非线性行为类型

1. 几何非线性

结构经受大变形后变化的几何形状会引起结构的非线性响应，这类非线性问题称为几何非线性。例如鱼竿提线、壳体结构失压非线性屈曲等，如图 15.1.1-1 所示。

图 15.1.1-1　几何非线性

2. 材料非线性

诸如金属塑性、超弹体、粘弹性、混凝土问题等，基于材料本构而产生的非线性问题称为材料非线性问题。图 15.1.1-2 所示为金属率无关塑性材料非线性。

3. 接触非线性

零件彼此之间接触与分离，接触刚度会发生相应改变。这种非线性行为称为接触非线性行为。接触非线性问题通常不会独自出现，如图 15.1.1-3 所示，就是混合非线性问题。Mechanical 具有处理混合非线性问题的能力，同时处理几何大变形、材料非线性、接触非线性等。

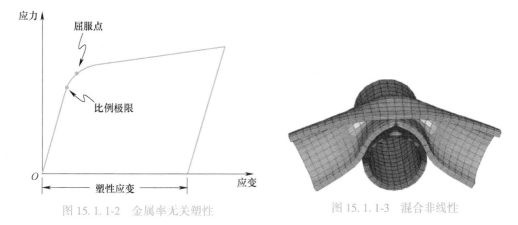

图 15.1.1-2　金属率无关塑性　　　　　图 15.1.1-3　混合非线性

15.1.2 构建非线性模型

非线性计算求解中若干特性的修正将有助于计算收敛和表现，包括：

（1）单元的特性修改。

（2）非线性材料本构模型的确定（塑性、蠕变、超弹体等）。

（3）几何模型特征的处理（奇异引起不收敛问题等）。

1. 形状检测【Shape Checking】

修改【Mesh】→【Shape Checking】选项为【Aggressive Mechanical】或【Nonlinear Mechanical】，如图 15.1.2-1 所示，这提供了一种增强单元处理大应变分析中过度扭曲的方式。

2. 单元控制【Element Control】

修改【Geometry】→【Element Control】选项为【Manual】，可在完全积分与减缩积分策略中切换。该选项影响单元中积分点的数量，如图 15.1.2-2 所示。例如强制修改完全积分应用于高阶单元（默认采用一致减缩积分），通常有助于厚度上仅有一层单元的结构提高计算求解精度。

图 15.1.2-1　Shape Checking

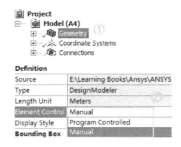

图 15.1.2-2　Element Control

3. 单元中间节点【Element Midside Nodes】

结构单元默认采用具有中间节点的高阶单元，通过图 15.1.2-3 中所示进行高阶单元（Kept）与低阶单元（Dropped）转换。

4. 大变形控制【Large Deflection】=【On】

计算涉及任意类型非线性问题时都会自动使用非线性求解器进行求解，必须打开几何大变形，如图 15.1.2-4 所示，材料非线性、接触摩擦、无摩擦、粗糙等基于几何大变形是否打开来响应其相关特性。

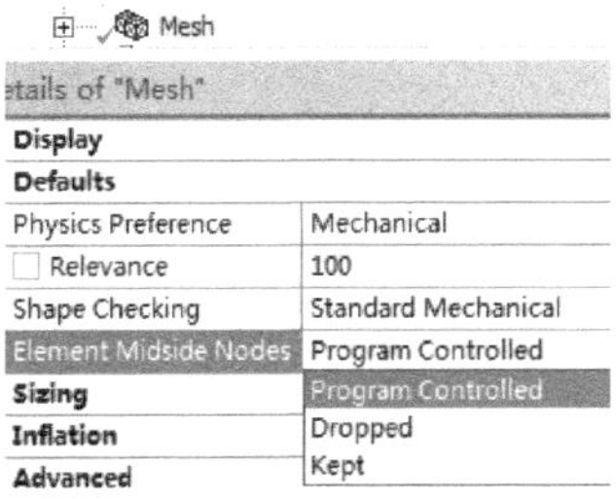

图 15.1.2-3　Element Midside Nodes

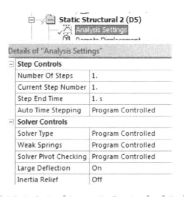

图 15.1.2-4　【Large Deflection】=【On】

15.2 延性金属塑性基础

延性金属承受超过弹性极限载荷（通常指超过屈服极限的材料响应），卸载后结构几何将具有不可恢复的永久变形。塑性响应对于金属成型过程具有重要意义，例如对于薄板冲压的研究等。塑性响应对于部分设备结构而言是重要的能量吸收机制，例如车辆驾驶室翻滚冲击吸能设计要求等。塑性行为表现不明显的材料被认为是脆性响应材料，塑性响应材料一般被认为比脆性响应材料更加安全。

15.2.1 单轴拉伸试验术语

1. 比例极限

大多数的延性金属，在某个应力水平下表现出的应力和应变关系是线性行为，这个应力水平称为比例极限（Proportional Limit），如图 15.2.1-1 所示。

2. 屈服点

某个应力水平卸载后，结构几何变形完全可恢复，应力-应变响应为线弹性行为，这个应力水平称为屈服点（Yield Point）。Mechanical 金属塑性求解理论假定屈服点和比例极限差别较小，默认两者相同。屈服点以下的应力-应变曲线为线弹性区，屈服点以上部分为塑性区。

3. 应变强化

典型屈服后行为可分为理想塑性行为和应变强化（Strain hardening）行为，如图 15.2.1-2 所示。理想塑性认为载荷超过初始屈服点以后，随着应变增加屈服应力数值不变。应变强化是材料响应，当载荷超过初始屈服点后屈服应力数值随着应变增大而增大。

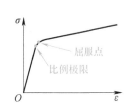

图 15.2.1-1　比例极限和屈服点

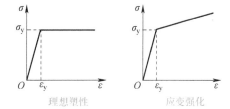

图 15.2.1-2　理想塑性和应变强化

4. 率无关塑性

材料响应如果和载荷速率或变形速率无关，则该类材料为率无关材料，否则为率相关，低温时（小于 1/4~1/3 熔点温度）大多数材料呈现率无关行为和低应变速率行为。

5. 增量塑性理论

增量塑性理论给出一种描述应力增量和应变增量的数学关系，用于表示塑性范围内的材料行为。增量塑性理论有三个基本组成部分：屈服准则、流动法则、强化准则。

15.2.2 工程应力应变与真实应力应变

1. 工程应力应变

小应变分析通常采用工程应力应变数据。小应变水平下，工程应力应变值与真实应力应变值几乎恒等。

2. 真实应力应变

大应变分析需要采用真实应力应变数据，如图 15.2.2-1 所示，如果数据来源于工程应力-应变试验，需要进行数据转化。

近似转化公式为：

$$\sigma = \sigma_{eng}(1+\varepsilon_{eng})$$
$$\varepsilon = \ln(1+\varepsilon_{eng})$$

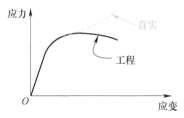

图 15.2.2-1　工程与真实应力应变

15.3　von Mises 屈服准则

任意应力状态都不可能用一般单轴拉伸试件试验方法确定材料是否进入塑性状态。用任意应力状态描述物体由弹性状态进入塑性状态的判据是一种假设，研究表明只有当各应力分量满足一定关系时，材料才能进入塑性状态，这种关系称为屈服准则。如果知道结构应力状态和屈服评价准则，计算就能确定是否会发生塑性应变。

von Mises 屈服准则认为变形的内能（等效应力）超过一定值就会发生屈服，von Mises 等效应力是各向同性的。

von Mises 等效应力定义为：

$$\sigma_e = \sqrt{\frac{1}{2}\left[(\sigma_1-\sigma_2)^2+(\sigma_2-\sigma_3)^2+(\sigma_3-\sigma_1)^2\right]}$$

式中，σ_1、σ_2、σ_3代表主应力。

当等效应力超过材料屈服应力（$\sigma_e > \sigma_y$）时发生屈服。在三维主应力空间，屈服面是一个圆柱面，如果沿着轴线 $\sigma_1 = \sigma_2 = \sigma_3$ 看过去，von Mises 屈服准则如图 15.3-1 所示，任何在这个屈服面内的应力状态都是弹性的，任何在此屈服面外的应力状态都将引起屈服。对于二维空间，屈服准则为一个椭圆。

所有的率无关塑性模型都采用 von Mises 屈服准则，除非特殊说明。

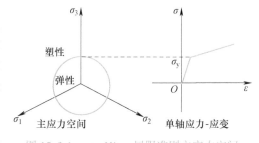

图 15.3-1　von Mises 屈服准则主应力空间

15.4　塑性流动法则

塑性流动法则描述屈服发生时塑性应变方向，即定义单独塑性应变分量（ε_x^{pl}、ε_y^{pl}等）如何随屈服发展变化。塑性应变沿屈服面的外法向发展，这样的流动准则称为相关流动准则。如果采用其他的流动准则（从不同的函数导出），则称为不相关流动准则。

15.5　强化准则

强化准则描述屈服面的大小、中心、形状如何跟随上一次塑性变形结果发生改变。强化准则决定持续加载或反向加载的材料何时将再次进入屈服。

15.5.1　基本强化准则

1. 等向强化

等向强化的屈服面在塑性流动期间均匀扩张，反向压缩的屈服应力等于上一次拉伸时达到的最大应力，如图 15.5.1-1 所示。等向强化经常用于大应变或比例（非周期）加载的模拟。

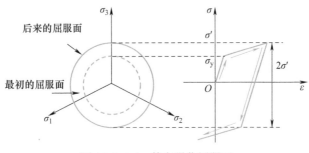

图 15.5.1-1　等向强化屈服面

2. 随动强化

随动强化屈服面大小保持不变，屈服面在塑性流动过程中进行刚体位移。初始各向同性材料屈服后不再各向同性，由于包辛格效应，弹性区的应力等于 2 倍的初始屈服应力。随动强化通常用于小应变、循环加载的情况。

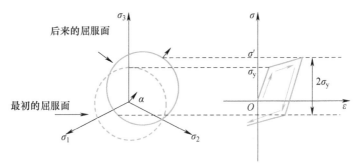

图 15.5.1-2　随动强化屈服面

15.5.2　双线性强化

双线性强化包括双线性随动强化和双线性各向同性强化，采用双线性的应力-应变曲线表示，如图 15.5.2-1 所示。第一段是弹性阶段，斜率是弹性模量，第二段是屈服强化阶段，将拉伸曲线简化为一段折线，斜率为切线模量。双线性强化材料属性输入数据应该包括弹性模量、泊松比、屈服应力和切线模量。

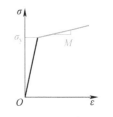

图 15.5.2-1　双线性强化

（1）双线性随动强化的 Mises 屈服准则，包括包辛格效应，可以用于小应变和循环加载的情况。

（2）双线性各向强化假定为 von Mises 屈服准则，通常用于金属塑性的大应变分析，不建议用于循环加载。

工程数据【Engineering Data】窗口双线性材料数据的定义如图 15.5.2-2 所示。以双线性各向强化材料输入数据为例，需定义内容包括弹性模量、泊松比、屈服应力和切线模量。

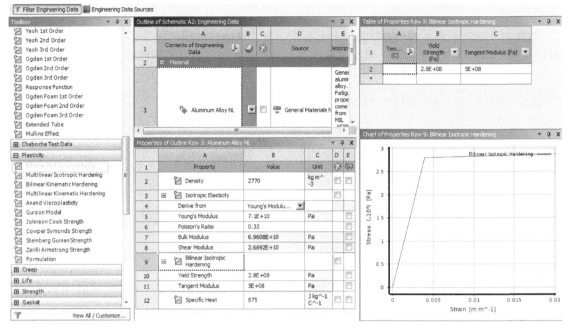

图 15.5.2-2　双线性各向强化材料输入数据

其中切线模量可以按照下式简化获得：

$$\tau = \frac{\sigma_b - \sigma_s}{\vartheta - \dfrac{\sigma_s}{E}}$$

式中，τ 为切线模量；σ_b 为抗拉强度；σ_s 为屈服强度；ϑ 为伸长率；E 为弹性模量。

15.5.3　多线性强化

多线性强化包括多线性随动强化和多线性各向同性强化，利用多段数据点表示材料数据，如图 15.5.3-1 所示。

（1）多线性随动强化采用多线性的应力-应变曲线模拟随动强化效应，采用随动强化 Mises 屈服准则，对金属小应变塑性分析有效。

（2）多线性各向同性强化采用多线性的应力-应变曲线表示，采用等向强化 Mises 屈服准则，通常用于比例加载、塑性大应变情况，不建议循环加载。

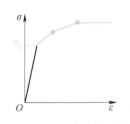

图 15.5.3-1　多线性强化

工程数据【Engineering Data】窗口多线性材料的定义如图 15.5.3-2 所示，以多线性随动强化材料输入数据为例，需定义内容包括弹性模量、泊松比、温度相关的塑性后真实应力-应变数据点。

（1）多线性强化输入弹性模量、真实应力-应变数据。

（2）不允许有大于弹性模量的斜率段。允许负斜率，但会导致收敛问题。

（3）应变值超过输入曲线终点的情况将假定后续行为是理想塑性材料行为。

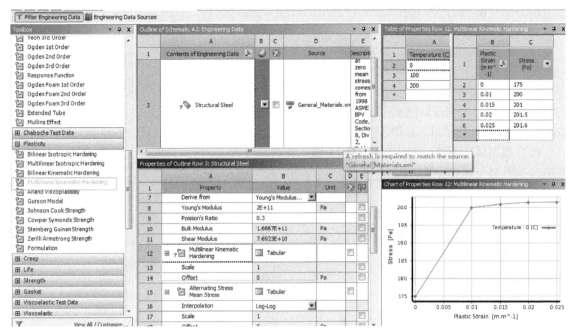

图 15.5.3-2　多线性随动强化材料输入数据

15.5.4　Chaboche 随动强化

Chaboche 是非线性随动强化的一个模型，屈服函数、后应力、屈服面如图 15.5.4-1 所示。

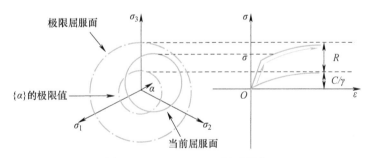

图 15.5.4-1　Chaboche 随动强化

在后应力计算方程中：n 是采用的随动模型数量；$\boldsymbol{\alpha}$ 是后应力；C_i 和 γ_i 是材料常数；λ 是塑性应变的累积；T 是温度。

$$\text{屈服函数}\quad F=\left[\frac{3}{2}(s-\boldsymbol{\alpha})^{\mathrm{T}}M(s-\boldsymbol{\alpha})\right]^{\frac{1}{2}}-R=0$$

$$\text{后应力}\quad \dot{\boldsymbol{\alpha}}=\sum_{i=1}^{n}\dot{\boldsymbol{\alpha}}_i=\frac{2}{3}\sum_{i=1}^{n}C_i\,\dot{\boldsymbol{\varepsilon}}^{\mathrm{pl}}-\gamma_i\alpha_i\lambda+\frac{1}{C_i}\frac{\mathrm{d}C_i}{\mathrm{d}T}\dot{T}\alpha_i$$

1. Chaboche 模型用法

Chaboche 模型用法如图 15.5.4-2 所示。

（1）n 为 3，是组合在一起的随动模型数。

（2）R 为屈服应力（常量）。

（3）值（$\alpha_1-\alpha_3$）为由前面公式计算出的后应力。常数C_1-C_3和$\gamma_1-\gamma_3$与这些值相关。

（4）R 描述屈服面，而 α 描述屈服面中心的移动。

（5）注意 $\gamma_3 = 3$，因此没有α_3的极限面。

2. Chaboche 模型材料拟合

（1）双击【Chaboche Test Data】→【Uniaxial Plastic Strain Test Data】，如图 15.5.4-3 步骤①所示。

（2）弹出属性菜单，在【Tabular】中输入塑性应变和应力数据，如图 15.5.4-3 步骤②所示。

（3）双击【Plasticity】→【Chaboche Kinematic Hardening (ANSYS)】，如图 15.5.4-4 步骤①所示。

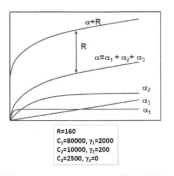

图 15.5.4-2　Chaboche 模型用法

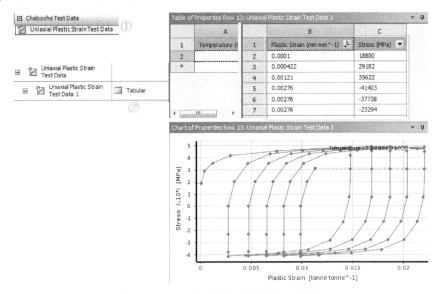

图 15.5.4-3　输入塑性应变与应力数据

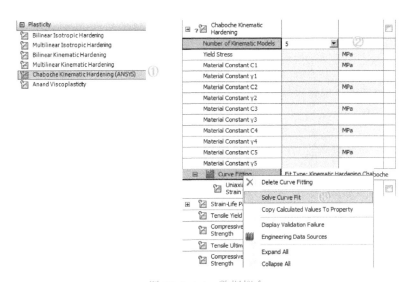

图 15.5.4-4　数据拟合

（4）按照图 15.5.4-4 步骤②所示，修改【Number of Kinematic Models】=5。

（5）拟合曲线，如图 15.5.4-4 步骤③所示。

（6）按照图 15.5.4-5 所示，右击【Curve Fitting】执行命令【Copy Calculated Values to Property】，完成参数录入。

⊟ Chaboche Kinematic Hardening		
Number of Kinematic Models	5	
Yield Stress	33574	MPa
Material Constant C1	71492	MPa
Material Constant γ1	38.242	
Material Constant C2	71492	MPa
Material Constant γ2	38.071	
Material Constant C3	71492	MPa
Material Constant γ3	38.935	
Material Constant C4	71492	MPa
Material Constant γ4	38.845	
Material Constant C5	71492	MPa
Material Constant γ5	38.495	
⊟ Curve Fitting	✕ Delete Curve Fitting	
Uniaxial Plastic Strain Test Data	Solve Curve Fit	
⊞ Strain-Life Parameters	Copy Calculated Values To Property	

图 15.5.4-5　Copy Calculated Values to Property

15.5.5　循环加载

循环加载且反向最大、最小值相同的循环加载方式称为对称循环加载，否则称为非对称循环加载。循环加载有循环强化和循环软化两个特性。

1. 循环强化

低周疲劳试验对称循环加载中，在等应变控制情况下应力随循环增加而增加达到稳定现象，而等应力控制情况下应变随循环增加而减小最后达到稳定现象，上述现象均为循环强化表现，如图 15.5.5-1 所示。Chaboche 加上任意等向强化准则均可以模拟循环强化。

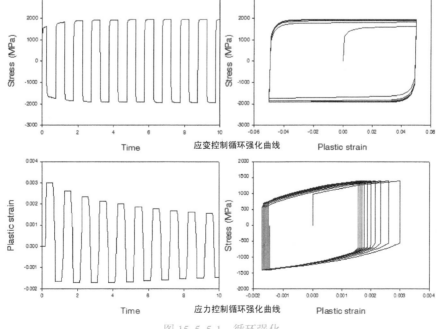

图 15.5.5-1　循环强化

2. 循环软化

低周疲劳试验对称循环加载中，在等应变控制情况下应力随循环增加而减小达到稳定现象，而等应力控制情况下应变随循环增加而增加最后达到稳定现象，上述现象均为循环软化表现，如图 15.5.5-2 所示。

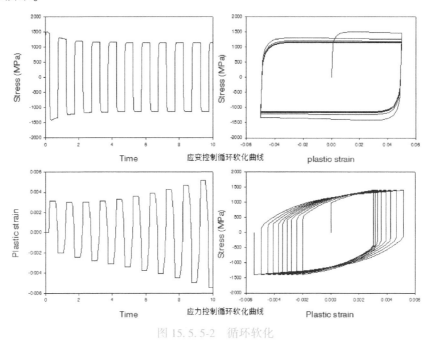

图 15.5.5-2　循环软化

一般情况下循环强化多出现在低强度软材料中；循环软化多出现在高强度硬材料中。

3. 棘轮效应

棘轮效应（Ratchetting）出现在应力控制加载时，塑性应变在每一个循环中逐渐增加，如图 15.5.5-3 所示。线性随动强化不能捕获棘轮，随动模型数量 $n=1$ 的 Chaboche 模型能够获得棘轮效应。

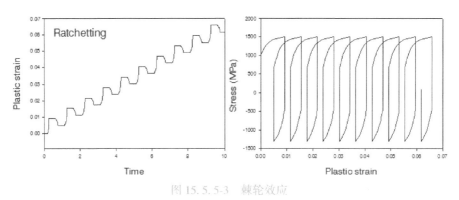

图 15.5.5-3　棘轮效应

4. 安定效应

安定效应（Shakedown）出现在非对称应力控制加载时，应变在每一个循环中存在渐进稳定性。安定效应类似棘轮效应，但塑性应变不是稳定累加，而是在调整中逐渐停止，如图 15.5.5-4 所示。

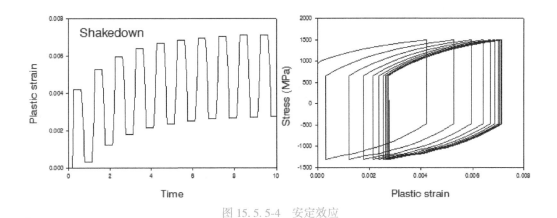

图 15.5.5-4　安定效应

模拟安定效应需要在 Chaboche 中拥有两个随动模型，$n=2$ 且 $\gamma=0$。

（1）一个随动模型 $\gamma \neq 0$，提供棘轮效应。

（2）另一个模型的 $\gamma=0$，提供安定效应。

（3）两个模型共同作用，在一定数量的循环后将提供带有稳定性的棘轮称为安定。

15.6　接触设置基础

15.6.1　接触基本概念

两个分离表面相互接触并表现为相互剪切时称为接触状态。处于接触状态的表面应该不互相穿透、能传递法向压力和切向摩擦力，接触表面之间可以自由分开、远离，一般不能传递法向拉力。

接触表现为强非线性，接触状态改变会使得接触表面法向、切向刚度随之显著变化。刚度突变、接触状态不确定、摩擦、部件丢失接触外的其他约束等都会导致接触问题计算表现复杂、收敛困难。接触可以指定为"刚性体-柔性体""柔性体-柔性体"的接触问题。

15.6.2　接触类型

接触类型如图 15.6.2-1 所示。

（1）【Bonded】：绑定，没有穿透，不分离，面或者边以及两者之间不出现滑动。

（2）【No Separation】：不分离，与绑定类似，法向不分离，允许接触面发生少量无摩擦滑动。

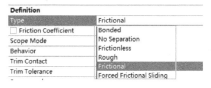

图 15.6.2-1　接触类型

（3）【Frictionless】：无摩擦，不穿透，表面之间自由滑动，自由分离不受阻碍。

（4）【Frictional】：摩擦，滑动阻力与摩擦系数成正比，自由分离不受阻碍。

（5）【Rough】：粗糙，与无摩擦类似，但是不允许滑移。

（6）【Forced Frictional Sliding】：该选项只对刚体动力学适用，与【Frictional】类型类似但没有静摩擦阶段。系统会在每个接触点施加一个切向阻力，切向阻力正比于法向接触力。

非线性接触行为需要考虑更多的迭代次数接触类型与迭代次数见表 15.6.2-1。

表 15.6.2-1　迭代次数接触类型与迭代次数

接 触 类 型	迭 代 次 数	法 向 行 为	切 向 行 为
Bonded	一次	无间隙	无滑移
No Separation	一次	无间隙	允许滑移
Rough	多次	允许间隙	允许滑移
Frictionless	多次	允许间隙	无滑移
Frictional	多次	允许间隙	允许滑移

15.6.3　接触协调方程

Mechanical 提供接触协调方程来建立接触面之间的强制协调性，如图 15.6.3-1 所示。

1. 罚函数法

罚函数法（Pure Penalty）在两个面间建立一个接触"弹簧"关系，称这个弹簧刚度为惩罚参数或接触刚度。罚函数法对分开的接触面设定弹簧时不起拉作用，当接触面表现为闭合穿透时，弹簧起作用，罚函数法示意图如图 15.6.3-2 所示。

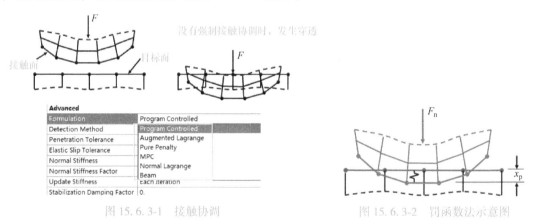

图 15.6.3-1　接触协调　　　　　图 15.6.3-2　罚函数法示意图

弹簧偏移量（穿透量）Δx 满足平衡方程 $F=k\Delta x$，其中，k 是接触刚度。为保证平衡，Δx 必须大于零。实际接触体相互不穿透，理想接触刚度应该是非常大的值，为得到最高精度，接触界面的穿透量应该最小，但这会引起收敛困难。如果定义摩擦、粗糙接触，则切向也有上述力学条件，切向接触不能同普通接触刚度那样直接进行参数值输入。

2. Lagrange 乘子法

Lagrange 乘子法通过增加一个附加自由度来满足不可穿透条件，不涉及接触刚度和穿透。Lagrange 乘子法经常处于接触状态的开关切换中，容易引起收敛震荡，适用于垂直接触面方向的载荷施加模拟。

$$F_{normal}=DOF$$

如果不允许穿透，接触状态在开关中反复震荡（图 15.6.3-3a），收敛会更加困难，如果允许轻微穿透可以比较容易收敛，接触不再是突然变化的状态过程，如图 15.6.3-3b 所示。

3. 增强 Lagrange 法

将罚函数法和 Lagrange 乘子法结合起来强制接触协调，称之为增强 Lagrange 法。由于额外因子 λ 的存在，增强 Lagrange 法对于接触刚度 k 的变化不敏感，程序控制选项默认采用增强 Lagrange 法。

$$F=k\Delta x+\lambda$$

图 15.6.3-3　震荡与穿透

4. 多点约束控制（MPC）

MPC 通过添加约束方程来"联结"接触面之间的位移，与罚函数法和 Lagrange 法不同，MPC 直接进行接触面之间的结合。MPC 只能用于绑定、不分离类型的接触，支持大变形分析计算。

如图 15.6.3-4 所示，壳体单元旋转自由度必须与实体单元的平移自由度绑定。MPC 默认采用【Target Normal, Couple U to ROT】算法，会产生冗余约束，导致非真实刚度连接而应力和应变不合理分布，如图 15.6.3-5 所示。采用【Target Normal, Uncouple U to ROT】约束方程将旋转和平移自由度分离成单独方程，可以消除连接处非真实刚度，从而改善数值分布合理性。

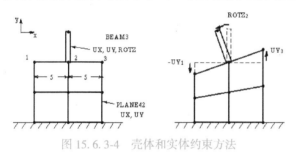

图 15.6.3-4　壳体和实体约束方法

Advanced	
Formulation	MPC
Constraint Type	Target Normal, Couple U to ROT
Pinball Region	Target Normal, Couple U to ROT
Pinball Radius	Target Normal, Uncouple U to ROT
	Inside Pinball, Couple U to ROT

图 15.6.3-5　MPC 约束方法

15.6.4　探测方法

检测方法允许分析中选择接触检测位置以获得良好收敛性。如图 15.6.4-1 所示，探测方法（Detection Method）包括如下几项。

（1）【On Gauss Point】：罚函数和增强 Lagrange 公式默认使用高斯点探测【On Gauss point】进行探测，探测点更多。高斯点探测被认为比节点探测更准确，示意如图 15.6.4-2 所示。注意用于楞尖形状与线面接触情况时建议基于节点探测方法，如图 15.6.4-3 所示。

Advanced	
Formulation	Program Controlled
Detection Method	Program Controlled
Penetration Tolerance	Program Controlled
Elastic Slip Tolerance	On Gauss Point
Normal Stiffness	Nodal-Normal From Contact
Normal Stiffness Factor	Nodal-Normal To Target
Update Stiffness	Nodal-Projected Normal From Contact
	Each Iteration

图 15.6.4-1　Detection Method

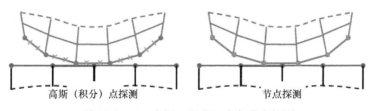

高斯（积分）点探测　　　　　节点探测

图 15.6.4-2　高斯（积分）点与节点探测

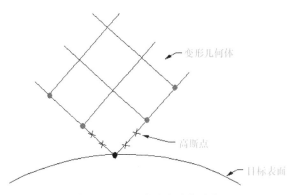

图 15.6.4-3　节点与高斯点探测

（2）【Nodal-Normal From Contact】、【Nodal-Normal To Target】：决定应用在接触面上的接触力方向，通常需要额外计算确定正确方向。Lagrange 与 MPC 公式默认使用【Nodal-Normal To Target】方法，探测点更少。

（3）【Nodal-Projection Normal From Contact】：在接触面的重叠区域强制作用一个接触约束。如图 15.6.4-4 所示，接触渗透、间隙计算是在重叠区域平均意义上计算的，相比其他设置，【Nodal-Projection Normal From Contact】提供更精确的下层单元接触压力，当有摩擦接触面和目标面之间存在偏移时，更容易满足力矩平衡，计算的接触力分布在多个目标单元之间，具有更平滑的变化。

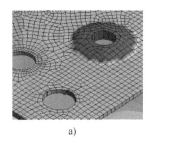
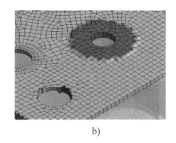

a)　　　　　　　　　　　　　　　　　　b)

图 15.6.4-4　接触面法向投影与高斯点接触比对

a）设置后　b）设置前

15.6.5　修剪接触

1. 修剪接触（Trim Contact）

修剪接触能自动减少接触单元数量从而加快计算速度，如图 15.6.5-1 所示。

（1）设置【Program Controlled】选项后，默认自动开启【Trim Contact】。

（2）采用手动创建接触，不能进行修剪设置。

（3）计算考虑大变形滑移时，建议不开启修剪接触。

2. 修剪容差（Trim Tolerance）

修剪容差用来定义修剪操作的上限，如图 15.6.5-2 所示的 Trim 容差圆。

（1）自动接触选项显示接触探测值（只读格式）。

（2）手动接触选项需要用户输入大于零的值。

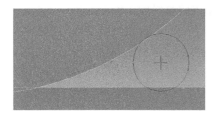

图 15.6.5-1　Trim Contact　　　　　　图 15.6.5-2　修剪容差圆

15.6.6　穿透和滑移容差

1. 穿透容差（Penetration Tolerances）

穿透容差适用于罚函数法和增强 Lagrange 法。如果法向穿透满足容差范围，接触协调性能满足要求，如图 15.6.6-1 所示。

穿透容差可以通过数值定义，或根据下层单元厚度定义因子，默认等于 0.1 乘以单元厚度。

2. 弹性滑移容差（Elastic Slip Tolerance）

弹性滑移容差在许可范围内时，切向接触协调性能满足要求，如图 15.6.6-2 所示。

（1）定义数值或根据下层单元厚度平均值定义因子。

（2）绑定、粗糙、摩擦接触等能增强切向协调性。

（3）许可容差默认为平均单元长度的 1%。

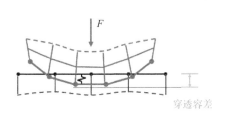

图 15.6.6-1　穿透容差

图 15.6.6-2　弹性滑移容差

15.6.7　法向接触刚度

（1）法向接触刚度影响精度和收敛行为。如图 15.6.7-1 所示，系统默认自动设定法向刚度【Normal Stiffness】，求解中自动进行调整。对于收敛困难问题，刚度自动减小。法向接触刚度越大，结果越精确。接触刚度太大，模型会振荡，接触面相互弹开导致收敛困难。

（2）法向接触刚度是一个相对因子。一般变形问题建议使用 1.0，弯曲支配问题若收敛困难，采用小于 0.1 的值有益收敛。

（3）可以输入法向刚度因子【Normal Stiffness Factor】，因子越小接触刚度就越小。

- 绑定、不分离接触，默认取 10。

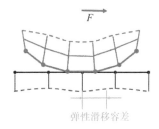

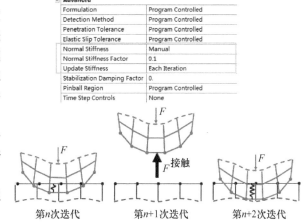

图 15.6.7-1　Normal Stiffness

- 其他形式接触默认取 1。
- 体积为主问题，接触刚度因子选择默认或者为 1；
- 弯曲为主问题，采用 0.01~0.1 之间的值比较适合。

15.6.8　Pinball 区域

1. Pinball 区域设置用途

（1）Pinball 区域是包围接触探测点的球形边界。

（2）目标面上节点处于 Pinball 球体区域内，Mechanical 认为"接近"接触，会更加密切监测其与接触探测点的关系，搜寻给定接触区域中可能发生接触的单元，区分近、远接触提高接触计算效率。

（3）球体外的目标面节点相对于特定接触探测点不会受到密切监测。

（4）如果 Pinball 半径大于采用绑定接触进行结合的缝隙尺寸，Mechanical 会按绑定来处理那个区域，即使缝隙边界远离。

2. Pinball 区域定义

Pinball 区域定义方法如图 15.6.8-1 所示。

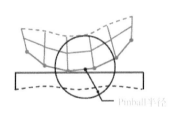

图 15.6.8-1　Pinball 区域

（1）程序控制：通过程序控制自动设置，单元类型和单元大小由程序计算给出 Pinball 区域大小。

（2）自动探测数值：Pinball 区域等于全局接触设置的容差值 Pinball 区域大小。

（3）半径：手动输入 Pinball 区域需要的半径大小。

3. Pinball 示意球

选择【Auto Detection Value】自动探测值或自定义 Pinball 半径时，接触区域会有示意球出现，用于直观确认一个缝隙是否在绑定接触行为中被忽略，如图 15.6.8-2 所示。

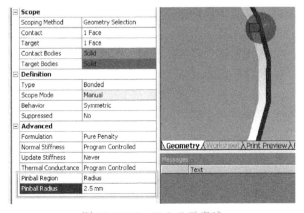

图 15.6.8-2　Pinball 示意球

15.6.9 对称/非对称行为

接触区域会显示接触面和目标面，在软件中，接触面以红色表示，目标面以蓝色表示，如图 15.6.9-1 所示。

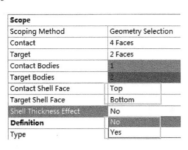

图 15.6.9-1 接触区域

1. 接触行为

接触行为如图 15.6.9-2 所示，包括如下选项。

（1）【Program Controlled】：程序控制，采用自动非对称【Auto Asymmetric】。

（2）【Symmetric】：对称接触，接触面和目标面不能相互穿透。

（3）【Asymmetric】：非对称接触，限制接触面不能穿透目标面。对于非对称行为，接触面节点不能穿透目标面，这是一个非常重要的规则。由于接触检测点的位置所在，不对称行为可能允许在边缘有一些穿透，如图 15.6.9-3 所示。

（4）【Auto Asymmetric】：自动非对称，接触面和目标面由程序进行控制。

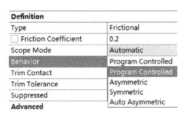
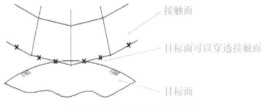

图 15.6.9-2 接触行为   图 15.6.9-3 非对称接触

2. 非对称接触行为选择指导

（1）如果一凸面要和一平面或凹面接触，应该选取平面或凹面为目标面。

（2）如果一个表面有粗糙的网格而另一个表面网格细密，则应选择粗糙网格表面为目标面。

（3）如果一个表面比另一个表面硬，则硬表面应为目标面。

（4）如果一个表面为高阶而另一个为低阶，则低阶表面应为目标面。

（5）如果一个表面大于另一个表面，则大的表面应为目标面。

15.6.10 接触体类型

Mechanical 支持几何体素之间建立接触关系，包括实体表面、壳体面、线体-线体、线体-面等，如图 15.6.10-1 所示。

1. 壳体面接触

（1）壳体建立无摩擦、摩擦接触，需要确定壳顶面和底面（Top 或 Bottom）在接触关系中的状态，如图 15.6.10-2 所示。

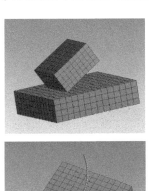

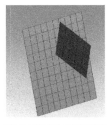

图 15.6.10-1　接触类型

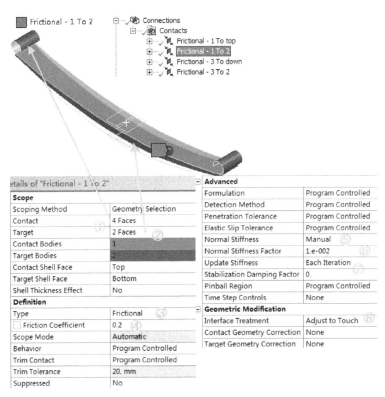

图 15.6.10-2　壳体面接触设置

（2）【Shell Thickness Effect】对壳体之间建立接触，能够考虑真实壳体厚度占位的状态。

2. 线体-线体接触

线体支持与线体、壳体、实体之间的接触关系等。线体-线体接触如图 15.6.10-3 所示。

3. 刚体几何接触

（1）Mechanical 支持刚体-刚体、刚体-柔体接触关系的定义。将某些刚度高的物体指定为刚性几何通常会提高计算效率。

图 15.6.10-3 线体-线体接触

（2）刚体-刚体采用罚函数方法，需手动设置反对称接触。

（3）刚体-柔体建立接触采用增强 Lagrange 法，程序控制设置接触行为为反对称，接触面是柔性体，目标面体是刚性体，如图 15.6.10-4 所示。

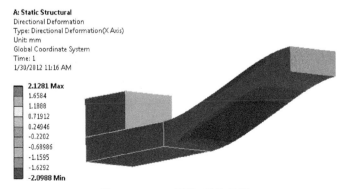

图 15.6.10-4 刚体-柔体接触

15. 6. 11 交界处理

绑定接触会建立足够大的 Pinball 半径以忽略接触面和目标面间的任何间隙，但摩擦、无摩擦接触的初始间隙可能代表相互接触或脱离接触等几何信息，无法自动忽略。

交界处理【Interface Treatment】可以偏移接触面到指定位置，如图 15.6.11-1 所示，通过【Adjust to Touch】【Add Offset】等选项把模型调整到合适位置而不用修改几何。

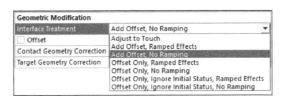

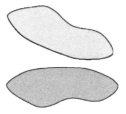

使用【Interface Treatment】之前，存在间隙

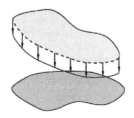

使用【Adjust to Touch】之后，间隙
自动消除，正好接触

使用【Interface Treatment】之前，存在穿透

使用【Adjust to Touch】之后，
正好接触

使用【Interface Treatment】之前，存在间隙

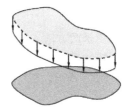

使用【Add Offset】后，按指定偏移值移动

图 15.6.11-1　交界处理

（1）【Adjust to Touch】：指定接触偏移量，来消除缝隙建立初始接触，使两面能够"恰好"接触，要求保证 Pinball 半径大于最小缝隙尺寸。

（2）【Add Offset】：指定接触面偏移的正负距离。正值减小缝隙尺寸，负值增加缝隙尺寸。

（3）【Ramped】：【Ramped Effects】和【No Ramping】用于考虑是否有阶跃。

（4）【Offset Only】：先关闭间隙，再施加偏移值。

（5）【Offset Only, Ignore Initial Status】：不考虑接触状态，施加偏移值。

15.6.12 接触法向反向

通过 Flip Contact/Target Normals 可以设置接触面/目标面法向反向，如图 15.6.12-1 所示。通过菜单栏对应的单元法向工具显示单元法向方向并根据需要反转该方向。

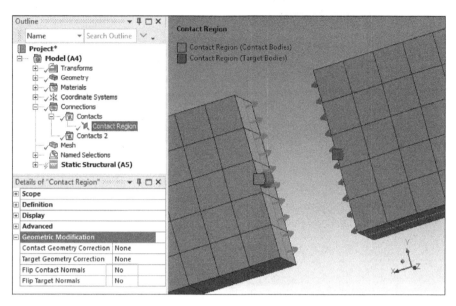

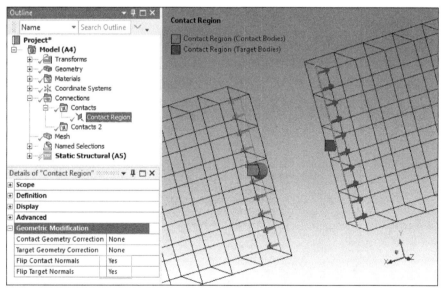

图 15.6.12-1　接触法向反向

15.6.13 接触工具

接触工具用于验证初始接触信息的合理性，涉及接触的状态、间隙、渗透、Pinball 等大多数接触控制效果。初始接触信息显示流程如图 15.6.13-1 所示，可根据 Worksheet 中的颜色显示进行接触状态合理性控制。

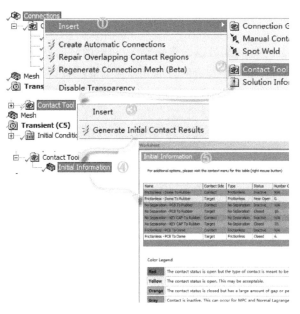

图 15.6.13-1　初始接触信息显示流程

15.7　超弹体非线性基础

15.7.1　超弹体概述

超弹体材料本构主要用于橡胶类产品的仿真计算。超弹体材料模型假设材料各向同性、等温、弹性、完全或接近不可压缩，是真实橡胶行为的理想化。超弹体模型通过应变能密度函数来定义，总应力与总应变的关系由应变势能 W 定义。超弹体常用本构模型如图 15.7.1-1 所示。

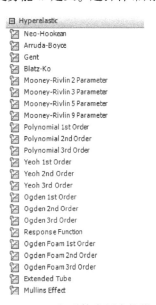

图 15.7.1-1　超弹体常用本构模型

15.7.2 超弹体常用模型

1. Polynomial 多项式形式

多项式形式基于第一和第二应变不变量，数学模型如下：

$$W = \sum_{i+j=1}^{N} c_{ij} (\overline{I_1} - 3)^i (\overline{I_2} - 3)^j + \sum_{k=1}^{N} \frac{1}{d_k} (J - 1)^{2k}$$

初始体积模量和初始剪切模量是：

$$\mu_o = 2(c_{10} + c_{01}), \kappa_o = \frac{2}{d_1}$$

c_{ij} 和 d_i 通常定义为材料属性，若未知，可以通过用试验数据拟合曲线的方法得到。

Polynomial 多项式形式用于应变超过 300% 的状态。

2. Mooney Rivlin 形式

Mooney Rivlin 形式分为 2，3，5 和 9 项模型，可看作多项式形式的特殊情形。一般情况下 2 项模型在拉升应变为 90% ~ 100% 时有效，但是 2 项模型不能很好地描述压缩行为特性，因此应该提供高阶项数据进行更好地项数拟合来捕捉拐点。5、9 项模型可以用于应变高达 100% ~ 200% 的情况。

（1）2 项 Mooney Rivlin 模型相当于 $N=1$ 的多项式形式，是最常用的模式之一。

$$W = c_{10}(\overline{I_1} - 3) + c_{01}(\overline{I_2} - 3) + \frac{1}{d}(J-1)^2$$

（2）3 项 Mooney Rivlin 模型与 $N=2$ 且 $c_{20} = c_{02} = 0$ 的多项式形式类似。

$$W = c_{10}(\overline{I_1} - 3) + c_{01}(\overline{I_2} - 3) + c_{11}(\overline{I_1} - 3)(\overline{I_2} - 3) + \frac{1}{d}(J-1)^2$$

（3）5 项 Mooney Rivlin 模型相当于 $N=2$ 的多项式形式。

（4）9 项 Mooney Rivlin 模型相当于 $N=3$ 的多项式形式。

所有 Mooney Rivlin 模型的初始体积模量和初始剪切模量均为

$$\mu_o = 2(c_{10} + c_{01}), \kappa_o = \frac{2}{d}$$

3. Yeoh 模型

Yeoh 模型基于第一应变不变量，虽然允许任何 N 值，但通常 $N=3$。

$$W = \sum_{i=1}^{3} c_{i0} (\overline{I_1} - 3)^i + \sum_{k=1}^{3} \frac{1}{d_k} (J - 1)^{2k}$$

初始体积模量和初始剪切模量是：

$$\mu_o = 2 c_{10}, \kappa_o = \frac{2}{d_1}$$

4. Neo-Hookean 形式

Neo-Hookean 形式可以看作多项式形式的子集，其中 $N=1$，$c_{01}=0$，$c_{10} = \mu/2$。最简单的超弹体模型采用常剪切模量，局限于单轴拉伸时应变为 30% ~ 40% 和纯剪时应变为 80% ~ 90% 的情况。

$$W = \frac{\mu}{2}(\overline{I_1} - 3) + \frac{1}{d}(J-1)^2$$

初始剪切模量是：

$$\kappa = \frac{2}{d}$$

5. Ogden 形式

Ogden 形式直接基于主延伸率，而不是应变不变量，可以用于应变高达 700% 的情况，数据拟合更好，但是计算耗时。

$$W = \sum_{i=1}^{N} \frac{\mu_i}{\alpha_i} (\overline{\lambda}_1^{\alpha_i} + \overline{\lambda}_2^{\alpha_i} + \overline{\lambda}_3^{\alpha_i} - 3) + \sum_{i=1}^{N} \frac{1}{d_i} (J-1)^{2i}$$

初始体积和剪切模量定义如下：

$$\mu_0 = (\sum_{i=1}^{N} \mu_i \alpha_i)/2, \kappa_0 = \frac{2}{d_1}$$

μ_i、α_i 和 d_i 是用户定义的材料属性，如果未知，可以通过试验数据进行拟合曲线推导。

15.7.3 超弹体曲线拟合方法

超弹体模拟需要进行材料曲线拟合工作，Mechanical 提供曲线拟合工具帮助把试验数据转化成各种超弹体模型使用的应变能量密度函数系数等。

超弹体模型拟合的试验数据类型如图 15.7.3-1 所示，工程数据【Hyperelastic Experimental Data】提供 7 种进行曲线拟合的试验数据。

（1）单轴测试数据。

（2）双轴测试数据。

（3）剪切测试数据。

（4）体积测试数据。

（5）简化剪切测试数据。

（6）单轴拉伸测试数据。

（7）单轴压缩测试数据。

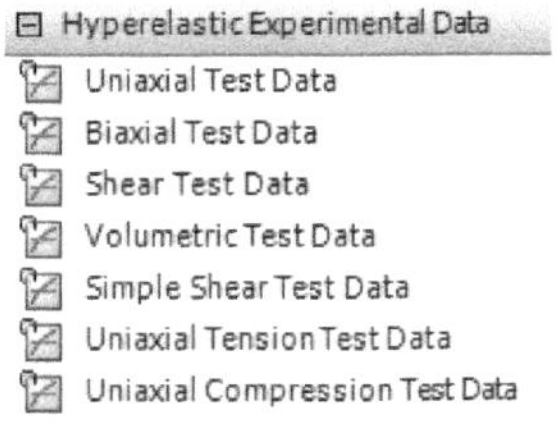

图 15.7.3-1　试验数据类型

如图 15.7.3-2 所示，超弹体试验数据类型需要选择多种或至少一种，一般认为提供的数据类型越多，拟合曲线越能表现真实橡胶特性，建议以压缩为主的仿真计算项目中，试验数据应该包括单轴压缩或等双轴拉伸。拟合曲线的测试数据（除体积测试数据）应该是工程应力-应变数据，这与金属塑性曲线拟合为真实应力-应变数据不同。试验数据需要调整滞回和应力软化行为，偏移至零应力和零应变，采用稳定曲线来进行拟合，如图 15.7.3-3 所示。

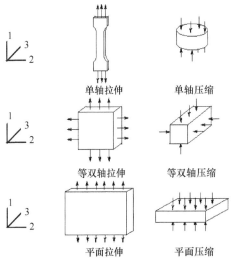

图 15.7.3-2　试验数据测试方式

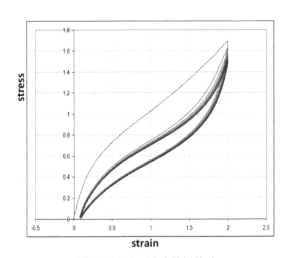

图 15.7.3-3　试验数据偏移

超弹体曲线拟合基本过程如下。

（1）在【Engineering Data】中找到【Hyperelastic Experimental】→【Uniaxial Test Data】，双击或右击【Include Property】，选中项添加至材料属性窗口，如图 15.7.3-4 所示。对其他试验数据类型做同样操作（双轴测试数据、剪切测试数据等）。

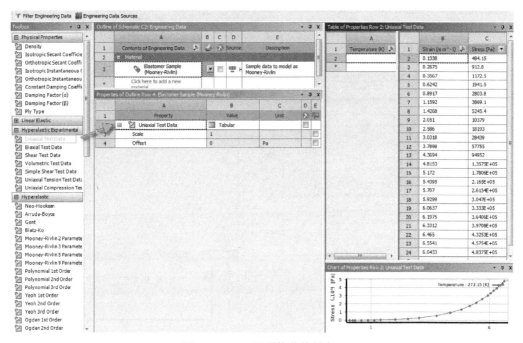

图 15.7.3-4　超弹体曲线拟合 1

（2）将试验数据粘贴至【Table of Properties】窗口。

（3）在【Engineering Data】中选择相应超弹体模型进行曲线拟合，如图 15.7.3-5 所示。

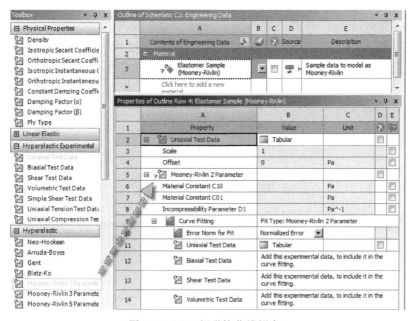

图 15.7.3-5　超弹体曲线拟合 2

（4）右击【Curve Fitting】并执行【Solve Curve Fit】，运行最小二乘法（归一化或者绝对误差法）曲线拟合程序找到最优系数组合，如图 15.7.3-6 所示。

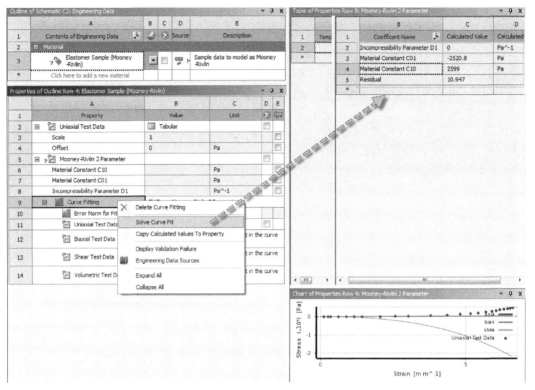

图 15.7.3-6　超弹体曲线拟合 3

（5）右击【Curve Fitting】，执行命令【Copy Calculated Values To Property】，完成参数录入，如图 15.7.3-7 所示。

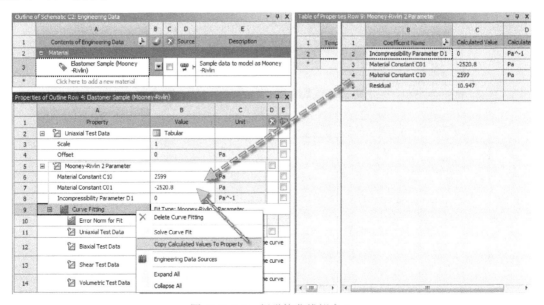

图 15.7.3-7　超弹体曲线拟合 4

15.7.4　计算模型收敛性控制

1. 几何选择

超弹体材料具有小压缩性，一般假设近似完全不可压缩。超弹体计算几何选择倾向于 2D 模型而避免 3D 几何，图 15.7.4-1 所示为 2D 轴对称密封压缩计算示例。

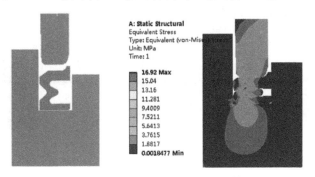

图 15.7.4-1　2D 轴对称密封压缩计算示例

（1）3D 模型相对 2D 模型多出数倍单元节点，非线性迭代求解耗费较大，计算资源、效率具有挑战性。

（2）2D 模型几何边线控制尺寸份数很方便，能够细化几何拐角，有效防止挤压、拉伸单元扭曲，提高收敛可能性。

（3）2D 模型几何能更好地处理橡胶大变形状态下的橡胶-金属接触关系以及橡胶自接触关系。

（4）2D 模型相对 3D 模型能更好地规避 Solid 六面体单元"刚硬"的问题。

2. 不可压缩性考虑

若计算不可避免地要使用 3D 模型，一些收敛性建议如下。

（1）尽量选四面体单元而不用六面体单元。

（2）尽量选低阶单元而不用高阶单元。

（3）依靠增强应变单元解决剪切锁定（单元位移场不能模拟由于弯曲而引起的剪切变形和弯曲变形，当单元长度与厚度数量级相同或长度大于厚度时此现象更为严重）。

（4）依靠 U-P 公式解决体积锁死。体积锁死是完全积分单元受到过度约束的一种锁死现象，如果材料不可压缩或近似不可压缩，完全积分单元可能会变得特别刚硬而不会产生体积变形，即所谓"体积锁死"。U-P 公式是在单元内加入静水压力作为附加自由度，主要用于处理体积锁死。

（5）如果模型因为采用 Mixed U-P 而不能收敛，可以通过定义参数引入少量不可压缩性。

3. 非线性控制计算

超弹体计算属于高级材料非线性计算问题，非线性计算控制技术见第 14 章中时间步长控制、求解与非线性控制、重启动控制等相关内容，不再详述。

4. 自适应网格技术应用

棘手的超弹体计算过程即使进行几何选择、不可压缩、非线性计算控制等综合运用也可能遇到单元畸形发散问题，可能需要自适应网格重构技术的应用。自适应网格重构技术可作为单元大变形、扭曲或提高求解精度的一种选择，能基于一定准则进行网格自动重划，如图 15.7.4-2 所示。

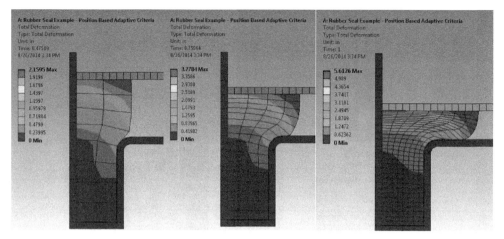

图 15.7.4-2　自适应网格技术

15.7.5　自适应网格技术

　　自适应网格技术的非线性自适应性，基于指定的收敛子步结束时，网格评价指标是否满足而触发。如果定义的条件表明需要重新划分网格，则在当前变形的几何图形上生成一个新网格，当前解域将映射到新网格，解将移动到下一个子步，如图 15.7.5-1 所示。

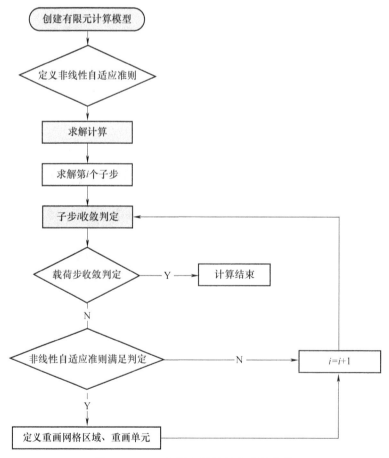

图 15.7.5-1　自适应网格技术求解流程

1. 分析求解通用设置需求

非线性自适应网格分析设置前提如下。

（1）定义参与自适应网格划分的几何单元。

（2）大变形控制【Large Deflection】=【On】。

（3）存储所有求解结果计算点：【Store Results At】=【All Time Points】。

（4）重启动设置开启等。

2. 定义自适应网格准则

自适应网格有 3 种准则，如图 15.7.5-2 所示。

（1）【Energy】：如果单元应变能大于等于组件中的平均应变能乘以自定义参数，单元将会分割与重划分，以获得高精度区域模拟结果，如图 15.7.5-3 所示。

$$E_e \geq C_1 \cdot E_{total} / Nume$$

式中，E_e 为单目标单元的应变能；C_1 为自定义能量系数；E_{total} 为部件总应变能；$Nume$ 为组件内单元数量。

（2）【Box】：在指定区域内进行分割和重划分，如图 15.7.5-4 所示。

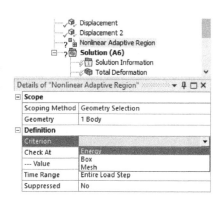

图 15.7.5-2　自适应网格准则

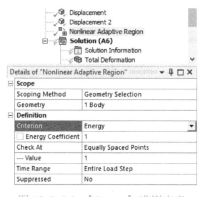

图 15.7.5-3　【Energy】准则定义

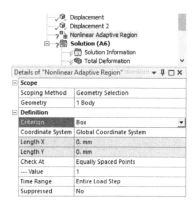

图 15.7.5-4　【Box】准则定义

（3）【Mesh】：【Skewness Value】默认值是 0.9，理想形状【Skewness Value】=0，最差形状【Skewness Value】=1。Skewness 理想形状和选项定义如图 15.7.5-5 所示。

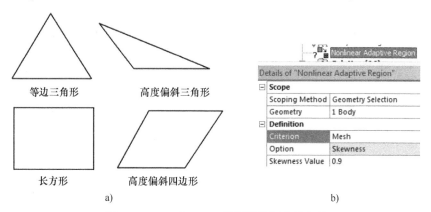

等边三角形　　高度偏斜三角形

长方形　　高度偏斜四边形

a)

b)

图 15.7.5-5　Skewness 理想形状和选项定义

a）理想形状对比　b）选项定义

$$Skewness = \frac{V_{reg} - V_{el}}{V_{reg}}$$

式中，V_{el} 为被计算单元的体积；V_{reg} 为标准四面体单元的体积。

雅可比默认值 0.1，理想值为 1，大于 0.7 可接受，质量较好，小于 0.5 时准确性不能保证。图 15.7.5-6 所示为各种单元形状的雅可比质量。

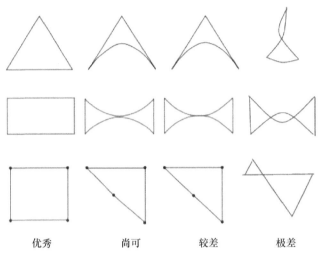

| 优秀 | 尚可 | 较差 | 极差 |

图 15.7.5-6　单元形状雅可比质量

3. 重划分点监测

重划分点监测【Check At】能够选择【Equally Spaced Points】以及【Specified Recurrence Rate】来进行重划分网格发生次数与频率的设定，如图 15.7.5-7 所示。

4. 时间范围

时间范围（Time Range）控制包括【Entire Load Step】和【Manual】两种形式。

当定义为【Manual】时，能够定义起始时间和结束时间，多组【Nonlinear Adaptive Region】的不同时间划分方法以及进行相应控制的激活或者抑制等，如图 15.7.5-8 所示。

图 15.7.5-7　重划分点监测

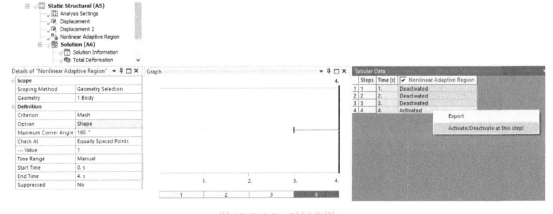

图 15.7.5-8　时间范围

5. 自适应网格控制技术

自适应网格控制技术【Nonlinear Adaptivity Remeshing Controls】能够对多选项进行设置，如图 15.7.5-9 所示。

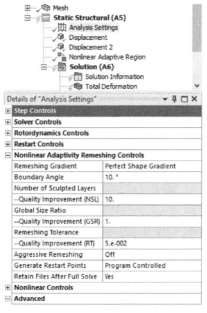

图 15.7.5-9　自适应网格控制技术

- 【Quality Improvement（NSL/GSR/RT）】：控制网格重划分去除扭曲。
- 【Refinement（NSL/GSR/RT）】：控制单元细化；
- 【Edge Splitting Angle（ESA）】：大于指定 Edge Angle 临界值时进行分割，分割节点将会自动保留并作为硬节点等。

自适应网格控制技术详细设计方法请进一步参阅帮助文档，此处略。

15.8　非线性瞬态动力学分析案例

15.8.1　工件翻边瞬态动力学计算案例

◇ 起始文件：exam/exam14-1/exam14-1_pre. wbpj
◇ 结果文件：exam/exam14-1/exam14-1. wbpj

Step 1　分析系统创建

启动 ANSYS Workbench 程序，浏览打开分析起始文件【exam15-1_pre.wbpj】，分析系统【Transient Structural】已经存在于项目流程图，该求解文件已经完成工程材料定义、网格划分、接触定义等前处理工作，本分析采用 2D 轴对称分析，选择 A3 几何单元格，设置分析类型为 2D 分析，如图 15.8.1-1 所示。

Step 2　工程材料数据定义

模具和底座金属结构采用默认材料结构钢【Structural Steel】，被翻边结构件材料 0Cr18Ni9 属性按照图 15.8.1-2 所示进行非线性材料的设置，其中非线性材料属性采用双线性等向强化理论。

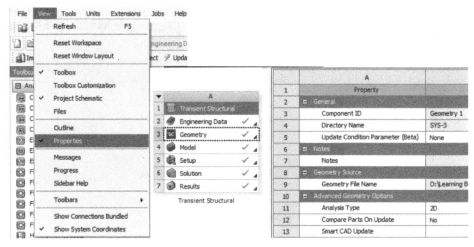

图 15.8.1-1　分析系统创建

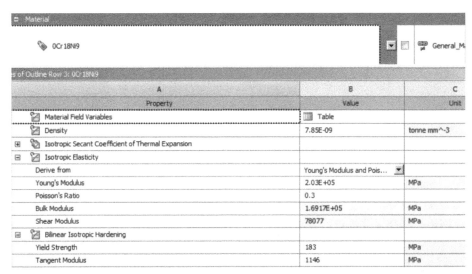

图 15.8.1-2　工程材料数据定义

Step 3　几何行为特性定义

双击项目【Modal（A4）】单元格，进入瞬态动力学求解环境。

单击导航树【Geometry】节点，几何体下共有 4 个零件，几何细节中修改 2D 行为为轴对称分析，结构件几何赋予 0Cr18Ni9 材料属性，其他 3 个零件材料属性保持默认的结构钢。注意模具1 和模具 2 几何先后用于模具翻边过程，如图 15.8.1-3 所示。

Step 4　接触关系定义

（1）右击导航树【Connections】，插入【Manual Contact Region】，建立手动接触对。共操作 3 次，建立 3 个接触对，接触对的几何均为边与边。

（2）如图 15.8.1-4 所示，建立模具 1 和结构件之间的接触关系为 Bonded（绑定）接触。

（3）如图 15.8.1-5 所示，建立结构件和模具 2 之间的接触关系为 Frictionless（无摩擦）接触。

（4）如图 15.8.1-6 所示，建立结构件和底座之间的接触关系为 Frictionless（无摩擦）接触。

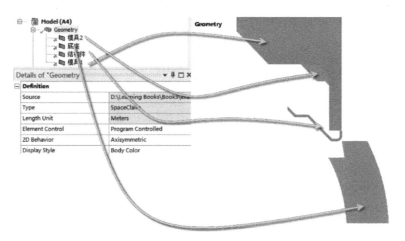

图 15.8.1-3　几何行为特性定义

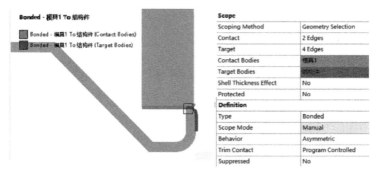

图 15.8.1-4　绑定接触设置

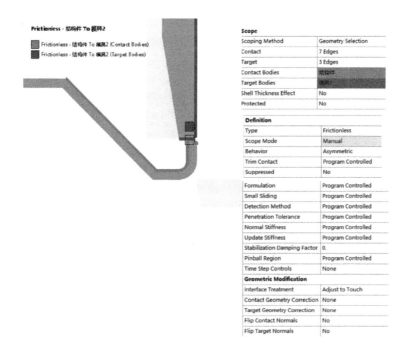

图 15.8.1-5　无摩擦接触设置 1

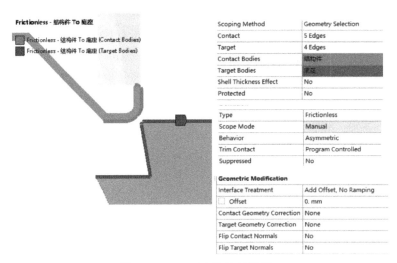

Scoping Method	Geometry Selection
Contact	5 Edges
Target	4 Edges
Contact Bodies	结构件
Target Bodies	底座
Shell Thickness Effect	No
Protected	No
Type	Frictionless
Scope Mode	Manual
Behavior	Asymmetric
Trim Contact	Program Controlled
Suppressed	No
Geometric Modification	
Interface Treatment	Add Offset, No Ramping
Offset	0. mm
Contact Geometry Correction	None
Target Geometry Correction	None
Flip Contact Normals	No
Flip Target Normals	No

图 15.8.1-6　无摩擦接触设置 2

Step 5　网格划分

（1）选择【Mesh】节点，在明细栏中设置总体网格要求，如图 15.8.1-7 所示。

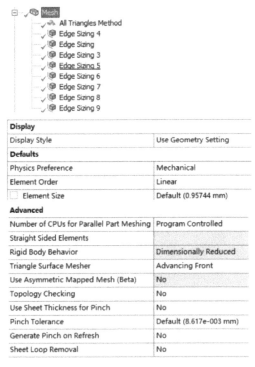

Display	
Display Style	Use Geometry Setting
Defaults	
Physics Preference	Mechanical
Element Order	Linear
Element Size	Default (0.95744 mm)
Advanced	
Number of CPUs for Parallel Part Meshing	Program Controlled
Straight Sided Elements	
Rigid Body Behavior	Dimensionally Reduced
Triangle Surface Mesher	Advancing Front
Use Asymmetric Mapped Mesh (Beta)	No
Topology Checking	No
Use Sheet Thickness for Pinch	No
Pinch Tolerance	Default (8.617e-003 mm)
Generate Pinch on Refresh	No
Sheet Loop Removal	No

图 15.8.1-7　网格定义全局控制

（2）右键插入【Method】，采用四面体划分方法，几何对象选择全部 4 个壳体零件。

（3）右击连续插入 8 次【Edge Sizing】，如图 15.8.1-8~图 15.8.1-15 所示，分别完成 8 次边单元尺寸的设置。

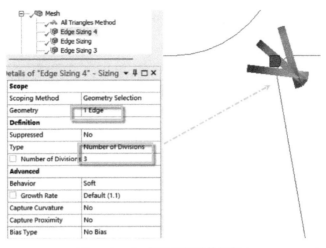

图 15.8.1-8　网格局部线体控制 1

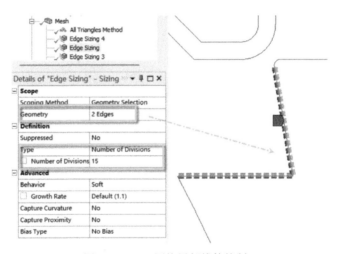

图 15.8.1-9　网格局部线体控制 2

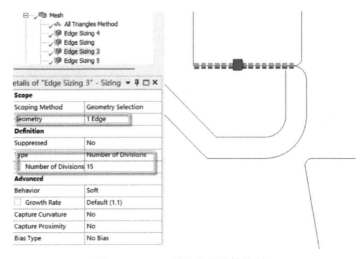

图 15.8.1-10　网格局部线体控制 3

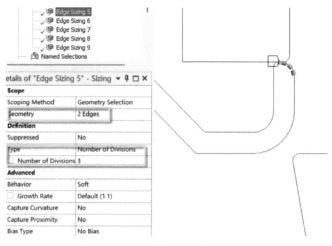

图 15.8.1-11　网格局部线体控制 4

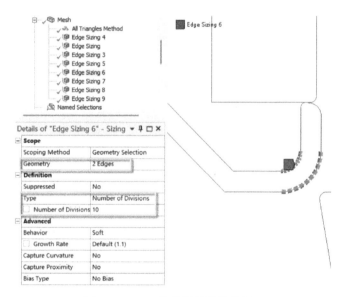

图 15.8.1-12　网格局部线体控制 5

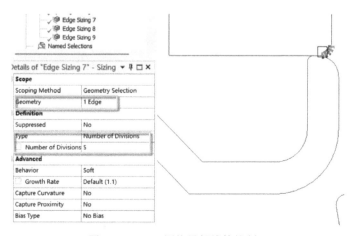

图 15.8.1-13　网格局部线体控制 6

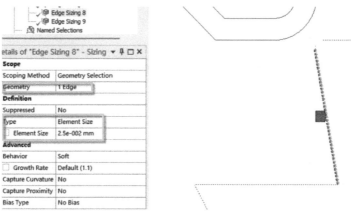

图 15.8.1-14　网格局部线体控制 7

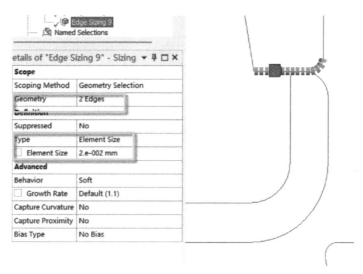

图 15.8.1-15　网格局部线体控制 8

Step 6　瞬态动力学分析设置

（1）【Analysis Settings】设置载荷步数量为 2，每个载荷步求解时间为 1s，激活自动时间步长控制，定义 Substeps，初始子步为 10，最小子步为 10，最大子步为 10000，时间积分效应用于控制惯性和阻尼计算特性，关闭时间积分效应等同于静力学计算。

（2）在【Analysis Settings】中开启求解控制选项：【Large Deflection】=【On】，保持其余选项为默认值，如图 15.8.1-16 所示。

Step 7　载荷与约束定义

选择【Transient（A5）】节点进行载荷与约束边界条件设置，计算中需要考虑不同模具进行结构件翻边工序的控制，用到单元生死功能、接触控制生死步骤等控制技术，如图 15.8.1-17 所示。

（1）选择【Transient（A5）】节点，右击后选择【Insert】→【Element Birth and Death】，在明细栏中【Geometry】选中"模具 1"零件几何，设置载荷步 2 杀死"模具 1"几何单元，设置过程如图 15.8.1-18 所示。

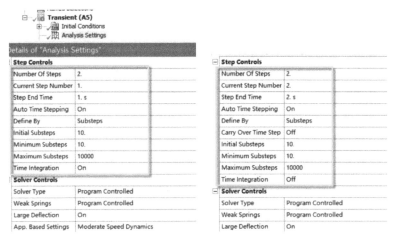

图 15.8.1-16　瞬态动力学分析设置

图 15.8.1-17　载荷与约束定义

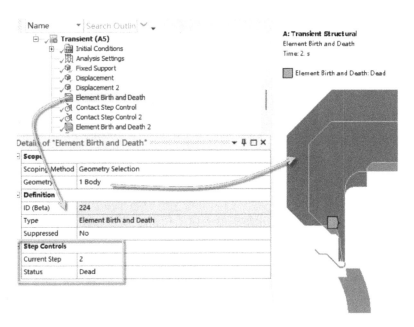

图 15.8.1-18　单元生死

（2）同理选择【Transient（A5）】节点，右击后选择【Insert】→【Element Birth and Death】，在明细栏中【Geometry】选中"模具 2"零件几何，设置载荷步 2 激活"模具 1"几何单元，即

瞬态动力学非线性问题

同上一步骤交换模具 1、2 对于结构件的翻边几何修改。

（3）选择【Transient（A5）】节点，右击后选择【Insert】→【Contact Step Control】，在明细栏中【Contact Region】选中"Bonded -模具 1 To 结构件"接触对，设置载荷步 2 杀死该接触对，如图 15.8.1-19 所示。

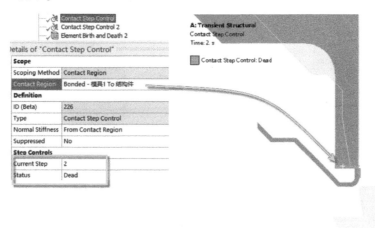

图 15.8.1-19　接触生死

（4）同理选择【Transient（A5）】节点，右击后选择【Insert】→【Contact Step Control】，在明细栏中【Contact Region】选中"Bonded -模具 1 To 结构件"接触对，设置载荷步 2 杀死该接触对，即同上一步骤交换模具 1、2 对于结构件的翻边接触对修改。

（5）选择【Transient（A5）】节点，右击后选择【Insert】→【Fixed Support】，在明细栏中【Geometry】选中底座几何结构最下边。

（6）选择【Transient（A5）】节点，右击后选择【Insert】→【Displacement】，在明细栏中【Geometry】选中图 15.8.1-20 所示模具 1 标记边，设置【Define By】=【Components】，采用全局坐标系，Y 方向位移量为 0、−1、−1.5。

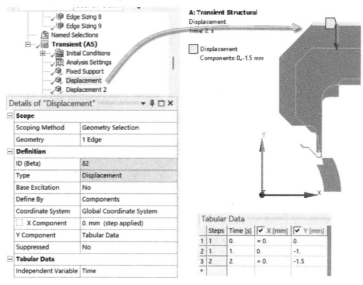

图 15.8.1-20　模具 1 位移载荷

（7）选择【Transient（A5）】节点，右击后选择【Insert】→【Displacement】，在明细栏中【Geometry】选中图 15.8.1-21 所示模具 2 标记边，栏设置【Define By】=【Components】，采用全局坐标系，Y 方向位移量为 0、-1、-1.5。模具 1 和模具 2 的加载位移量相同，通过单元生死和接触生死来控制与结构件之间的关系。

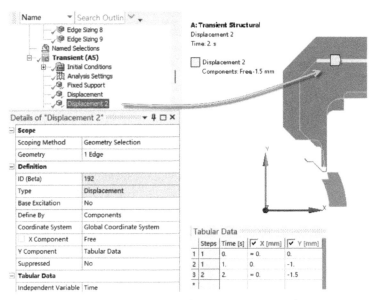

图 15.8.1-21　模具 2 位移载荷

Step 8　求解后处理

（1）选择【Solution（A6）】节点，右击后选择【Insert】→【Deformation】→【Total】，插入总变形，如图 15.8.1-22 所示。

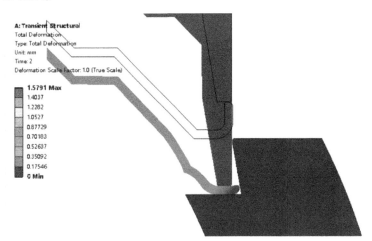

图 15.8.1-22　求解后处理 1

（2）在导航树【Solution（A6）】下，选择绘图窗口【Dome】零件，右击后选择【Insert】→【Stress】→【Equivalent】→【von-Mises】，插入等效应力，如图 15.8.1-23 所示。

（3）可以通过周期对称扩展进行 2D 轴对称计算的周期扩展，如图 15.8.1-24 所示为进行 90°周期扩展的计算结果。

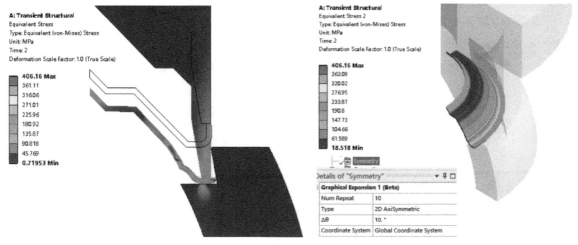

图 15.8.1-23　求解后处理 2　　　　　图 15.8.1-24　周期扩展

（4）如图 15.8.1-25 所示进行动画播放，能够显示翻边过程中模具几何、结构件、底座之间的作用过程、单元生死以及接触关系变化。

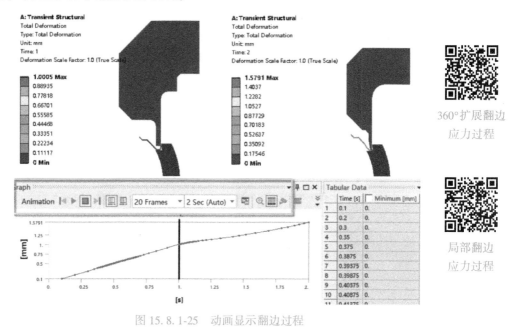

360°扩展翻边
应力过程

局部翻边
应力过程

图 15.8.1-25　动画显示翻边过程

15.8.2　密封圈挤压瞬态动力学计算案例

◇ 起始文件：exam/exam15-2/exam15-2_pre. wbpj
◇ 结果文件：exam/exam15-2/exam15-2. wbpj

Step 1　分析系统创建

启动 ANSYS Workbench 程序，浏览打开分析起始文件【exam15-2_pre. wbpj】，分析系统【Transient Structural】已经存在于项目流程图，该求解文件已经完成工程材料定义、网格划分、接触定义等前处理工作。

Step 2 工程材料数据定义

金属结构部分采用默认材料结构钢【Structural Steel】。橡胶密封材料 seal_ring 属性采用【Mooney-Rivlin 2 Parameter】形式,如图 15.8.2-1 所示。

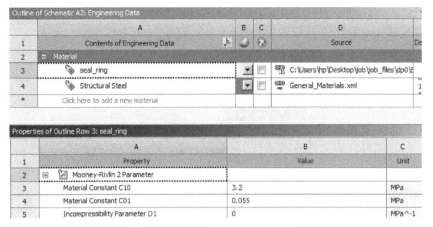

图 15.8.2-1　工程材料数据定义

Step 3 几何行为特性定义

双击项目【Model（A4）】单元格,进入瞬态动力学求解环境。

单击导航树【Geometry】节点,几何体下共有 3 个零件,注意几何细节修改为轴对称分析,将 seal_ring 材料赋予"密封"几何,其他两个零件材料属性保持默认,注意 2D 行为是轴对称计算行为,如图 15.8.2-2 所示。

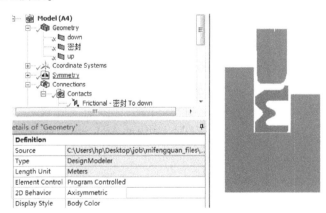

图 15.8.2-2　几何行为特性定义

Step 4 接触关系定义

（1）右击导航树【Connections】,插入【Manual Contact Region】,建立手动接触对。

（2）共操作 7 次,建立 7 个接触对。其中设置 2 组摩擦接触对,接触刚度手动设为 0.1;设置 5 组无摩擦接触,其中 3 组为自接触设置,模拟密封压缩过程中的内部接触关系。接触对的几何均为边与边接触。接触设置步骤如图 15.8.2-3~15.8.2-6 所示。

（3）如图 15.8.2-7 所示,开启工具栏上的【Thicken】和【Body Views】选项,有助于观察和显示接触对的几何体;开启【Explode】将会为模型之间引入一定的视觉间隙,方便几何接触观察,【RESET】按钮用于复原显示。

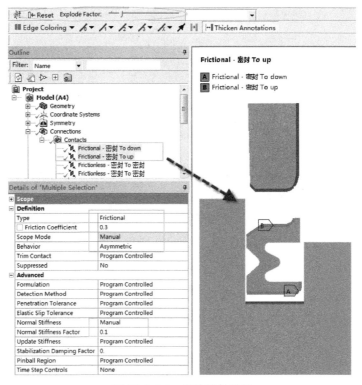

图 15.8.2-3　摩擦接触设置

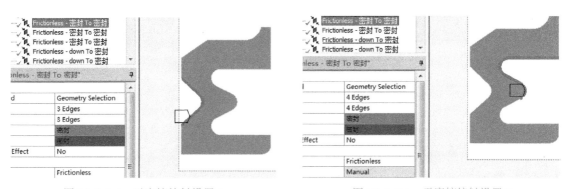

图 15.8.2-4　无摩擦接触设置 1

图 15.8.2-5　无摩擦接触设置 2

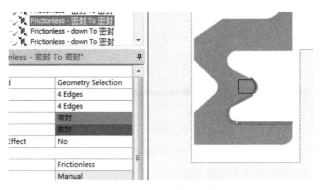

图 15.8.2-6　无摩擦自接触设置

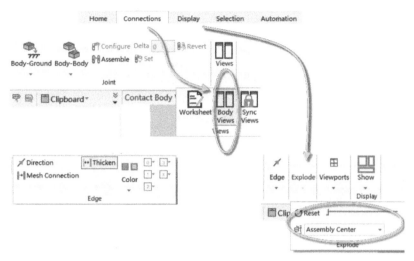

图 15.8.2-7　显示选项控制

Step 5　网格划分

（1）选择【Mesh】节点，在明细栏中设置总体网格要求，如图 15.8.2-8 所示。

Display	
Display Style	Use Geometry Setting
Defaults	
Physics Preference	Mechanical
Element Order	Program Controlled
Element Size	1.1854 mm
Sizing	
Use Adaptive Sizing	No
Growth Rate	Default (1.2)
Mesh Defeaturing	Yes
Defeature Size	0.11854 mm
Capture Curvature	Yes
Curvature Min Size	0.23708 mm
Curvature Normal Angle	Default (30.0°)
Capture Proximity	Yes
Proximity Min Size	0.23708 mm
Num Cells Across Gap	Default (3)
Proximity Size Function Sources	Faces and Edges
Size Formulation (Beta)	Program Controlled
Bounding Box Diagonal	58.31 mm
Average Surface Area	359.71 mm²
Minimum Edge Length	1.1076 mm
Enable Size Field (Beta)	No

图 15.8.2-8　网格定义全局控制

（2）右击插入【Method】，采用四面体划分方法，几何选择"密封"零件。

（3）右击插入【Edge Sizing】，选择"密封"零件的 4 条边，设置类型为【Number of Divisions】= 12，如图 15.8.2-9 所示。

Step 6　约束定义

（1）选择【Transient（A5）】节点，右击后选择【Insert】→【Fixed Support】，在明细栏中【Geometry】选中图 15.8.2-10 中 A 标记的边。

（2）选择【Transient（A5）】节点，右击后选择【Insert】→【Displacement】，在明细栏中

【Geometry】选中图 15.8.2-10 中 B 标记的边，修改【Define By】=【Components】，采用全局坐标系，Y 方向位移量为-7.5。

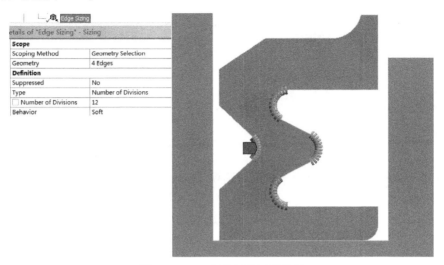

图 15.8.2-9　网格划分局部控制

Step 7　瞬态动力学分析设置

（1）在【Analysis Settings】中设置载荷步数量为 1，载荷步求解时间为 1s，激活自动时间步长控制，定义子步，初始子步为 20，最小子步为 20，最大子步为 5000，关闭时间积分效应（关闭时间积分效应去除惯性和阻尼计算特性，等同于静力学计算）。

（2）在【Analysis Settings】求解控制选项中设置【Large Deflection】=【On】，保持其余选项为默认值，如图 15.8.2-11 所示。

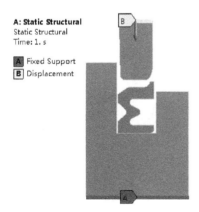

图 15.8.2-10　约束定义

图 15.8.2-11　瞬态动力学分析设置

Step 8　求解后处理

（1）选择【Solution（A6）】节点，右击后选择【Insert】→【Deformation】→【Total】，插入总变形【Total Deformation】。

（2）在【Solution（A6）】节点下选择绘图窗口中的"密封"零件，右击后选择【Insert】→【Stress】→【Equivalent】→【von-Mises】，插入"密封"零件的等效应力，求解并后处理，如图 15.8.2-12 所示。

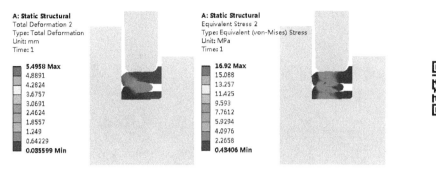

图 15.8.2-12　总变形和等效应力

（3）选择【Solution（A6）】节点，右击后选择【Insert】→【Contact Tool】，再次选择【Contact Tool】，插入【Status】和【Pressure】，获得接触状态和接触压力计算结果，如图 15.8.2-13 所示。

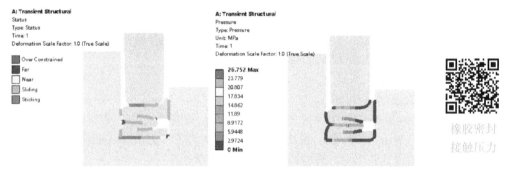

图 15.8.2-13　接触结果后处理

（4）对 2D 对称轴进行周期扩展计算，图 15.8.2-14 所示为 90°周期扩展计算结果。

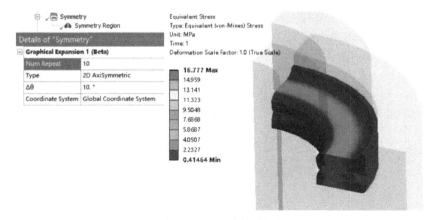

图 15.8.2-14　周期扩展

15.9　本章小结

本章详细介绍瞬态动力学分析非线性计算问题，包括金属材料本构、超弹体材料本构、几何非线性、接触非线性等，给出两个案例进行仿真计算建模过程的设置说明。

第 16 章

显式动力学分析

16.1 显式动力学分析基础

16.1.1 显式动力学分析目的

显式动力学分析（Explicit Dynamics）具有丰富的先进材料模型，可以用来求解高速运动和高度非线性动力学问题，解决大范围接触、大变形问题，典型应用是跌落、冲击和穿透等计算。

显式动力学分析和隐式动力学分析的本质不同是执行动力学分析的时间积分方法不同，显式时间积分在部分求解计算应用中更准确、有效。

（1）电子产品应用：组件载荷传递交互、冲击跌落故障测试。

（2）航空航天应用：鸟撞结构响应。

（3）结构安全应用：结构冲击损伤程度量化、结构生存能力判定、能量吸收量化。

（4）国防科技应用：穿甲侵入、爆炸冲击。

（5）体育用品应用：能量吸收、变形、反力研究等。

显式求解计算问题激励时间量级较短，准静态问题分析时间以 s 计，跌落时间量级以 0.1s 计，穿甲和侵入以 0.01s 作为时间量级，爆炸量级为 0.001s，超高速冲击碰撞为 0.0001s，如图 16.1.1-1 所示。ANSYS Workbench 软件平台显式动力学分析模块包括【Explicit Dynamics】【AUTODYN】【Workbench LS-DYNA】，本章主要进行【Explicit Dynamics】模块的计算说明。

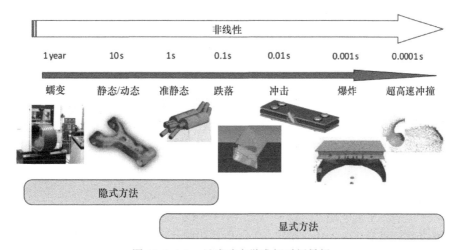

图 16.1.1-1　显式动力学求解时间量级

16.1.2 显式计算方法

1. 最小时间步长确定条件

显式动力学求解器使用中心差分法进行时间积分，显式时间积分方程直接求解，不需要收敛检验，求解没有迭代、不存在收敛困难问题，除非单元扭曲或能量误差发生。求解唯一需求是寻求一种稳定条件，通过【Courant-Friedrichs-Lewy（CFL）】条件进行确定，限制时间步长使应力波在单个时间步长中不超过最小单元特征长度。显式时间积分的最大时间步长与声速成反比，与材料密度成反比，质量越大，时间步长越大，则计算时间越短。

$$\Delta t \leqslant f \cdot \left[\frac{h}{c} \right]_{min}$$

式中，f 为安全系数；h 为单元长度；c 为材料内传播速度，$c = \sqrt{E/\rho}$。

在求解计算中通常设置质量放缩进行求解时长控制。

（1）【Mass Scaling】：质量比例，人工增加单元的质量，以增加允许的最大稳定时间步长。

（2）【Automatic Mass Scaling】：自动质量缩放，仅适用于那些稳定时间步长小于指定值的单元。如果一个模型包含相对较少的小单元，这是减少完成显式动力学计算所需时间的一种有效方式。

2. 网格算法

（1）拉格朗日网格算法框架：默认分析的所有实体都以拉格朗日网格进行求解。拉格朗日网格算法对体进行网格离散，求解过程中每个单元质量前后保持一致，网格与体变形同步，是大多数结构模型最有效和准确的仿真方法。

（2）欧拉网格算法框架：欧拉网格算法框架提供模拟短时间结构与流体相互作用的计算能力，例如爆炸和晃动计算，如图 16.1.2-1 所示为跌落液体晃动问题计算。

需要确保指配给欧拉几何的材料能使用欧拉求解器，一般包括所有各向同性属性，包括实体、液体和气体。欧拉参考网格指定如图 16.1.2-2 所示。

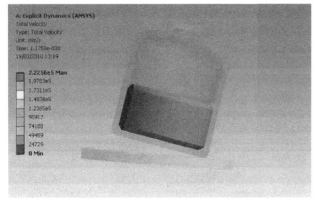

图 16.1.2-1 跌落液体晃动问题计算

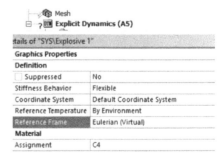

图 16.1.2-2 欧拉参考网格指定

16.2 定义装配体连接关系

装配体连接关系涉及【Body Interactions】（仅用于隐式）、【Contact】【Joints】【Spot Welds】【Springs/Dampers】等，如图 16.2-1 所示。

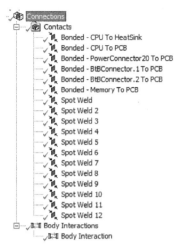

图 16.2-1　装配体连接关系

其中除【Body Interactions】外，其余装配体连接关系定义方式与 Mechanical 中的隐式动力学设置方法类似，此处不重复说明。

16.2.1　接触侦测

接触侦测【Contact Detection】方法包括【Trajectory】（默认）和【Proximity Based】两种，如图 16.2.1-1 所示。

（1）【Trajectory】算法：如果节点和面的轨迹相交，则认为检测到接触时间发生。接触节点和接触表面在分析之初可以分离或者重合。

（2）【Proximity Based】算法：基于接近度进行接触设置。将网格的外表面、边缘和节点进行接触检测区域封装。如果节点落入这个检测区域，将使用惩罚函数来进行排斥。

Advanced	
Contact Detection	Trajectory
Formulation	Penalty
Sliding Contact	Discrete Surface
Shell Thickness Factor	1.
Nodal Shell Thickness	Yes
Body Self Contact	Program Controlled
Element Self Contact	Program Controlled
Tolerance	0.2

图 16.2.1-1　接触侦测【Contact Detection】

其他相关选项如下。

（1）【Formulation】：包括 Penalty Formulation 和 Decomposition Response 两种算法。默认采用 Penalty Formulation，如果检测到接触建立就计算惩罚力，将接触的节点推回至接触表面。

惩罚力计算公式为：

$$F = 0.1 \cdot \frac{M_N M_F}{M_N + M_F} \cdot \frac{D}{\Delta t^2}$$

式中，D 为侵入深度；M_N 为节点有效质量；M_F 为面有效质量；Δt 为步长时间。

Decomposition Response 算法首先检测同一时间点发生的所有接触，然后计算系统响应，以保持动量和能量守恒。过程中力的计算确保节点和面的位置在该时间点不会相互穿透。

Decomposition Response 算法相比 Penalty Formulation 算法可能导致更大的沙漏能和能量误差。

（2）【Shell Thickness Factor】：壳厚度因子（STF），定义用于接触壳的（表面体）厚度。1.0 考虑真实物理壳厚度，这意味着接触面位于壳中间平面两侧真实壳厚度一半的地方。0 系数表示壳体没有接触厚度，接触面位于壳体中间平面。

（3）【Nodal Shell Thickness】：用于考虑两接触表面之间的厚度或者两接触体之间的厚度。如果设定为 No，按照"接触状态 1"进行接触状态模拟，否则按照"接触状态 2"进行接触状态模拟。

1）接触状态 1：厚度为 δ_1 和 δ_2 的两个壳体部件不会在距离（$\delta_1/2 + \delta_2/2$）处发生接触，但会在距离为最大壳体厚度的一半处发生接触，如图 16.2.1-2 所示。

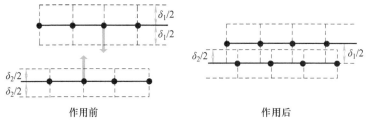

图 16.2.1-2　接触状态 1

2）接触状态 2：启用节点壳厚度后，两个壳件接触距离将为（$\delta_1/2 + \delta_2/2$），如图 16.2.1-3 所示。

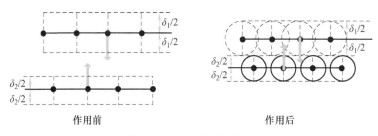

图 16.2.1-3　接触状态 2

（4）【Body Self Contact】：默认情况下接触检测算法将检查是否与同一零件之间进行接触。除明确判断出零件不会发生自接触外，都建议采用默认设置。

（5）【Element Self Contact】：如果一个单元变形后使得节点在其单元面的公差范围内表现为侵蚀，该选项将自动删除这个单元，如图 16.2.1-4 所示。

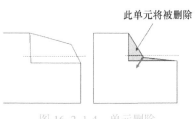

图 16.2.1-4　单元删除

（6）【Pinball Factor】：定义接触检测区域（间隙）的大小。最小单元尺寸乘以这个因子得到接触检测区域的物理尺寸。设定值在 0.1 到 0.5 之间选择，值越小，计算就越准确。必须定义初始几何形状/网格，以便模型相互作用的节点和面之间存在用于接触检测区域计算的物理间隙值。

惩罚力计算公式为：

$$F = 0.1 \cdot \frac{M_N M_F}{M_N + M_F} \cdot \frac{D}{Gap \cdot \Delta t}$$

（7）【Timestep Safety Factor】：默认时间步长安全系数为 0.2，最大值 0.5 可能增加时间步长并减少运行时间，但可能会遗漏接触关系。时间步长基于所有接触节点的最大速度进行计算，受到限制时间步长速度 Limiting Timestep Velocity 的限制。

（8）【Edge on Edge Contact】：可用于扩展接触检测以确定是否进行包括边对边的接触，标准检测是节点对面或者面对面。

16.2.2　相互体作用

相互体作用（Body Interaction）包括四种类型，如图 16.2.2-1 所示。

（1）【Frictionless】：设置任何节点在范围内与其他外部节点、面的无摩擦滑动特性。

（2）【Frictional】：定义总摩擦系数如下。

$$\mu=\mu_d+(\mu_s-\mu_d)e^{-\beta v}$$

式中，μ_s 为静摩擦系数；μ_d 为动摩擦系数；β 为衰减常数；v 为接触点相对滑动速度。

（3）【Bonded】：将对偏移距离内所选的面进行绑定，必须与【Trajectory】一起使用。基于应力评价标准，在求解计算过程中绑定可以断开失效，如图 16.2.2-2 所示。

绑定失效计算涉及【Bonded】连接的每个节点的有效法向应力和剪应力的组合值。如果计算组合值超过失效条件，则绑定释放。

$$\left(\frac{\sigma_n}{\sigma_n^{\text{limit}}}\right)^n+\left(\frac{|\sigma_s|}{\sigma_s^{\text{limit}}}\right)^m\geqslant 1$$

（4）【Reinforcement】：主要用于实体几何的离散增强。【Reinforcement】将把模型中的所有线体单元转换为实体的离散增强单元，这些增强单元仍然是标准梁单元，单元变形过程中增强梁节点被约束为在实体单元内保持相同的位置。增强单元如图 16.2.2-3 所示。

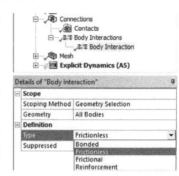

图 16.2.2-1　相互体作用的类型

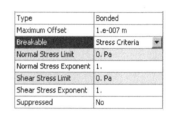

图 16.2.2-2　绑定失效

图 16.2.2-3　增强单元

16.2.3　接触定义

显式动力学分析的接触定义类似于隐式动力学分析，但是显式动力学分析不支持【No Separation】【Rough】两种接触定义方式。接触定义相关内容参阅第 15 章瞬态动力学非线性问题，此处略。

16.2.4　运动副

显式动力学支持部分运动副的计算设置，对于运动副求解计算内容的说明，参阅第 13 章刚体动力学分析，此处略。

16.2.5 焊点

焊点工具【Spot Weld】可以用于连接两个独立点来模拟焊缝、铆钉、螺栓等，如图 16.2.5-1 所示。

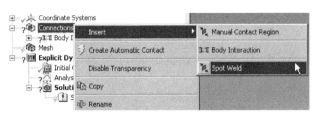

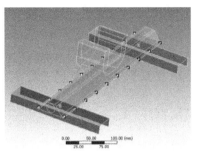

图 16.2.5-1 焊点工具

焊点几何需要在 SCDM 或者 DM 模块中进行定义，点（顶点）通常属于两个不同的几何表面，激活工具时对应点由刚性梁单元自动连接创建焊点模型。

焊点支持使用应力准则、力载荷准则两种形式来进行焊点能力失效的判定，焊点失效定义如图 16.2.5-2 所示。

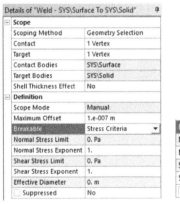

图 16.2.5-2 焊点失效定义

$$\left(\frac{|f_n|}{S_n}\right)^n + \left(\frac{|f_s|}{S_s}\right)^s \geqslant 1$$

式中，f_n 和 f_s 为法向和剪应力；S_n 和 S_s 为法向和剪切力极限；n 和 s 为法向和剪应力指数。应力标准使用有效直径将应力极限转换为等效力极限。

零距离的焊点定义是允许的，需要对失效准则进行修正设计，采用焊点位置全局坐标系下的 3 个方向力分量进行修正。

$$\sqrt{\frac{\Delta F_X^2 + \Delta F_Y^2 + \Delta F_Z^2}{S_n^2 + S_s^2}} \geqslant 1$$

16.2.6 弹簧阻尼

显式动力学分析支持弹簧/阻尼定义，请参阅第 13 章刚体动力学分析描述，此处略。

16.3 定义初始条件

默认情况下显示动力学分析系统所有零件处于休眠、无约束和无应力状态，至少需要一个初始条件、约束或载荷施加在模型上。

1. 速度初始条件

速度初始条件可以使用速度、角速度、跌落高度来进行模拟，如图 16.3-1 所示。可以对全局或局部笛卡儿坐标系下的单个或多个物体施加速度和角速度。如果角速度和直线速度应用于同一物体，则初始速度将计算两速度之累加值。

2. 预应力

可以引入静力学分析求解结果作为显式动力学分析的预应力（Pre-stressing）。预应力作用包括位移（Displacements）和材料状态（Material State）两种形式。

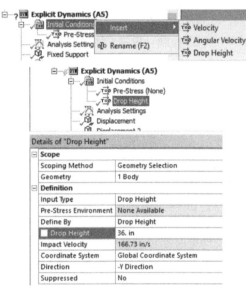

（1）【Displacements】：位移，如图 16.3-2 所示，时间步长系数【Time Step Factor】默认值为100。这是从静态分析中将显式节点移到静力学分析位置的时间步数；时间【Time】默认设置为结

图 16.3-1 速度初始条件

束时间，用于从隐式静态解中提取结果中的时间。该选项将静态结构计算节点位移结果初始化于显式分析节点位置，将显式节点位移转换为预定时间内恒定的节点速度，从每个预定义时间步长的节点速度计算单元应力/应变，直到达到节点位移的位置。

（2）【Material State】：材料状态，在周期开始就进行节点位移、单元应力/应变、塑性应变和节点速度等的初始化。材料状态预应力初始化默认为【From Deformed State】来自变形状态，从节点位移计算压缩，初始压力来自单元的压缩；【From Stress Trace】指初始压力来自隐式解的单元应力，如图 16.3-3 所示。

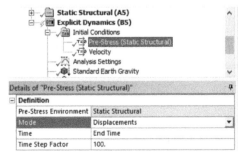

图 16.3-2 定义初始位移条件

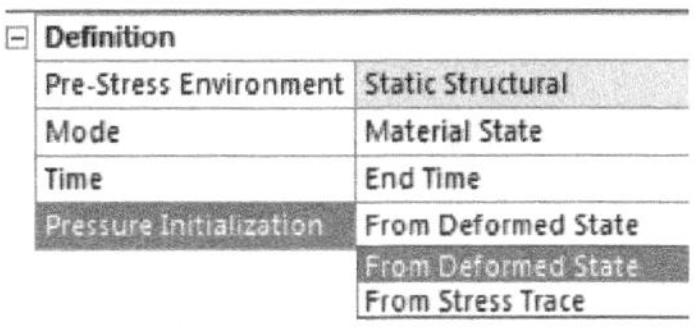

图 16.3-3 材料状态【Material State】

16.4　求解分析设置

16.4.1　求解参考

求解参考【Analysis Settings Preference】类型包括：
- 低速：用于速度低于 100m/s。
- 高速：用于速度高于 100m/s。
- 效率：寻求最小求解时间。
- 准静态：准静态仿真模拟。
- 跌落：专有跌落计算模块。
- 程序控制：根据求解状态自动选择合适的计算方法保证求解稳定性。

16.4.2　载荷步控制

载荷步控制如图 16.4.2-1 所示。

（1）【Number Of Steps】和【Current Step Number】：用于定义载荷步和当前载荷步信息。采用多个计算步骤定义载荷和边界条件，可以利用时间点激活/停用进行载荷与边界条件在每一步骤中的控制。

（2）【Resume From Cycle】：指定启动求解周期（时间步长），默认开始时间为 0、周期为 0。指定的数值用于指定如何延长结束时间以继续进行计算，任何模型其他特性更改，例如几何抑制、连接、负载等，都不能被再次用于重启循环。

（3）【Maximum Number of Cycles】：指定允许的最大循环次数（时间增量），达到指定的值将停止计算。

（4）【End Time】：用于指定模拟运行时间，是求解设置唯一必须输入的数值。

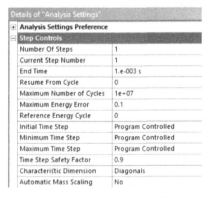

图 16.4.2-1　载荷步控制

（5）【Maximum Energy Error】：如果能量误差超过最大值，求解计算将停止。

（6）【Reference Energy Cycle】：定义求解器计算参考能量的循环。

（7）【Initial Time Step】：程序控制的初始时间步长自动设置为最小初始单元稳定时间步长的 1/2。

（8）【Minimum Time Step】：如果时间低于最小时间步长则模拟停止。程序控制设置最小时间步长为初始时间步长的 1/10。

（9）【Maximum Time Step】：指定最大时间步长，或采用求解器稳定时间步长。

（10）【Time Step Safety Factor】：用于计算稳定性的时间步长，默认值为 0.9。

（11）【Automatic Mass Scaling】：对较小单元进行质量放大以增大时间步长。

16.4.3　求解控制设置

求解控制设置如图 16.4.3-1 所示。

（1）【Solve Units】：为了保证精度，只允许使用 mm、mg、ms。

（2）【Beam Solution Type】：默认为梁单元，可以修改为桁架（杆）单元。

（3）【Beam Time Step Safety Factor】：用于确保梁单元的计算稳定性。

（4）【Hex Integration Type】：六面体积分类型默认为【Exact】，采用 1pt 高斯设置会更快。

（5）【Shell Sublayers】：定义通过厚度积分点计算弯矩、应力，默认 3 层能满足计算精度，通过增加厚度可以更好地考虑塑性能力表现。

（6）【Shell Shear Correction Factor】：外壳剪切修正系数。单元横向剪切假设在厚度上不变，对该修正系数赋值，用于控制均匀的横向剪切应力响应，建议采用默认值。

（7）【Shell BWC Warp Correction】：扭曲修正系数，建议设置为【Yes】。

（8）【Shell Thickness Update】：用于控制壳单元的厚度更新形式。【Nodal】形式在节点上计算壳厚度的变化，而【Elemental】用于在单元积分点进行厚度更新。

Details of "Analysis Settings"	
⊞ Analysis Settings Preference	
⊞ Step Controls	
⊟ Solver Controls	
Solve Units	mm, mg, ms
Beam Solution Type	Bending
Beam Time Step Safety Factor	0.5
Hex Integration Type	Exact
Shell Sublayers	3
Shell Shear Correction Factor	0.8333
Shell BWC Warp Correction	Yes
Shell Thickness Update	Nodal
Tet Integration	Average Nodal Pressure
Shell Inertia Update	Recompute
Density Update	Program Controlled
Minimum Velocity	1.e-006 m s^-1
Maximum Velocity	1.e+010 m s^-1
Radius Cutoff	1.e-003
Minimum Strain Rate Cutoff	1.e-010

图 16.4.3-1　求解控制设置

（9）【Tet Integration】：四面体单元积分方式，【Average Nodal Pressure】为包括平均节点压力积分，不具有体积自锁性，用于大多数大变形和不可压缩行为的模拟，推荐使用大多数为四面体的网格；【Constant Pressure】指完整恒压四面体，效率高但是不能完全克服体积自锁。

（10）【Shell Inertia Update】：进行旋转中心惯性主轴的更新。【Recompute】为默认算法，较为精确，每个计算周期都进行更新计算。【Rotate】算法更快速。

（11）【Density Update】：【Program Controlled】指根据单元变形的速率和范围决定是否需要更新；【Incremental】主要用于大变形，强制求解器进行增量求解；【Total】使用重新计算单元体积和质量的密度，主要应用于小变形问题。

（12）【Minimum Velocity】：分析计算中允许的最小速度。低于最小速度的模型速度直接设置为 0。

（13）【Maximum Velocity】：分析计算中允许的最大速度。模型速度达到最大速度后，不再继续增加。

（14）【Minimum Strain Rate Cutoff】：在分析中允许的最小应变率，模型应变率下降到此值以后，将被设置为零。适用于大多数计算分析。对于准静态和低速问题，可能需要降低。

16.4.4　欧拉域控制

欧拉域控制【Euler Domain Controls】如图 16.4.4-1 所示。

⊞ Analysis Settings Preference	
⊞ Step Controls	
⊞ Solver Controls	
⊟ Euler Domain Controls	
Domain Size Definition	Program Controlled
Display Euler Domain	Yes
Scope	All Bodies
X Scale factor	1.2
Y Scale factor	1.2
Z Scale factor	1.2
Domain Resolution Definiti	Total Cells
Total Cells	2.5e+05
Lower X Face	Flow Out
Lower Y Face	Flow Out
Lower Z Face	Flow Out
Upper X Face	Flow Out
Upper Y Face	Flow Out
Upper Z Face	Flow Out
Euler Tracking	By Body

⊞ Analysis Settings Preference	
⊟ Step Controls	
Number Of Steps	1
Current Step Number	1
End Time	1.e-003 s
Resume From Cycle	0
Maximum Number of Cycles	1e+07
Maximum Energy Error	0.1
Reference Energy Cycle	0
Initial Time Step	Program Controlled
Minimum Time Step	Program Controlled
Maximum Time Step	Program Controlled
Time Step Safety Factor	0.666
Characteristic Dimension	Diagonals
Automatic Mass Scaling	No

图 16.4.4-1　Euler Domain Controls

（1）【Domain Size Definition】：用来控制主体欧拉域的大小。默认坐标比例因子为1.2。

（2）【Domain Resolution Definition】：用于控制总的网格数量和各个方向的网格数量和大小。【Total Cells】为总网格数量大小，默认为2.5e5；【Cell Size】设定网格大小；【Cells Per Component】为方向上的网格数量。

（3）【Euler Boundary Conditions】：定义矩形欧拉域的每个边界。【Flow Out】开放面允许任何到达边界的材料以恒定的速度流出；【Rigid】将区域的外部边界作为一个刚性壁；【Impedance】的作用与【Flow Out】相同。

（4）【Time Step Safety Factor】：欧拉求解器需要更小的时间步长来保持计算稳定，可将时间步长安全系数设置为0.666或更小。

16.4.5 阻尼

对实体的强烈冲击会导致材料中形成冲击波。引入黏性项处理与这些冲击相关流变量的不连续性，会将冲击波的不连续效果扩展到几个单元上，即使在冲击波形成和增长之后，也允许继续计算平滑解。

如图16.4.5-1所示为阻尼控制项，其中有三种阻尼可用于显式动力学分析.

1. 人工黏度（Artificial Viscosity）

引入人工黏度防止波形成和传播造成的不稳定性。

（1）【Linear Artificial Viscosity】：人工黏度线性（一次）系数，该系数用于平滑网格上的冲击不连续性定义，默认为0.2。

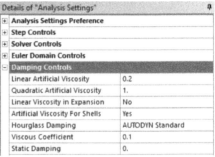

图 16.4.5-1　阻尼控制项

（2）【Quadratic Artificial Viscosity】：人工黏度二次系数，用于减少不连续性振荡，一般默认为1。

$$
\begin{cases}
q = \rho\left[\left(C_Q d\left(\dfrac{\dot{V}}{V}\right)\right)^2 - C_L C\left(\dfrac{\dot{V}}{V}\right)\right], & \dfrac{\dot{V}}{V} < 0 \\
q = 0, & \dfrac{\dot{V}}{V} > 0
\end{cases}
$$

式中，C_Q为人工黏度二次系数；C_L为人工黏度一次系数；ρ为材料密度；C为材料的声速；d为单元长度比例；$\dot{V}/V$为体积变化率。

2. 沙漏阻尼（Hourglass Damping）

沙漏阻尼用于控制六面体单元和壳体单元中的"沙漏"问题。如图16.4.5-2所示，左侧图即使单元扭曲，两对角线也保持相同长度。如果这种扭曲发生在相连的几个单元上，会出现像右侧所示的单元排列状态，形状类似沙漏，表现为"沙漏不稳定"。

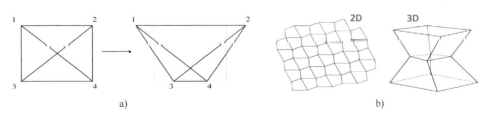

图 16.4.5-2　沙漏不稳定

对于六面体单元，有两种公式。

（1）AUTODYN Standard：生成与节点速度差成比例的沙漏力。

$$F_H = C_H \rho C V^2 \cdot f_{KF}(\dot{X})/3$$

式中，F_H 为单元节点上的沙漏力向量；C_H 为黏性系数；ρ 为材料密度；C 为材料的声速；V 为材料体积；$f_{KF}(\dot{X})$ 为与沙漏变形矢量一致的单元节点速度的矢量方程。

（2）Flanagan Belytschko：在刚体旋转条件下保持不变，沙漏作用力总和为零。建议用在预测六面体单元将发生大旋转的模拟计算中。单元节点速度的向量方程与线速度场和刚体场均正交。

$$F_H = C_H \rho C V^2 \cdot f_{FB}(\dot{X})/3$$

式中，$f_{FB}(\dot{X})$ 为与线速度场和刚体场均正交的单元节点速度的矢量方程。

Viscous Coefficient 为黏性系数，通常在 0.05~0.15 之间变化，默认值为 0.1。

3. 静态阻尼（Static Damping）

利用静态阻尼选项可以得到一个静态平衡解。引入一个与节点速度成正比的阻尼力，寻求静态系统最低振模态振荡的临界阻尼，需要判断何时达到这种平衡状态。如果系统最低振动模态周期为 T，可以预估大约 $3T$ 时间内能收敛到静态平衡态。T 的合理估计能够确保收敛到平衡状态，如果 T 值不准确，那么建议高估它，而不是低估它。

最低振动模态的临界阻尼的静阻尼值为：

$$R_d = \frac{2\Delta t/T}{1+2\pi\Delta t/T}$$

16.4.6　侵蚀控制

侵蚀控制（Erosion Controls）是在模拟过程中自动去除（删除）单元的一种数值机制。可用于模拟材料的断裂、切割和渗透。可以防止退化以去除非常扭曲的单元，排除小单元来确保时间步长保持足够大的增量，确保求解过程继续完成等。侵蚀控制如图 16.4.6-1 所示。

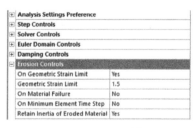

图 16.4.6-1　侵蚀控制

（1）【On Geometric Strain Limit】：当单元的有效（几何）应变超过几何应变极限时，单元认为有侵蚀。典型值范围为 0.5~2.0，在大多数情况下可以使用默认值 1.5。

有效应变由主应变分量计算：

$$\varepsilon_{eff} = \frac{2}{3}\left[\left| (\varepsilon_{xx}^2 + \varepsilon_{yy}^2 + \varepsilon_{zz}^2) - (\varepsilon_{xx}\varepsilon_{yy} + \varepsilon_{yy}\varepsilon_{zz} + \varepsilon_{zz}\varepsilon_{xx}) + 3(\varepsilon_{xy}^2 + \varepsilon_{yz}^2 + \varepsilon_{zx}^2) \right| \right]^{1/2}$$

（2）【On Material Failure】：当材料失效时，该单元会立即被侵蚀。如果损伤值达到 1.0，使用损伤模型的单元将被侵蚀掉。材料失效控制如图 16.4.6-2 所示。部分材料失效模型如下所示，对于材料失效本构的理论请参阅帮助文件，略。

- Plastic Strain Failure：塑性应变失效。

- Principal Stress Failure：主应力失效。
- Principal Strain Failure：主应变失效。
- Stochastic Failure：随机失效。
- Tensile Pressure Failure：拉伸压力失效。
- Crack Softening Failure：裂纹软化失效。
- Johnson-Cook Failure：Johnson-Cook 失效。
- Grady Spall Failure：分极剥落失效。

（3）【Minimum Element Time Step】：局部单元时间步长乘以时间步长安全系数低于最小单元时间步长时，单元进行侵蚀。最小单元时间步长失效控制如图 16.4.6-3 所示。

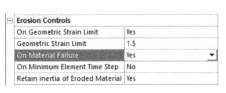

图 16.4.6-2　材料失效控制　　　　　图 16.4.6-3　最小单元时间步长失效控制

（4）【Retain Inertia of Eroded Material】：如果网格中连接到一个节点的所有单元都被侵蚀，则可以保留生成的自由节点的惯性。自由节点的质量和动量被保留下来，并可以参与随后的冲击事件，从而在系统中传递动量。如果此选项设置为【No】，则所有自由节点将自动从模拟中删除。

16.4.7　输出控制

输出控制【Output Controls】如图 16.4.7-1 所示。

1. Save Results on

（1）【Equally Spaced Points】：指定存档间隔数量，默认为 20 次。

（2）【Cycles】：指定一个循环频次，达到这个循环频次进行存档。

（3）【Time】：指定时间值，每达到该时间值进行一次存档。

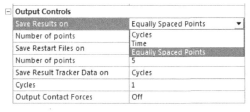

图 16.4.7-1　输出控制

2. Save Restart Files on

重启动文件包含求解器运行（或重新启动）模拟所需的所有信息。【Equally Spaced Points】【Cycles】【Time】具体设置方式同上，默认情况下为指定结束时间终止的求解计算生成 5 个重启动文件。

3. Save Result Tracker Data on

结果跟踪器文件包含探测的时间历史数据。默认每个周期都会记录结果跟踪器数据，对于长时间运行的模拟可能需要增加保存宽度，减少存储次数。

（1）【Cycles】：指定一个循环频次，达到这个循环频次进行存档。

（2）【Time】：指定时间值，每达到该时间值进行一次存档。

4. Output Contact Forces

（1）【Equally Spaced Points】：指定存档间隔数量。

（2）【Cycles】：指定一个循环频次，达到这个循环频次进行存档。

（3）【Time】：指定时间值，每达到该时间值进行一次存档。

（4）【Off】：不进行输出。

16.4.8　体控制

分析设置是适用于全局几何单元的控制技术，而体控制【Body Control】对象能够基于自身需求进行分析环境的定义，如图 16.4.8-1 所示。

（1）允许对模型特定区域进行不同的单元积分方式控制和壳体、实体几何阻尼控制。

（2）适用于特定区域需要校正速度、精度的大型组装结构。

16.4.9　跌落分析推荐设置

合适的跌落分析设置可以提高速度和改善精度，如图 16.4.9-1 所示，包括关闭元件自交互、关闭部件自交互、打开 1 点高斯六面体、对于过小单元使用质量缩放、改变/增加沙漏阻尼、加入摩擦体相互作用/接触等。

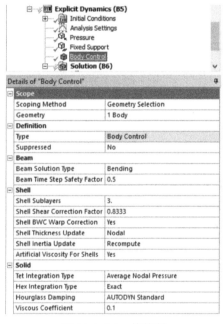

图 16.4.8-1　体控制

图 16.4.9-1　跌落分析推荐设置

16.5　约束、载荷、求解与后处理

16.5.1　约束与载荷

1. 通用载荷与约束

（1）支持加速度、自重、压力、静水压力、力、远程力、线压力、运动载荷、爆破点等。

（2）支持固定约束、位移约束、远端位移、速度、简支约束、固定转动约束、阻抗边界等。

2. 显式动力学独有载荷与约束

（1）【Detonation Point】：适用于实体几何，用于定义炸药被引爆的位置。需要定义爆炸时间、瞬时燃烧选项。

（2）【Impedance Boundary】：允许传递波向外传递，而不会在网格边界处反射。用于进行类似空气爆炸、水下和地下爆炸等。只处理波速的法向分量，平行于边界的速度分量将被忽略，边界设置应远离计算关注区域。

16.5.2 求解与后处理

1. 求解信息

提供 5 个求解信息输出选项，在计算运行中进行求解计算状态的监视，如图 16.5.2-1 所示。

（1）【Solver Output】：求解输出，显示模拟进度，包括循环、警告或错误消息、剩余计算时长估计等。

（2）【Time Increment】：时间增量，显示时间步长如何随时间变化。

（3）【Energy Conservation】：能量守恒，显示系统总能量如何随时间变化而守恒。

（4）【Momentum Summary】：动量指示，显示系统动量如何随时间变化，内能之和应等于所完成的外部功。

（5）【Energy Summary】：能量指示，显示系统能量成分如何随时间变化，沙漏能量应该小于系统总能量的 10%。

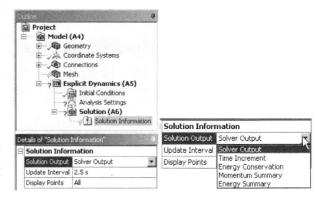

图 16.5.2-1　求解信息

2. 计算结果

（1）Result Trackers：如果计算高频响应，跟踪器上的结果中高频振荡可以被过滤。跟踪器计算结果输出在求解之前进行设定。结果跟踪器示例如图 16.5.2-2 所示。

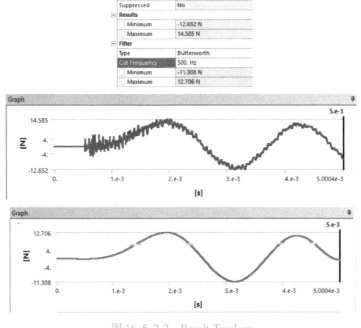

图 16.5.2-2　Result Trackers

（2）Result Plot Trackers：随着求解的进展实时监测变形、应力或应变过程，如图 16.5.2-3 所示。

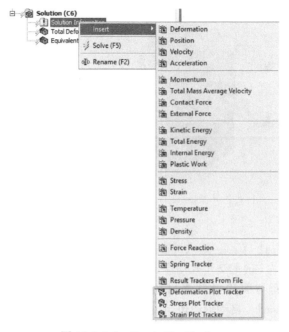

图 16.5.2-3　Result Plot Trackers

16.6　显式动力学案例

16.6.1　易拉罐挤压喷洒计算案例

◇ 起始文件：exam/exam16-1/exam16-1_pre.wbpj
◇ 结果文件：exam/exam16-1/exam16-1.wbpj

Step 1　分析系统创建

启动 ANSYS Workbench 程序，浏览打开分析起始文件【exam16-1_pre.wbpj】。分析系统【Explicit Dynamics】已经建立，显式动力学求解已经完成材料定义、网格划分等工作内容。

Step 2　工程材料数据定义

金属结构采用工程数据【Engineering Data（A2）】"General Materials Non-linear"材料库中的铝合金【Aluminum Alloy NL】，单击后面的"+"按钮进行材料添加。

气体和水材料采用工程数据【Engineering Data（A2）】"Explicit_Materials"材料库中的【Air】和【Water】，单击后面的"+"按钮进行材料添加。

Step 3　几何行为特性定义

双击单元格【Model（A4）】，进入 Mechanical 显式动力学分析环境。

导航树【Geometry】节点下包括 6 组几何，如图 16.6.1-1 所示，易拉罐体包含 can1 和 can2 壳体几何，厚度为 0.5mm，中面偏执方法采用【Middle】，易拉罐材料采用铝合金【Aluminum Alloy NL】；压块结构包括 3 个 punch 几何结构，均设置成刚体行为几何特性，同时设置其几何材料为默认结构钢；易拉罐内的气体和液体采用实体建模，计算参考框架修改为欧拉体，如

255

图 16.6.1-2 所示。

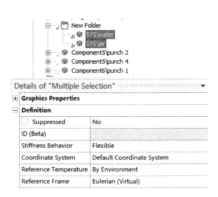

图 16.6.1-1　几何行为特性定义　　　　　　　　图 16.6.1-2　参考框架行为特性定义

Step 4　定义接触对

（1）右击【Connections】节点，插入【Connection Group】，选择【Contacts】节点，【Scope】项的【Geometry】选择名为 can 的 2 个几何零件，修改接触对自动侦测控制中的边与边接触关系【Edge/Edge】=【Yes】，面与面接触关系【Face/Face】=【No】，再次右击【Contacts】，选择【Create Automatic Connection】，自动创建边与边的接触对，不修改接触对类型，默认为【Bonded】接触关系。

（2）修改接触对失效准则【Breakable】=【Stress Criteria】，正应力极限为 25MPa，剪应力极限为 12.5MPa，正应力与剪应力指数均为 1，如图 16.6.1-3 所示。

（3）保持导航树下【Body Interactions】默认的接触关系设定，不做修改。

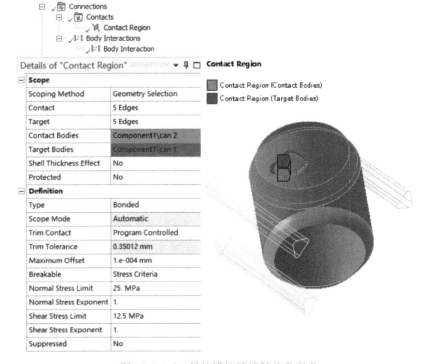

图 16.6.1-3　易拉罐拉环接触关系定义

Step 5　网格划分

（1）选择【Mesh】节点，明细栏设置单元阶次为线性：【Element Order】→【Linear】（线弹性计算推荐高阶单元，此处考虑计算速度与存储采用低阶单元）。【Sizing】项设置【Resolution】为2级，转化过渡【Transition】=【Fast】，跨度中心角【Span Angle Center】=【Medium】。【Advanced】项设置为采用前沿推进法：【Triangle Surface Mesher】=【Advancing Front】。

（2）右击【Mesh】，插入3次【Method】、4次【Body Sizing】。

（3）选中3个punch几何，修改明细栏【Method】=【Patch Conforming Method】，设置单元尺寸为5mm。

（4）选中气体和液体2个几何，修改明细栏【Method】=【MultiZone Quad/Tri】，修改【Surface Mesh Method】=【Uniform】，设置单元尺寸为7.5mm。

（5）选中易拉罐外壳2个壳体几何，修改明细栏【Method】=【All Triangles Method】，分别设置can1壳体单元尺寸为7.5mm以及can2壳体单元尺寸为4mm。

（6）创建2次【Edge Sizing】进行边网格定义，指定易拉罐拉环边分段均为4mm。

Step 6　载荷与约束定义

（1）选择【Explicit Dynamics（A5）】节点，右击后选择【Initial Conditions】→【Insert】→【Velocity】，明细栏【Geometry】选中1个punch，施加速度20000mm/s。

（2）选择【Explicit Dynamics（A5）】节点，右击后选择【Initial Conditions】→【Insert】→【Velocity】，明细栏【Geometry】选中其余2个punch，施加速度10000mm/s，如图16.6.1-4所示。

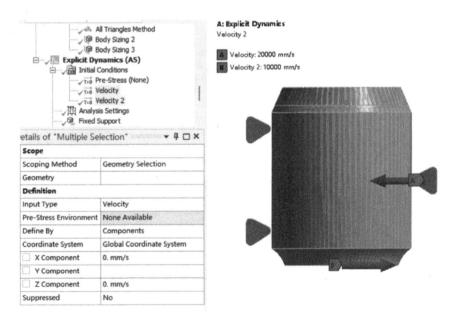

图 16.6.1-4　施加初始速度

（3）选择【Explicit Dynamics（A5）】节点，右击后选择【Insert】→【Fixed Support】，明细栏【Geometry】选中易拉罐底面，如图16.6.1-5所示。

Step 7　显式动力学分析设置

在【Analysis Settings】中设置求解时间为0.001s，修改欧拉域（Euler Domain）控制尺寸，同时勾选材料失效准则定义为【Yes】，其他选项保持默认设置，如图16.6.1-6所示。

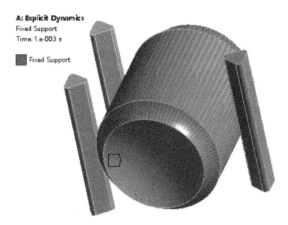

图 16.6.1-5　施加约束

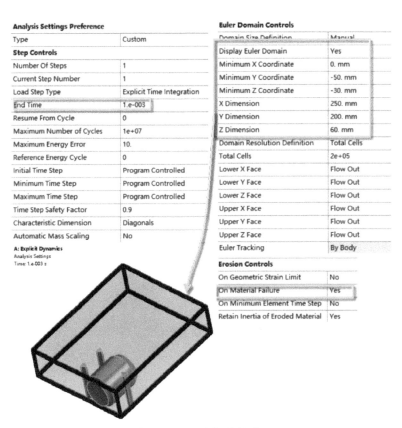

图 16.6.1-6　求解分析设置

Step 8　求解与后处理

（1）单击选中导航树【Solution（B6）】节点，右击后选择【Insert】→【Deformation】→【Total】，插入总变形【Total Deformation】和应力【Equivalent Stress】等。

（2）易拉罐体应力【Equivalent Stress】计算结果如图 16.6.1-7 所示，能够观测到易拉罐拉环顶开、气体和液体喷出的过程。

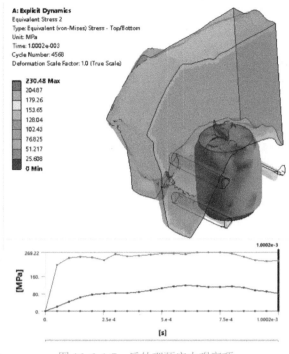

应力-视角 1

应力-视角 2

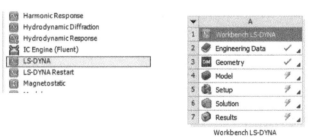

图 16.6.1-7　后处理预应力观察项

16.6.2　刀具机加工显式动力学计算案例

◇ 起始文件：exam/exam16-2/exam16-2_pre.wbpj
◇ 结果文件：exam/exam16-2/exam16-2.wbpj

Step 1　创建分析系统

启动 ANSYS Workbench 程序，浏览打开分析起始文件【exam16-2_pre.wbpj】。如图 16.6.2-1 所示，分析系统【Workbench LS-DYNA】已存在于项目流程图，已经完成本分析计算需要的材料定义、几何行为定义、网格划分、接触控制等。本计算系统采用 LS-DYNA 分析模块进行，求解计算原理类似 Explicit Dynamics 分析系统计算方法。

图 16.6.2-1　创建分析系统

Step 2　工程材料数据定义

计算刀具材料采用默认材料结构钢【Structural Steel】。

创建新材料【Mat】，如图 16.6.2-2 所示，考虑 Johnson Cook Strength 强度准则与 Plastic Strain Failure 塑性应变失效准则。

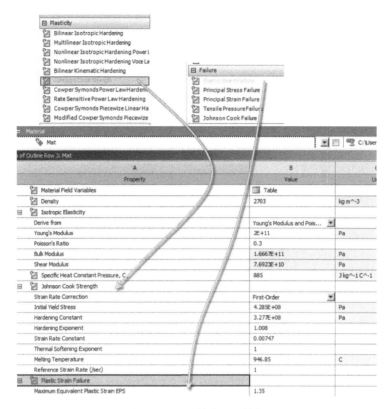

图 16.6.2-2　创建工程材料

Step 3　几何行为特性定义

双击单元格【Model（A4）】，进入 Mechanical 显式动力学分析环境。导航树【Geometry】节点下包括 Mat 结构几何实体体素和 Knife 结构几何实体体素，对 Knife 结构进行刚体化模型处理，将【Mat】材料赋予 Mat 结构几何，钢结构材料指定给 Knife 结构几何。

Step 4　Body Interaction 定义

相互作用详细设置中，选择静摩擦系数为 0.1，动摩擦系数为 0.2，如图 16.6.2-3 所示。

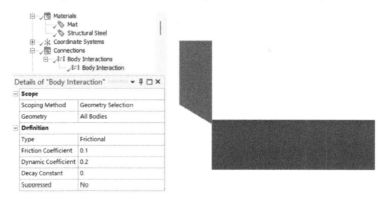

图 16.6.2-3　相互作用定义

Step 5　网格划分

（1）选择【Mesh】节点，在明细栏设置单元阶次为线性：【Element Order】→【Linear】。

（2）右击【Mesh】插入 7 次【Edge Sizing】，分别对刀具和工件的边进行单元尺寸设置，具体参阅准备文件，略。

Step 6　显式分析设置

在【Analysis Settings】中设置求解结束时间为 0.001s，其他设置保持默认。

Step 7　载荷与约束定义

（1）选择【LS-DYNA（A5）】节点，右击后选择【Insert】→【Fixed Support】，明细栏【Geometry】选中 Mat 几何的底面。

（2）选择【LS-DYNA（A5）】节点，右击后选择【Insert】→【Displacement】，明细栏【Geometry】选中 Knife 几何整个体元素。

（3）选择【LS-DYNA（A5）】节点，右击后选择【Insert】→【Displacement】，明细栏【Geometry】选中 Mat 几何左右两个侧面。

（4）选择【LS-DYNA（A5）】节点，右击后选择【Insert】→【Rigid Body Constraint】，明细栏【Geometry】选中 Knife 几何体，如图 16.6.2-4 所示，不约束 X 方向位移，其他自由度均进行 Fixed 约束。

图 16.6.2-4　刚体约束

（5）选择【LS-DYNA（A5）】节点，右击后选择【Insert】→【Contact Properties】，明细栏【Type】选中【Eroding】选项，其他保持默认。

Step 8　求解及后处理

（1）选择【Solution（A6）】节点，右击后选择【Insert】→【Solve】完成显式动力学模块求解。

（2）选择【Solution（A6）】节点，右击后选择【Insert】→【Stress】，插入 Equivalent（von-Mises）Stress，结果如图 16.6.2-5 所示。

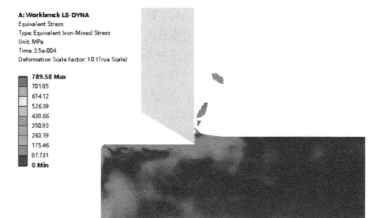

切削过程应力状态

图 16.6.2-5　切削应力过程

（3）选择【Solution（A6）】节点，右击后选择【Insert】→【Deformation】，插入变形评价，求解获得切削过程变形结果，略。

16.6.3 吸附冲击显式动力学计算案例

◇ 起始文件：exam/exam16-3/exam16-3_pre. wbpj
◇ 结果文件：exam/exam16-3/exam16-3. wbpj

Step 1　分析系统创建

启动 ANSYS Workbench 程序，浏览打开分析起始文件【exam16-3_pre. wbpj】。分析系统【Explicit Dynamics】已经建立于项目流程图中，该显式动力学求解计算系统已经完成材料定义、网格划分、接触定义等工作内容。

Step 2　工程材料数据定义

计算材料采用线弹性材料数据，材料数据本构简单，对于【Engineering Data（A2）】单元格材料库定义数据不进行说明，可参阅求解准备文件。

Step 3　几何行为特性定义

双击单元格【Model（A4）】，进入 Mechanical 显式动力学分析环境。

导航树【Geometry】节点下包括 7 组实体几何，其中接触桥、上下垫块等同类型几何结构在 SCDM 中进行组件共享处理，处理后 Model 将存放在共享组件中方便查看。

Step 4　定义接触对

（1）右击【Connections】节点插入【Connection Group】，重复生成 6 次【Contacts】。

（2）选择第 1 组【Contacts】，【Scope】项的【Geometry】选择名为"接触桥"和"下部垫块"的 6 个几何零件，再次选择【Explicit Dynamics（A5）】节点，右击【Contacts】后选择【Create Automatic Connection】，自动创建接触对，不修改接触对类型，默认为【Bonded】接触关系，完成 2 个接触桥和 4 个下部垫块接触关系的定义。

（3）选择第 2 组【Contacts】，【Scope】项的【Geometry】选择名为"外壳"和"上部垫块"的 5 个几何零件，再次选择【Explicit Dynamics（A5）】节点，右击【Contacts】后选择【Create Automatic Connection】，自动创建接触对，不修改接触对类型，默认为【Bonded】接触关系，完成 1 个外壳和 4 个下部垫块接触关系的定义。

（4）选择第 3 组【Contacts】，【Scope】项的【Geometry】选择名为"下部垫块"和"上部垫块"的 8 个几何零件，再次选择【Explicit Dynamics（A5）】节点，右击【Contacts】后选择【Create Automatic Connection】，自动创建接触对，修改接触对类型为【Frictional】，静摩擦系数为 0.15，完成 4 个上部垫块和 4 个下部垫块之间共 4 个接触关系的定义。

（5）同理完成第 4 组销轴和支撑件之间 1 个绑定接触关系的定义。

（6）选择第 5 组【Contacts】，【Scope】项的【Geometry】选择名为"弹片"和"外壳"的 3 个几何零件，再次选择【Explicit Dynamics（A5）】节点，右击【Contacts】后选择【Create Automatic Connection】，自动创建接触对，修改接触对类型为【Frictional】，静摩擦系数为 0.15，完成 2 个弹片和外壳之间共 2 个接触关系的定义。

（7）选择第 6 组【Contacts】，【Scope】项的【Geometry】选择名为"弹片"和"销轴"的 3 个几何零件，再次选择【Explicit Dynamics（A5）】节点，右击【Contacts】后选择【Create Automatic Connection】，自动创建接触对，修改接触对类型为【Frictional】，静摩擦系数为 0.15，完成 2 个弹片和销轴之间共 2 个接触关系的定义。

（8）右击【Connections】节点插入【Spring】，按照图 16.6.3-1 所示设置弹簧安装和行为。

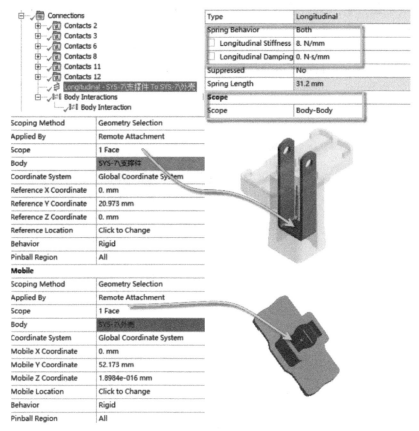

图 16.6.3-1　弹簧定义

（9）保持导航树下【Body Interactions】默认的接触关系设定，不做修改。

Step 5　网格划分

（1）选择【Mesh】节点，在明细栏设置单元阶次为线性：【Element Order】→【Linear】（线弹性计算推荐高阶单元，案例考虑计算速度与存储采用低阶单元）。【Sizing】项设置：【Resolution】为 2 级，转化过渡【Transition】=【Fast】，跨度中心角【Span Angle Center】=【Medium】。【Advanced】项设置采用前沿推进法：【Triangle Surface Mesher】=【Advancing Front】。

（2）右击【Mesh】插入 6 次【Method】、6 次【Body Sizing】。

（3）选中外壳几何，修改明细栏【Method】=【Patch Conforming Method】，设置单元尺寸为 2mm。

（4）选中销几何，修改明细栏【Method】=【MultiZone Quad/Tri】，修改【Surface Mesh Method】=【Uniform】，设置单元尺寸为 1.25mm。

（5）选中 8 个上、下垫块几何，修改明细栏【Method】=【MultiZone Quad/Tri】，修改【Surface Mesh Method】=【Uniform】，修改【Sweep Element Size】= 1.5mm，设置体单元尺寸为 1.75mm。

（6）选中支撑件几何，修改明细栏【Method】=【MultiZone Quad/Tri】，修改【Surface Mesh Method】=【Uniform】，修改【Sweep Element Size】=2mm，设置体单元尺寸为 1.5mm。

（7）选中 2 个弹片几何，修改明细栏【Method】=【MultiZone Quad/Tri】，修改【Surface Mesh Method】=【Uniform】，修改【Sweep Element Size】=1mm，设置体单元尺寸为 1.25mm。

（8）选中 2 个接触桥几何，修改明细栏【Method】=【MultiZone Quad/Tri】，修改【Surface Mesh Method】=【Uniform】，修改【Sweep Element Size】=2mm，设置体单元尺寸为 1.25mm；插入【Face Meshing】，定义 2 个表面为网格映射表面，并制定面单元尺寸为 2mm；插入 3 次【Edge Sizing】进行边的分段定义，指定短边分段均为 3 份，长边为 7 份，如图 16.6.3-2 所示。

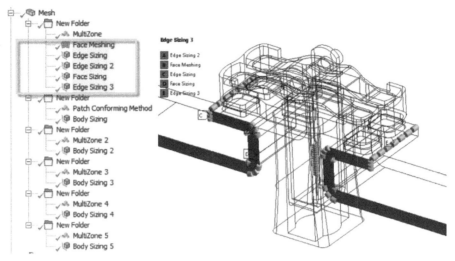

图 16.6.3-2 网格划分

Step 6 载荷与约束定义

（1）选择【Explicit Dynamics（A5）】节点，右击后选择【Initial Conditions】→【Insert】→【Velocity】，明细栏【Geometry】选中 1 个外壳加 4 个上部垫块，施加初始速度 1300mm/s，如图 16.6.3-3 所示。

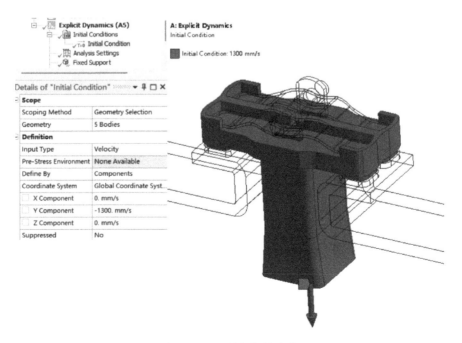

图 16.6.3-3 施加初始速度

264

（2）选择【Explicit Dynamics（A5）】节点，右击后选择【Insert】→【Fixed Support】，明细栏【Geometry】选中接触桥内侧支撑面共 2 面，如图 16.6.3-4 所示。

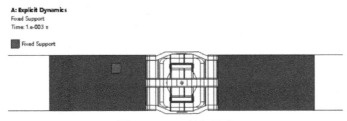

图 16.6.3-4　施加约束

Step 7　显式动力学分析设置

在【Analysis Settings】中设置求解时间为 0.001s，修改【Automatic Mass Scaling】=【Yes】，对较小单元进行质量放大以增大时间步长。

Step 8　求解与后处理

（1）单击选中导航树【Solution（B6）】节点，右击后选择【Insert】→【Deformation】→【Total】，插入总变形【Total Deformation】和应力【Equivalent Stress】等。

（2）接触桥应力【Equivalent Stress】计算结果如图 16.6.3-5 所示，确定求解关注时间，获得对应几何冲击过程中的最大应力。

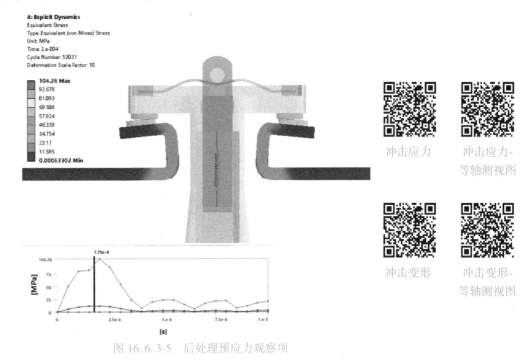

图 16.6.3-5　后处理预应力观察项

16.7　本章小结

本章主要介绍显式动力学分析计算理论、计算方法、分析求解设置方法等，给出计算案例进行显式动力学分析设置过程说明。

第 17 章

转子动力学分析

17.1　转子动力学分析概述

旋转机械如涡轮机械、航空设备、船舶推进装置等对现代工业发展起着重要作用。转子动力学计算和模拟研究能够检查发动机、飞行器等旋转机械故障而降低维修成本、避免生命危险，能够研究非常小的转子与定子的间隙问题，能够确定柔性轴承支架导致的转子不稳定问题等。

转子动力学的特点是转子旋转产生横向力和力矩，因为加工、装配精度制约而存在不平衡力和力矩，载荷频率与转速频率相同将会引起振动，同时陀螺力矩作用于转子导致其固有频率随转速变化，部分轴承刚度、阻尼特性也会随转速变化而变化导致不稳定。因此转子动力学主要计算分析的问题包括确定临界速度、预测转子系统稳定性、计算不平衡响应以及进行瞬态启动、停止研究等。

17.1.1　转子动力学运动控制方程

通用转子动力学运动控制方程如下：

$$M\ddot{u}+(C+G)\dot{u}+(K+B)u=F(t)$$

式中，M 为结构质量矩阵；C 为结构阻尼矩阵；K 为结构刚度矩阵；$F(t)$ 为随时间变化的载荷函数；u、$\dot{u}$、$\ddot{u}$ 为分别对应节点位移、速度和加速度矢量；G 为取决于旋转速度的反对称陀螺矩阵，获取垂直于旋转轴的旋转自由度的陀螺效应；B 为旋转阻尼矩阵，取决于旋转速度，改变结构刚度，并可能产生不稳定的运动。

17.1.2　转子动力学分析类型

转子动力学分析没有单独的求解模块，通过模态分析、谐响应分析、瞬态分析进行对应特性研究。

（1）转子模态获得坎贝尔图确定临界速度和平衡等。

（2）转子不平衡分析用于计算同步响应或异步激励等。

（3）转子瞬态动力学分析研究瞬态负载结构响应或旋转组件的启停响应等。

17.2　转子动力学模态分析

17.2.1　转子动力学模态分析基本概念

1. Jeffcott 转子

这一部分以最简单的 Jeffcott 转子进行转动状态和非转动状态陀螺效应的讨论。给出两种 Jeffcott 转子：Jeffcott 柔性转子，安装在非常"坚硬"的轴承上，转轴相比轴承和支撑"柔软"很多；Jeffcott 刚性转子，安装在非常"柔软"的轴承上，转轴比轴承和支撑"坚硬"很多。

（1）非转动状态 Jeffcott 转子：轴承刚度与轴刚度之比对模态形状有很大影响，非转动状态不考虑旋转运动，没有陀螺效应，如图 17.2.1-1 所示。

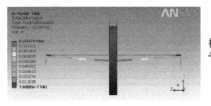 模态1，42Hz
 模态1，20.5Hz
 模态2，165Hz
 模态2，81Hz

a) b)

图 17.2.1-1　非转动状态 Jeffcott 转子

a）Jeffcott 柔性转子　b）Jeffcott 刚性转子

（2）转动状态 Jeffcott 转子：假定机器旋转并采用径向对称轴承，所有径向硬度相同，转子中心轨迹画圆具有陀螺效应，如图 17.2.1-2 所示。

 BW，153Hz
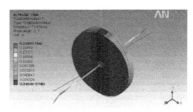 BW，72.6Hz
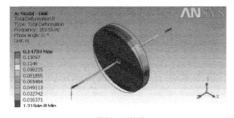 FW，169Hz
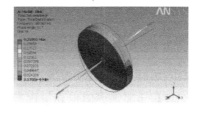 FW，88.9Hz

a) b)

图 17.2.1-2　转动状态 Jeffcott 转子

a）Jeffcott 柔性转子　b）Jeffcott 刚性转子

2. 陀螺效应

对于 Z 轴为旋转轴的高速转动部件，其对称轴被迫在空间中改变方位时（对称轴被迫进动），转动部件会对约束作用一个附加力偶，这种现象称为陀螺效应，附加力矩是陀螺力矩，陀螺矩阵是斜对称矩阵。

3. 涡动

旋转结构以共振频率振动，取转动轴上某一点观测，它会表现为在一根轨道上运动，称为涡动，如图 17.2.1-3 所示。绕轴旋转方向如果与转动速度方向相同，称为向前涡动（FW），反之称为向后涡动（BW）。旋转轴上节点稳定的运动轨迹（迹线）通常是椭圆的。随着转速增加，频率会根据旋转方向增加或减少，这是由于向前涡动和向后涡动的陀螺效应不同。

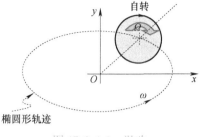

图 17.2.1-3　涡动

4. 临界转速

临界转速是共振频率对应转速，当激励频率达到固有频率时出现临界转速。Mechanical 通过在坎贝尔图上计算频率曲线和激励交点得到临界转速，如图 17.2.1-4 所示。

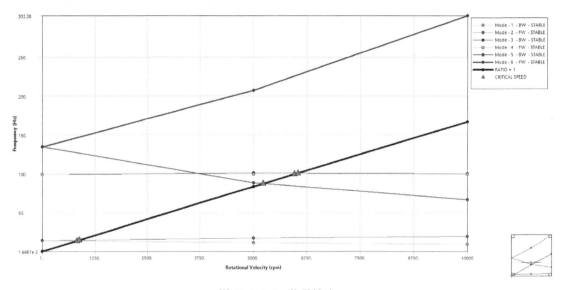

图 17.2.1-4　临界转速

17.2.2　转子动力学模态分析方法

1. 分析设置

转子动力学模态分析的目的是确定结构稳定性，计算获得坎贝尔图确定临界转速等指标。

求解器控制主要考虑阻尼和求解器类型匹配，如图 17.2.2-1 所示。阻尼模态分析适用于转子动力学分析，程序控制选项大多数情况下会自动选择最优求解器。

（1）【Reduced Damped】：对称或非对称阻尼系统，能够提取系统阻尼产生的复特征值，适用于 100 万以上自由度的提取或者 100 个以下模态的提取。

（2）【Full Damped】：对称或非对称阻尼系统，支持高达约 20 万自由度的提取或 100 个模态的提取。

自由线性阻尼振动运动方程如下：

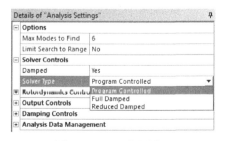

图 17.2.2-1　分析设置

$$M\ddot{u} + C\dot{u} + Ku = 0$$

阻尼模态特征值复杂，涉及陀螺效应自旋结构或阻尼结构特征频率问题，特征解复数表达式为

$$\overline{\lambda_i} = \sigma_i \pm j\omega_i$$

如图 17.2.2-2 模态频率表所示，虚部特征值代表固有频率，实部代表稳定性判断，正值代表不稳定，负值代表稳定。

如图 17.2.2-3 所示，如果系统阻尼变大，响应可能不再振荡。临界阻尼定义为振荡和非振荡行为之间的阈值，而阻尼比是系统中的阻尼与临界阻尼之比，由 $\zeta = C/C_c$ 表示。

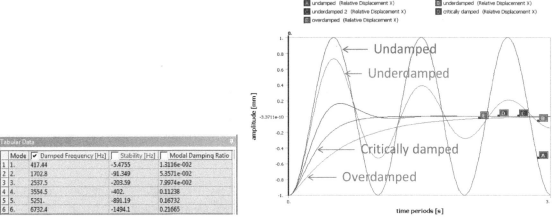

	Mode	☑ Damped Frequency [Hz]	☐ Stability [Hz]	☐ Modal Damping Ratio
1	1.	417.44	-5.4755	1.3116e-002
2	2.	1702.8	-91.349	5.3571e-002
3	3.	2537.5	-203.59	7.9974e-002
4	4.	3554.5	-402.	0.11238
5	5.	5251.	-891.19	0.16732
6	6.	6732.4	-1494.1	0.21665

图 17.2.2-2　模态频率表　　　　　　　图 17.2.2-3　幅值与阻尼特性关系

2. 旋转速度

转子动力学模态分析需要进行旋转速度【Rotational Velocity】的定义，定义方法包括矢量和方向分量，矢量定义方法需要进行旋转轴的定义，方向分量方法可以进行 3 方向转速定义形成表格数据等，如图 17.2.2-4 所示。

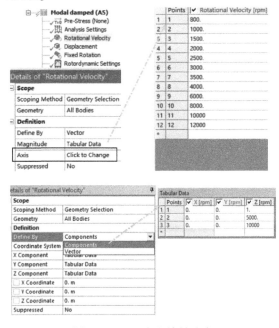

图 17.2.2-4　定义旋转速度

3. 阻尼模态后处理

阻尼模态输出项如图 17.2.2-5 所示，包括阻尼频率【Damped Frequency】和稳定性【Stability】等，求解列表中只列出虚部正值对应的模态频率。

4. 坎贝尔图

坎贝尔图【Campbell Diagram】表达转子结构固有频率由于陀螺效应而随转速变化的动态特性，仅能在模态分析模块中获得，一般转子动力学分析坎贝尔图获取过程如图 17.2.2-6 所示。

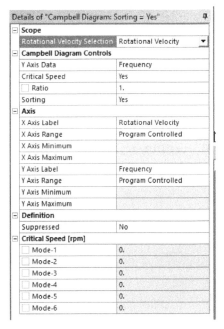

图 17.2.2-5　阻尼模态输出

（1）分析设置进行模态求解数量定义，【Max Modes to Find】设置为 6。

（2）求解器阻尼控制设置，将【Damped】设置为【Yes】。

（3）在转子动力学控制中设置科里奥利力效应，【Coriolis Effect】设置为【On】。

（4）选择输出坎贝尔图，【Campbell Diagram】设置为【On】。

（5）【Number of Points】设置为 3，获得 3 种不同转速下的各 6 阶模态。

坎贝尔控制列表用于临界转速、涡动方向以及稳定性等内容输出的控制，如图 17.2.2-7 所示。

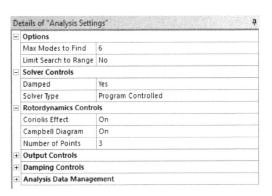

图 17.2.2-6　转子动力学分析设置　　　　图 17.2.2-7　坎贝尔控制列表

临界转速是对应结构共振频率（或多个频率）的转速，当固有频率等于激励频率时临界速度出现，激励可能来自与旋转速度同步的不平衡或来自任何异步激励。坎贝尔图将会列出临界转速、涡动方向以及稳定性的信息，如图 17.2.2-8 所示。

坎贝尔图的横轴设置为转速，纵轴设置为频率，临界转速以斜率和不同模态阶次相交，相交点对应的转动速度就作为该结构的临界转速。也列出每一模态对应的临界转速下的频率值。

（1）涡动频率=斜率×转动速度，涡动方向 BW 是向后涡动，FW 是向前涡动。

（2）Stability 代表稳定性。

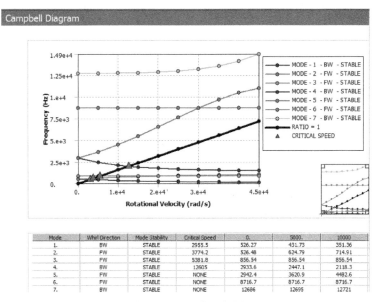

Mode	Whirl Direction	Mode Stability	Critical Speed	0.	5000.	10000
1.	BW	STABLE	2955.5	526.27	431.73	351.36
2.	FW	STABLE	3774.2	526.48	624.79	714.91
3.	FW	STABLE	5381.8	856.54	856.54	856.54
4.	BW	STABLE	12605	2933.6	2447.1	2118.3
5.	FW	STABLE	NONE	2942.4	3620.9	4482.6
6.	FW	STABLE	NONE	8716.7	8716.7	8716.7
7.	BW	STABLE	NONE	12686	12695	12721

图 17. 2. 2-8　坎贝尔图

5. 对数衰减

对数衰减【Logarithmic Decrement】定义为动态响应中两个连续峰值幅度比的自然对数，用于测量欠阻尼系统振动速率的衰减，如图 17. 2. 2-9 所示。对数衰减计算结果为负值表明是一个稳定转子，如图 17. 2. 2-10 所示，其中模态 3 对数衰减>0，是不稳定的。

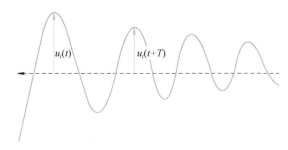

图 17. 2. 2-9　对数衰减特性

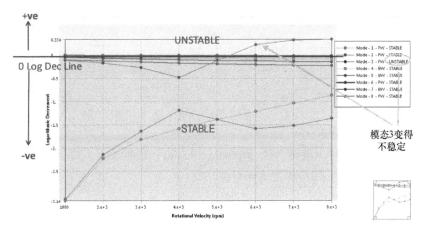

图 17. 2. 2-10　对数衰减不稳定

特征值的对数递减公式为

$$\delta_i = \ln\left(\frac{u_i(t+T_i)}{u_i(t)}\right)$$

式中，T_i 为第 i 个特征值的阻尼周期，定义为 $T_i = 2\pi/\omega_d$；$u_i(t)$ 为时间 t 的振幅；$u_i(t+T_i)$ 为时间 $(t+T_i)$ 的振幅。

17.3 不平衡响应分析

转子超大振动主要是不平衡造成的，例如结构几何不均匀、制造工艺偏差导致磨损、热弯曲等都会造成不平衡并发展成为强烈振动响应，因此需要对于不平衡响应进行计算研究，不平衡质量示意如图 17.3-1 所示。

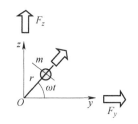

$$F_b = mr\Omega^2$$

式中，F_b 为不平衡力；m 为不平衡质量；Ω 为旋转速度；r 为偏心质量的半径。

图 17.3-1　不平衡质量

17.3.1 谐响应分析基础

不平衡响应分析在 Mechanical 谐响应分析基础上完成，谐响应分析计算流程、后处理方法等见前面章节。

17.3.2 旋转力输入设定方法

1. 不平衡质量输入

如图 17.3.2-1 所示，不平衡力选择以不平衡质量形式进行输入，需要指定旋转轴，并定义局部坐标系进行控制。

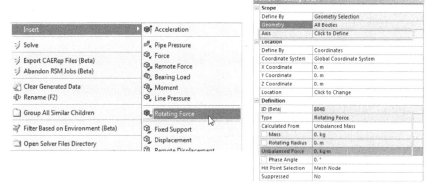

图 17.3.2-1　不平衡质量输入

不平衡通过质量【Mass】×旋转半径【Rotating Radius】进行设定，对于不平衡力，程序内部自动乘以角速度平方求总值，同步比为 1.0 不能改变。

2. 不平衡力直接输入

如图 17.3.2-2 所示，不平衡力选择直接输入方式，需要指定旋转轴，并定义局部坐标系进行控制等。旋转力大小直接设置，同步比默认为 1.0，可以是任何值。

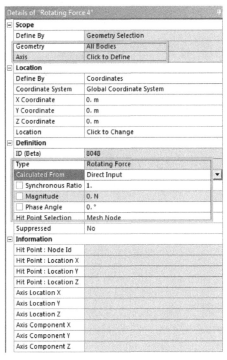

图 17.3.2-2 不平衡力直接输入

17.4 转子动力学分析案例

17.4.1 转子临界转速计算案例

◇ 起始文件：exam/exam17-1/exam17-1_pre. wbpj
◇ 结果文件：exam/exam17-1/exam17-1. wbpj

Step 1 分析系统创建

启动 ANSYS Workbench 程序，浏览打开分析起始文件【exam17-1_pre. wbpj】。分析系统【Modal】已经建立在项目流程图中，该准备文件已经完成材料定义、几何特性定义、轴承定义、网格定义等内容，定义过程见下述步骤。

Step 2 工程材料数据定义

计算材料采用默认材料结构钢【Structural Steel】，【Engineering Data（A2）】单元格材料库不进行任何修改。

Step 3 几何行为特性定义

双击单元格【Model（A4）】，进入 Mechanical 模态分析环境。

（1）导航树【Geometry】节点下包括 4 组几何线体体素，已经在 DM 中进行型材截面尺寸定义，并进行线体之间的节点共享，设置为【Form New Part】。

（2）定义旋转轴上的飞轮质量为 3 个集中点质量 Point Mass。右击【Geometry】节点插入点质量，左右两个点质量 5kg，中间点质量 10kg，如图 17.4.1-1 所示。

Step 4 轴承定义

（1）右击【Connections】插入 2 次【Bearing】，如图 17.4.1-2 所示。

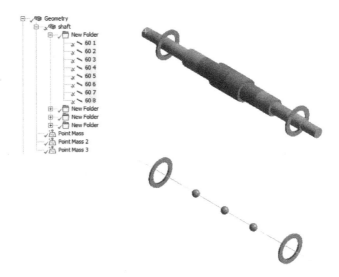

图 17.4.1-1　几何行为特性定义

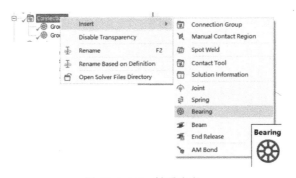

图 17.4.1-2　轴承定义

（2）设置连接类型【Connection Type】=【Body-Ground】，旋转平面【Rotation Plane】=【Y-Z Plane】。分别在【Scope】项下选择图 17.4.1-3 所示线轴的 2 个点元素作为轴承安装位置。

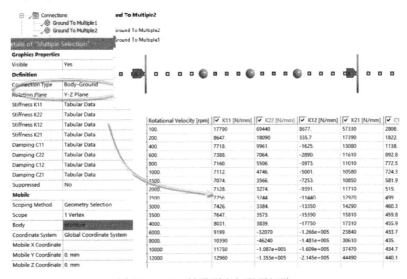

Rotational Velocity [rpm]	K11 [N/mm]	K22 [N/mm]	K12 [N/mm]	K21 [N/mm]	C1
100.	17790	69440	8677.	57330	2808.
200.	8647.	18090	335.7	17390	1822.
400.	7718.	9961.	-1625.	13080	1138.
600.	7388.	7064.	-2890.	11610	892.8
800.	7160.	5506.	-3973.	11010	772.5
1000.	7112.	4746.	-5001.	10580	724.3
1500.	7074.	3566.	-7253.	10850	581.9
2000.	7128.	3274.	-9391.	11710	519.
2500.	7256.	3244.	-11440	12920	499.
3000.	7426.	3384.	-13350	14290	460.3
3500.	7647.	3573.	-15390	15810	459.8
4000.	8031.	3839.	-17750	17310	455.9
6000.	9199.	-32070	-1.266e+005	23840	433.7
8000.	10390	-46240	-1.481e+005	30610	435.
10000.	11750	-1.087e+005	-1.609e+005	37470	434.7
12000	12960	-1.353e+005	-2.145e+005	44490	440.1

图 17.4.1-3　轴承刚度与阻尼矩阵

（3）轴承刚度与阻尼矩阵的定义数据来自 Tribo-X 软件对某滑动轴承的计算。

Step 5 网格划分

选择【Mesh】节点，右击插入【Edge Sizing】，明细栏选择全部线体，选用【Number of Divisions】分段形式，分段数量为 3，设置为【Hard】。

Step 6 转子动力学分析设置

（1）在【Analysis Settings】中设置【Options】：【Max Modes to Find】设为提取模态 6 阶，频率搜索范围设置为最低频率 20Hz，最高频率采用默认值。

（2）求解控制【Solver Controls】：阻尼定义【Damped】设置为【Yes】，求解类型采用完全阻尼法【Full Damped】。

（3）转子动力学控制：设置科里奥利力效应【Coriolis Effect】为【On】。

（4）输出坎贝尔图：【Campbell Diagram】设置为【On】。

（5）转速数量：【Number of Points】设置为 12，获得 12 种不同转速下的模态分析结果，其他设置保持默认，如图 17.4.1-4 所示。

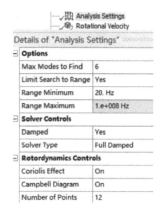

图 17.4.1-4　转子动力学分析设置

Step 7 载荷与约束定义

（1）选择【Modal damped（A5）】节点，右击后选择【Insert】→【Displacement】，明细栏【Geometry】选择线轴上的全部点素，修改 X 轴位移为 0mm，其他轴位移自由，如图 17.4.1-5 所示。

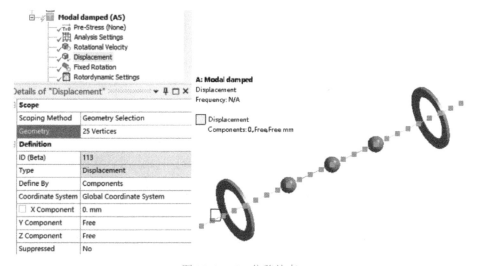

图 17.4.1-5　位移约束

（2）选择【Modal damped（A5）】节点，右击后选择【Insert】→【Fixed Rotation】，明细栏【Geometry】选中线轴上的全部点素，修改 X 轴旋转自由度为【Fixed】，其他轴旋转自由，如图 17.4.1-6 所示。

（3）选择【Modal damped（A5）】节点，右击后选择【Insert】→【Rotational Velocity】，明细栏【Geometry】选中全部几何，方向定义方法选择矢量【Vector】，采用数据表进行转速录入，【Axis】选择代表线轴的直线，如图 17.4.1-7 所示。

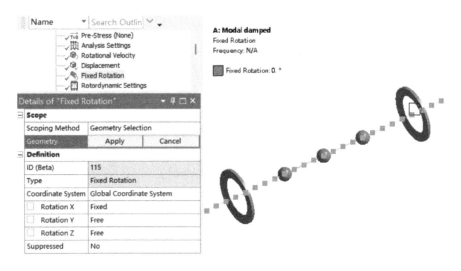

图 17.4.1-6　固定转动约束

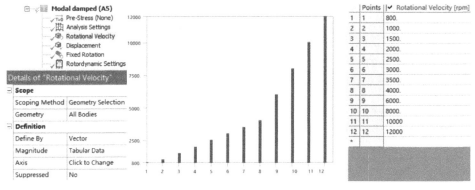

图 17.4.1-7　转速定义

Step 8　模态分析求解

（1）选择【Solution（A6）】节点，右击后选择【Insert】→【Solve】，完成模态求解。

（2）选择【Solution（A6）】节点，按住〈Ctrl〉键选择视窗右下侧【Tabular Data】模态频率数据，右击创建模态振型（Create Mode Shape Results）得到 12 个转速下的 6 阶模态振型。

（3）选择【Solution（A6）】节点，右击后选择【Insert】→【Campbell Diagram】，结果如图 17.4.1-8 所示。坎贝尔控制列表用于临界转速、涡动方向以及稳定性等内容输出的控制。临界转速【Critical Speed】是对应结构共振频率（或多个频率）的转速，当固有频率等于激励频率时临界速度出现，激励可能来自旋转速度同步的不平衡或者任何异步激励。坎贝尔图的 X 轴设置为转速，Y 轴设置为频率，临界转速以斜率和不同模态阶次进行相交，相交点对应的转动速度就作为该结构的临界转速；涡动频率=斜率×转动速度，涡动方向 BW 是向后涡动，FW 是向前涡动；Mode Stability 代表稳定性。

（4）选择【Solution（A6）】节点，右击后选择【Insert】→【Orbital Plot】，插入转子轨道显示。【Orbital Plot】项需要加载 RotordynamicsTools. wbex 工具（ANSYS App Store 下载），结果如图 17.4.1-9 所示，是第 1、6、12 转速下对应 3 阶模态频率轨迹线。

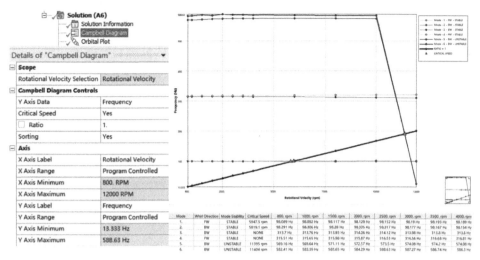

图 17.4.1-8 求解坎贝尔图

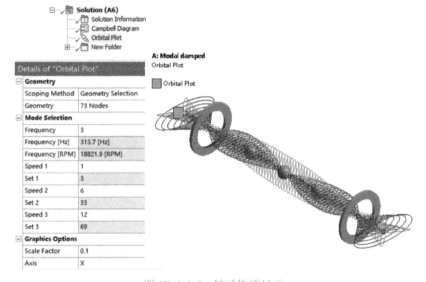

图 17.4.1-9 转子轨道显示

17.4.2 转子不平衡质量计算案例

◇ 起始文件：exam/exam17-2/exam17-2_pre. wbpj
◇ 结果文件：exam/exam17-2/exam17-2. wbpj

Step 1 分析系统创建

启动 ANSYS Workbench 程序，浏览打开分析起始文件【exam17-2_pre. wbpj】。分析系统
【Harmonic Response】已经建立在项目流程图中，该准备文件已经完成材料定义、几何特性定义、
轴承定义、网格定义等内容，具体设置见下述步骤。

Step 2 工程材料数据定义

计算材料采用默认材料结构钢【Structural Steel】，【Engineering Data（A2）】单元格材料库不
进行任何修改。

Step 3　几何行为特性定义

双击单元格【Model（A4）】，进入 Mechanical 谐响应分析环境。

导航树【Geometry】节点下包括 2 组几何体，第 1 组几何体包括 1 个 Shaft 体零件，第 2 组几何体包括 Wheel 命名的 12 个体零件，如图 17.4.2-1 所示。

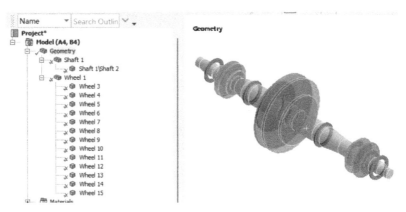

图 17.4.2-1　几何行为特性定义

Step 4　远程点定义

远程点定义用于定义轴承位置和不平衡质量点位置，如图 17.4.2-2 所示。

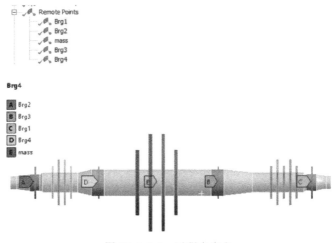

图 17.4.2-2　远程点定义

（1）分别定义 4 个远程点，远程点【Geometry】分别选择图中 A、B、C、D 位置对应的表面几何，设置为【Deformable】。

（2）再次插入远程点，远程点【Geometry】分别选择图中 E 点附近 4 个圆环的表面几何，设置为【Deformable】。

Step 5　轴承定义

（1）右击【Connections】节点插入 4 次【Bearing】，如图 17.4.2-3 所示。

（2）设置连接类型【Connection Type】=【Body-Ground】，旋转平面【Rotation Plane】=【Y-Z Plane】，【Scope】项选择方法【Remote Point】，分别选择上面建立的 4 个 Brg 远程点，按照图 17.4.2-3 所示定义统一的轴承刚度。

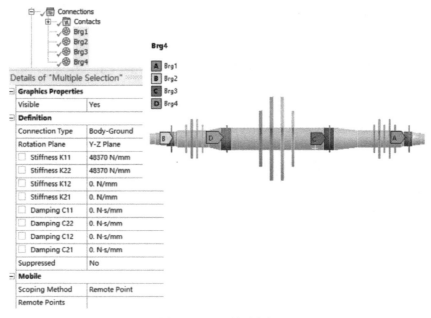

图 17.4.2-3　轴承定义

Step 6　建立接触关系

右击【Connections】节点插入【Connection Group】，选择导航树生成的【Contacts】节点，【Scope】项下的【Geometry】选择对象为【All Body】，再次右击【Contacts】选择【Create Automatic Connection】，自动创建转轴和飞轮结构之间的接触对，不修改接触对类型，默认为【Bonded】接触关系。

Step 7　网格划分

（1）选择【Mesh】节点，明细栏设置单元阶次为线性：【Element Order】→【Linear】（线弹性计算推荐高阶单元，此处考虑计算速度与存储采用低阶单元）。【Sizing】项设置【Resolution】为 2 级，转化过渡【Transition】=【Fast】，跨度中心角【Span Angle Center】=【Coarse】。【Advanced】项设置采用前沿推进法：【Triangle Surface Mesher】=【Advancing Front】。

（2）右击【Mesh】插入 2 次【Method】、2 次【Body Sizing】，如图 17.4.2-4 所示。

图 17.4.2-4　网格划分

（3）选择命名为 Shaft 的细杆结构，修改明细栏【Method】=【MultiZone】，修改【Surface Mesh Method】=【Uniform】，设置单元尺寸为 10mm。

（4）选择命名为 Wheel 的全部几何结构，修改明细栏【Method】=【MultiZone】，修改【Surface Mesh Method】=【Uniform】，设置【Sweep Element Sizing】= 7.5mm，设置单元尺寸为 12mm。

Step 8　转子动力学分析设置

（1）在【Analysis Settings】设置【Options】：频率空间范围设置为 Linear，频率范围为 150~650Hz，求解间隔数为 25，求解计算方法采用谐响应完全法，如图 17.4.2-5 所示。

（2）转子动力学控制设置：科里奥利力效应【Coriolis Effect】设置为【On】。

（3）阻尼控制：建立阻尼与频率的关系，定义频率 250Hz 条件下阻尼比为 0.02。

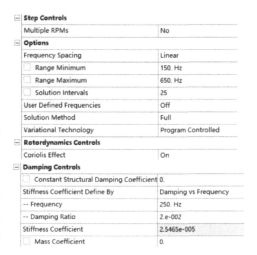

图 17.4.2-5　转子动力学分析设置

Step 9　载荷与约束定义

（1）选择【Harmonic Response（A5）】节点，右击后选择【Insert】→【Remote Displacement】，插入 4 次远程位移，明细栏【Scoping Method】选择【Remote Point】，分别选中选择 Brg1~Brg4 远程点，修改 X 轴位移为 0mm，其他轴位移自由，修改 X 轴旋转自由度 0°，其他轴旋转自由，如图 17.4.2-6 所示。

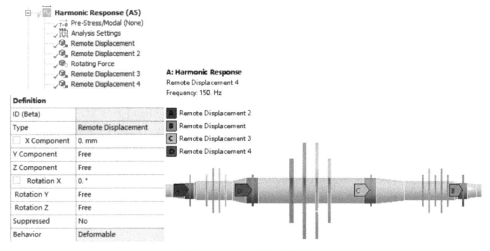

图 17.4.2-6　自由度约束

（2）选择【Harmonic Response（A5）】节点，右击后选择【Insert】→【Rotating Force】，明细栏【Axis】选中圆柱表面任意几何，【Location】选择图 17.4.2-7 所示的 4 个圆环表面，修改计算方法为不平衡质量【Unbalanced Mass】，设置不平衡质量为 0.25kg，旋转半径为 40mm，相位角为 0°，设置【Hit Point Selection】为【Remote Point】，【Remote Point for Hit Point】为之前建立的远程点 mass，其他选项保持默认设置。

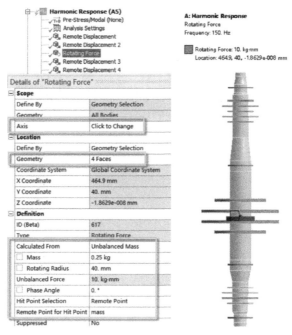

图 17.4.2-7　不平衡力定义

Step 10　求解与后处理

（1）选择【Solution（A6）】节点，右击后选择【Insert】→【Solve】，完成谐响应分析求解。

（2）选择【Solution（A6）】节点，右击后选择【Insert】→【Frequency Response】→【Stress】，插入基于应力的频率响应结果，方向选择 Z 轴，选择中间布置的 4 个飞轮圆环表面作为响应观测对象。

（3）求解获得的频率、幅值、相位关系如图 17.4.2-8 所示，可知应力峰值响应频率出现在 250Hz。

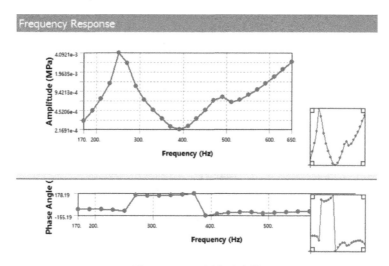

图 17.4.2-8　频率响应图

（4）右击上一步生成的【Frequency Response】，选择【Create Contour Result】，生成应力计算项，修改应力类型为【Equivalent（von-Mises）Stress】，应力求解结果如图 17.4.2-9 所示。

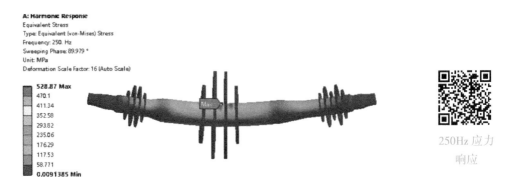

图 17.4.2-9　250Hz 频率应力

（5）选择【Solution（A6）】节点，右击上一步生成的【Equivalent Stress】，插入【Results At All Sets】，290Hz 和 510Hz 等部分频率下的应力结果如图 17.4.2-10 所示。

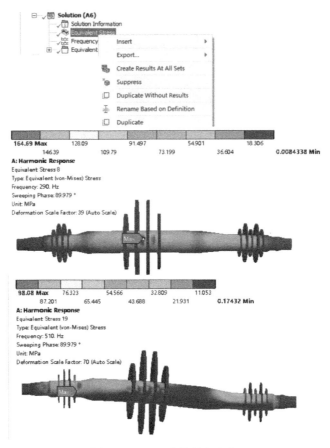

图 17.4.2-10　其他频率应力

17.5　本章小结

本章介绍了转子动力学分析类型、模态特性、临界转速、不平衡响应等，以及 Mechanical 转子动力学仿真计算建模方法，并给出案例进行转子动力学分析操作说明。

第18章

拓扑优化与设计

18.1 拓扑优化与设计概述

Mechanical 拥有较为强大的拓扑优化和形貌优化能力，其中拓扑优化能力在 Topology Optimization 模块实施。拓扑优化能够降低材料耗费，寻找最优结构，避免人为因素的设计失误。拓扑优化需要进行几何模型重构，优化后几何通过 SCDM 进行输出，然后设计完成产品重构，重构后需要进行相关分析计算和校核。

产品设计初期凭经验或想象得到的结构往往无效，利用拓扑优化进行分析计算并结合产品设计经验可以设计出更满足技术方案、工艺要求的产品。拓扑优化寻求在给定负载、约束、性能指标下优化指定区域材料分布的数学方法，以发挥材料最大利用率。

拓扑优化将区域离散，借助有限元技术强度、模态分析，按照指定策略和准则从子区域删除一定单元，用保留单元描述结构最优拓扑，应用示意如图 18.1-1 所示。

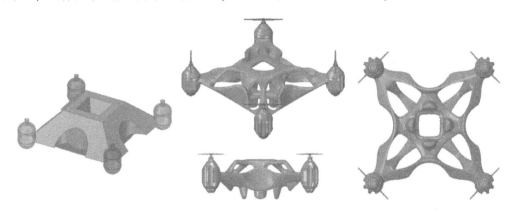

图 18.1-1　拓扑优化设计应用

ANSYS Topology Optimization 拓扑优化模块基于 Mechanical 模块，能进行强度、频率、热分析为基础的拓扑优化应用计算。

18.2 拓扑优化分析步骤

1. 有限元分析计算

拓扑优化分析计算建立在强度、模态、热分析等基础计算项目之上，需要先完成合理的基础计算，项目流程图示例如图 18.2-1 所示。

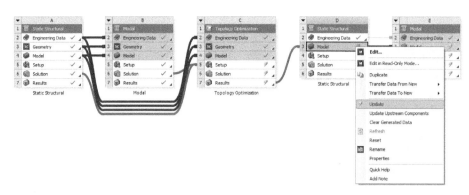

图 18.2-1　项目流程图示例

2. 拓扑优化分析

拓扑优化导航树如图 18.2-2 所示，其设置步骤主要包括：①指定优化和不优化区域；②响应约束定义；③加工约束定义；④优化目标定义；⑤求解信息查询等。

3. 设计验证

拓扑后的几何样貌能经过 SCDM 工具光顺处理获得光顺几何模型，也能够指导三维重构最终获得新结构，设计验证工作就是对新建几何验证强度、频率特性等是否满足设计要求。

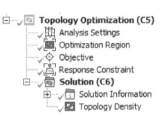

图 18.2-2　拓扑优化导航树

18.3　拓扑优化分析方法

18.3.1　指定优化区域

如图 18.3.1-1 所示，【Optimization Region】用于指定哪些结构参与拓扑优化，哪些作为优化过程排除几何，完成优化区域的指定。

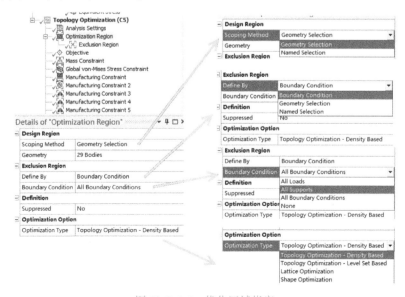

图 18.3.1-1　优化区域指定

1. 设计区域

设计区域【Design Region】基于边界条件【Boundary Condition】、几何选择【Geometry Selection】以及命名选择【Named Selection】等方式进行选择。

2. 排除区域

排除区域【Exclusion Region】通过边界条件【Boundary Condition】、几何选择【Geometry Selection】以及命名选择【Named Selection】进行控制。排除区域不进行几何拓扑，将保留原始几何特征。

可以插入额外排除区域【Exclusion Region】，作为【Optimization Region】的子项，用于额外指定【Optimization Region】所没有考虑的排除区域。

边界条件【Boundary Condition】包括所有载荷【All Loads】、所有约束【All Supports】、所有边界条件【All boundary conditions】以及无【None】。

3. 优化类型

优化类型【Optimization type】包括拓扑优化【Topology optimization】、点阵优化【Lattice Optimization】等，其中拓扑优化方法包括 SIMP 和 Level-Set 两种，Level-Set 方法能产生更平滑的轮廓，避免模糊和不规则，展示更好的优化形状，方便光顺化、设计验证等，如图 18.3.1-2 所示。

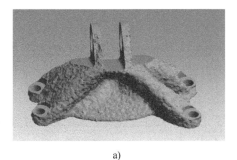 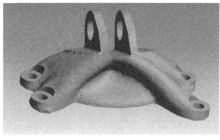

a)   b)

图 18.3.1-2　SIMP 和 Level-Set

a）SIMP　b）Level-Set

18.3.2　优化目标定义

优化目标【Objective】使用工作表进行定义，定义内容主要包括父项计算项目，例如结构【Static Structural】、模态【Modal】、稳态热【Steady-State Thermal】等类型或其组合。工作表定义内容涉及工况、载荷步，如图 18.3.2-1 所示。

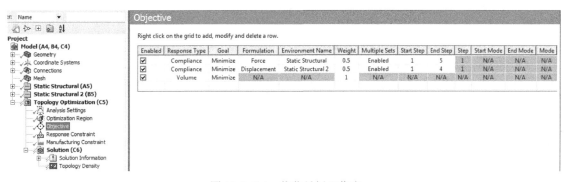

图 18.3.2-1　优化目标工作表

（1）响应类型、目标、计算公式、求解基础项、权重等。

（2）开始载荷步和结束载荷步等多载荷步计算控制项。

（3）开始模态频率、结束模态频率指定频率范围等。

1. 响应类型和目标

（1）结构分析默认响应类型为最小柔度，其余包括质量、应力、体积等均为最大值。

（2）模态分析默认响应类型为最大频率，其余包括质量、体积等均为最小值。

（3）稳态热分析模块默认响应类型为最小热柔度。

（4）多系统计算响应类型设置包括最大频率，最小柔度、质量、体积和热柔度等。

2. 计算公式

程序控制为默认设置，根据结构分析是否存在力负载或位移负载，选择对应力或位移公式。

（1）力：如果没有施加位移载荷，而施加力载荷，则在优化过程中对应于这个力载荷的位移将被最小化。

（2）位移：如果没有施加力荷载，有一个非零位移载荷，那么导致产生该位移的力在优化过程中最大化。

3. 权重和载荷步控制

（1）权重默认值为 1，可以指定任何数值。

（2）多载荷步设置。

- 结构分析选项值为【Enabled】（默认值），可以设置开始载荷步和结束载荷步。
- 模态计算选项值为【Enabled】（默认值），可以设置开始模态频率和结束模态频率。

18.3.3 响应约束定义

拓扑优化分析需要定义响应约束【Response Constraint】，控制拓扑优化算法走向，如图 18.3.3-1 所示。

1. 几何基分析（Geometric-Based Analyses）

（1）【Mass Constraint】：根据设计要求能够修改保留质量的百分比，支持常值、范围、精确常值和范围等多种形式。

（2）【Volume Constraint】：根据设计需要修改体积保留百分比，支持常值、范围、绝对常值和范围等多种形式。

（3）【Center of Gravity Constraint】：重心约束。

（4）【Moment of Inertia Constraint】：惯性矩约束，需要指定坐标系和坐标轴。

2. 结构基计算（Static Structural Analyses）

（1）【Global von-Mises Stress Constraint】：指定整体结构最大 von-Mises 应力作为约束。

图 18.3.3-1 响应约束

（2）【Local von-Mises Stress Constraint】：支持多个局部位置的 von-Mises 应力作为约束。

（3）【Displacement Constraint】：指定几何位置（包括节点）位移 X/Y/Z 分量作为约束。

（4）【Reaction Force Constraint】：指定几何位置（包括节点）等的反力 X/Y/Z 分量作为约束。

（5）【Compliance Constraint】：指定柔度最大值作为约束。

（6）【Criterion Constraint】：利用求解计算定义的准则建立约束，图 18.3.3-2 所示为优化响应关键约束。

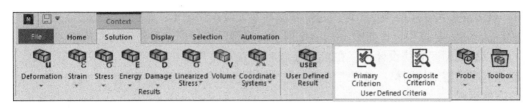

图 18.3.3-2　优化响应关键约束

3. 模态分析（Modal Analyses）

【Natural Frequency Constraint】：能够基于模态阶次进行频率定义，确定最小和最大频率范围，将优化约束限制在该阶次的这个频率范围内。

4. 热分析（Thermal Analyses）

【Temperature Constraint】：温度约束，指定温度（Abs Max）属性。

18.3.4　加工约束定义

加工约束一般包括如下类型：成员尺寸【Member Size】、方向拔模【Pull Out Direction】、方向拉伸【Extrusion】、循环对称【Cyclic】、轴对称【Symmetry】等，如图 18.3.4-1 所示。

Details of "Manufacturing Constraint"	무
Definition	
Type	Manufacturing Constraint
Subtype	Member Size
Member Size	
Minimum	Manual
--Min Size	15. mm
Maximum	Manual
--Max Size	30. mm

Details of "Manufacturing Constraint"	무
Definition	
Type	Manufacturing Constraint
Subtype	Cyclic
Suppressed	No
Location and Orientation	
Number of Sectors	3
Coordinate System	Coordinate System 2
Axis	Z Axis

Details of "Manufacturing Constraint"	무
Definition	
Type	Manufacturing Constraint
Subtype	Pull Out Direction
Suppressed	No
Location and Orientation	
Coordinate System	Coordinate System
Axis	Y Axis
Direction	Both Directions
	Along Axis
	Opposite To Axis
	Both Directions

Details of "Manufacturing Constraint"	무
Definition	
Type	Manufacturing Constraint
Subtype	Symmetry
Suppressed	No
Location and Orientation	
Coordinate System	Coordinate System
Axis	X Axis

Details of "Manufacturing Constraint 2"	무
Definition	
Type	Manufacturing Constraint
Subtype	Extrusion
Suppressed	No
Location and Orientation	
Coordinate System	Coordinate System
Axis	X Axis

图 18.3.4-1　加工约束类型

（1）【Member Size】：成员尺寸。

1）最小成员尺寸激活满足：球内单元全部条件满足；默认最小单元尺寸为 2.5 倍最小网格尺寸。

2）最大成员尺寸激活满足：球内包括非激活单元时条件满足；是自定义选项。

【Member Size】选项设置如图 18.3.4-2 所示。模型网格建议总是使用均匀网格，这使模型任何地方都以相同精度捕获设计。存在较薄区域时可能需要局部细化网格，以便获得至少三层元素，确保具有足够细的网格；如果最终设计显示厚度尺寸几何特征在一个单元大小以内，这意味着网格不够细密。

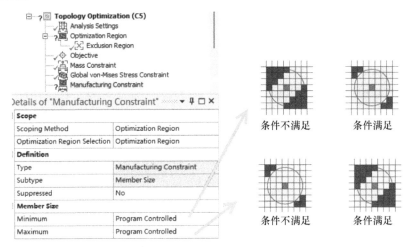

图 18.3.4-2 【Member Size】选项设置

（2）【Extrusion】：方向拉伸，用于控制整个截面的拉伸方向，使得几何拓扑总是在这个方向上具有完整的拉伸拓扑形状，如图 18.3.4-3 所示。

（3）【Pull Out Direction】：方向拔模，用于考虑材料挤出或者拔模方向，方便模具制造零件的开模。能够选择单方向、双方向进行挤出和拔模控制，如图 18.3.4-4 所示。

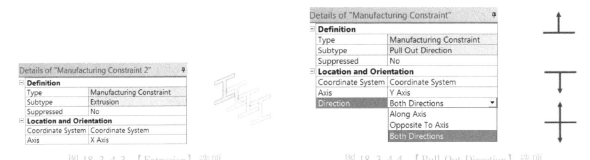

图 18.3.4-3 【Extrusion】选项   图 18.3.4-4 【Pull Out Direction】选项

（4）【Cyclic】：循环对称，能够建立基于坐标系的循环对称约束，如图 18.3.4-5 所示。其中，【Number of Sectors】定义循环个数，【Coordinate system】坐标系与【Axis】轴用于定义旋转的坐标系与旋转轴。例如，车轮拓扑设计中考虑 5 幅轮毂方案与 10 幅轮毂方案的两种循环对称约束方法计算结果的比对。

（5）【Symmetry】轴对称：能够建立基于坐标平面的对称约束，如图 18.3.4-6 所示为采用两个对称平面进行的对称控制设计（已在 SpaceClaim Direct Modeler 中完成光顺化处理）。

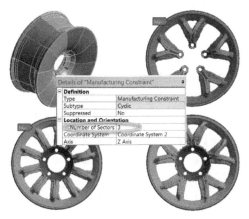

图 18.3.4-5 【Cyclic】选项

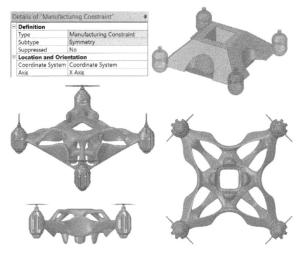

图 18.3.4-6 【Symmetry】选项

18.3.5 AM 悬垂约束（AM Overhang Constraint）

AM 悬垂约束用于增材制造设计，使用 AM 悬垂约束优化的结构可以在不添加支撑的情况下进行 3D 打印。例如，使用悬垂角度【Overhang Angle】和构建方向【Build Direction】的输入来创建自支撑结构，如图 18.3.5-1 所示。

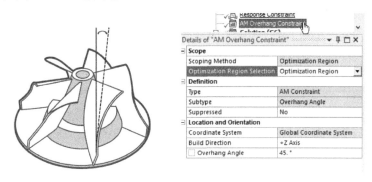

图 18.3.5-1 AM 悬垂约束

18.3.6 拓扑密度与拓扑单元密度

拓扑优化分析支持拓扑密度【Topology Density】和拓扑单元密度【Topology Elemental Density】结果查看。拓扑密度结果产生的是节点平均值。

（1）【Retained Threshold】：阈值，默认为 0.5，支持范围为 0.01 ~ 0.99（大于 0 且小于 1）。这个属性会直接影响 SpaceClaim Direct Modeler 刻面化几何结构尺寸表现。

（2）【Exclusions Participation】：排除参与，当设置为【Yes】时，程序计算的原始体积、最终体积、原始体积百分比、原始质量、最终质量、原始属性百分比质量等包括排除的非设计区域；当设置为【No】时，排除区域将不被考虑。

（3）【Results】：计算结果，能够查询原始体积、最终体积、原始质量、最终质量等，如图 18.3.6-1 所示。

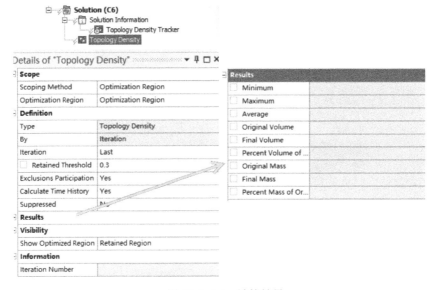

图 18.3.6-1　计算结果

18.4　拓扑几何重构与验证流程

18.4.1　拓扑几何重构

拓扑几何重构需要考虑如下两个方面：考虑刻面化结构光顺处理过程与逆向工程；考虑结构满足装配工艺、安装连接需求等。关于 SCDM 进行光顺处理的方法请参阅帮助文档，本书仅进行简要描述。

1. 刻面工具光顺处理

SCDM 通过检查刻面、自动修复、收缩缠绕、柔和等功能，将刻面片粗劣结构进行高度光顺化处理，使结构拥有符合力学特征的流畅几何过渡转角。功能区如图 18.4.1-1 所示。STL 文件可以直接传入 3D 增材打印机进行打印。

2. 逆向工程

SCDM 逆向工程工具的快速建模、修复、高级蒙皮功能能根据光顺后的外观进行几何重构设计,最大化保留拓扑优化结构形貌并加入特殊细节,以满足复杂装配结构定位配合等需求,如图 18.4.1-2 所示。

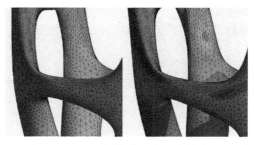

图 18.4.1-1　光顺化的几何过渡转角

3. 工艺安装设计满足

拓扑光顺化与结构设计逆向工程的几何制造为增材制造或 CNC 加工,其自身设计可以天马行空,但是机械产品设计通常是产品系统设计,其装配定位关系在拓扑优化光顺化中较难直接表达。

拓扑后的概念模型到真实产品设计部分推荐使用 CAD 软件,参考拓扑结果并娴熟驾驭三维设计工具建立整体装配关系是一种较好的设计方式,如图 18.4.1-3 所示。

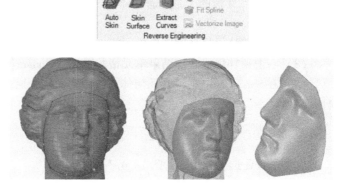

图 18.4.1-2　逆向工程

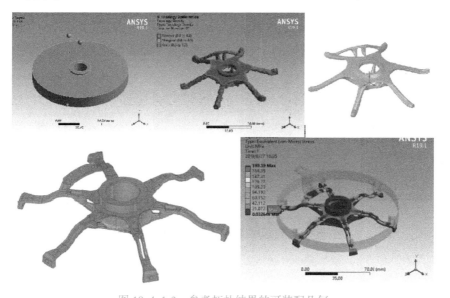

图 18.4.1-3　参考拓扑结果的可装配几何

18.4.2　STL 几何数据传递搭建

STL 几何数据传递搭建流程用于将拓扑 STL 文件传递给新几何单元格进行几何重构，如图 18.4.2-1 所示。

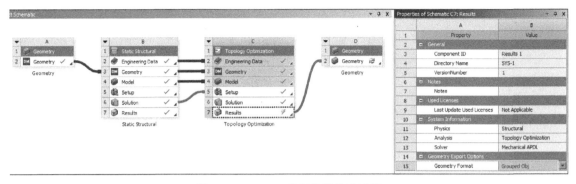

图 18.4.2-1　STL 几何数据传递过程

（1）在项目流程图上放置新几何系统，将拓扑优化系统结果单元格连接到新系统几何单元格。

（2）选择拓扑优化系统结果单元格，在属性窗口将几何格式设置为分组对象。

（3）右击拓扑优化系统结果单元格并选择【Update】，刷新新系统几何单元格。

（4）在 SpaceClaim 中打开几何体，使用刻面化、逆向工程等工具重构几何或参考拓扑结果进行几何建模。

18.4.3　设计验证流程搭建

有两个验证选项可用，如图 18.4.3-1 所示。

（1）【Transfer to Design Validation System（Geometry）】：此选项需要在 CAD 应用程序中修改几何模型后进行标准计算验证，推荐使用。

（2）【Transfer to Design Validation System（Model）】：此选项使 STL 文件直接流向下游求解计算模块，设计验证过程要求为所需的拓扑密度结果在 Mechanical 中指定平滑对象，插入平滑对象后将【Export Model】属性设置为【Yes】，以使结果可用于验证，如图 18.4.3-2 所示。

图 18.4.3-1　验证系统搭建

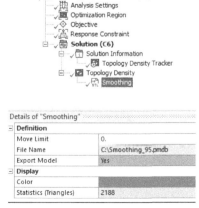

图 18.4.3-2　结果数据平滑

18.5　拓扑优化分析案例：微星卡架拓扑优化计算

◇ 起始文件：exam/exam18-1/exam18-1_pre. wbpj

◇ 结果文件：exam/exam18-1/exam18-1. wbpj

1. 静力学分析流程

Step 1　创建分析系统

启动 ANSYS Workbench 程序，浏览打开分析起始文件【exam18-1_pre. wbpj】，准备文件已经完成静力学和模态分析的计算。如图 18.5-1 所示，拖拽分析系统【Topology Optimization】进入项目流程图，共享起始文件【Static Structural】的【Geometry】【Engineering Data】【Model】【Solution】单元格内容，继续拖拽分析系统【Modal】的【Solution】单元格连接到【Topology Optimization】分析系统的【Setup】单元格。

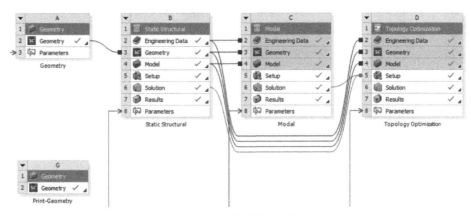

图 18.5-1　创建分析系统

Step 2　工程材料数据定义

计算材料采用【Engineering Data（B2）】单元格通用材料库【General Materials】中的铝合金【Aluminum Alloy】，默认材料属性不进行任何修改。

Step 3　几何行为特性定义

双击单元格【Model（B4）】，进入 Mechanical 静力学分析环境。

（1）导航树【Geometry】下包括 1 个主体几何。

（2）定义微星卡架附加质量，以集中点质量【Point Mass】表示。右击【Geometry】节点插入集中质量点，选中图 18.5-2 所示的 2 个挂臂孔面，定义集中质量为 0.3kg。

（3）再次右击【Geometry】节点插入集中质量点，选中图 18.5-3 所示的 4 个挂臂法兰孔面，定义集中质量为 0.15kg。

Step 4　网格划分

（1）选择【Mesh】节点，明细栏设置单元阶次为线性：【Element Order】→【Linear】（线弹性计算推荐高阶单元，拓扑优化考虑计算速度与存储采用低阶单元进行，验证采用高阶单元）。【Sizing】项设置：【Resolution】为 7 级，转化过渡【Transition】=【Slow】，跨度中心角【Span Angle Center】=【Fine】；【Advanced】项设置采用前沿推进法：【Triangle Surface Mesher】=【Advancing Front】，如图 18.5-4 所示。

（2）右击【Mesh】插入【Method】，1 次【Body Sizing】，1 次【Edge Sizing】，修改明细栏

【Method】=【Hex Dominant Method】，设置体单元尺寸为 1.5mm，选中全部 78 个线元素，指定线单元尺寸为 1.5mm。

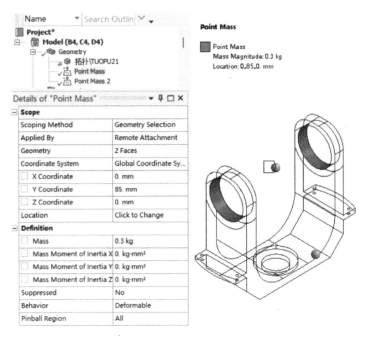

图 18.5-2　几何行为特性定义 1

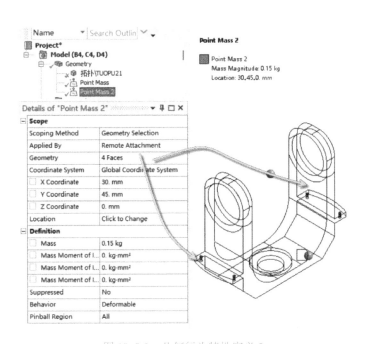

图 18.5-3　几何行为特性定义 2

Step 5　载荷与约束定义

（1）选择【Static Structural（B5）】节点，右击后选择【Insert】→【Acceleration】，明细栏修改【Direction】=--Y Direction，施加加速度大小为 980000mm/s^2。

图 18.5-4　网格划分

（2）选择【Static Structural（B5）】节点，右击后选择【Insert】→【Fixed Support】，明细栏【Geometry】选中微星卡架安装座上支撑面，如图 18.5-5 所示。

Step 6　求解与后处理

单击选中导航树【Solution（B6）】节点，右击后选择【Insert】→【Deformation】→【Total】，插入总变形【Total Deformation】和应力【Equivalent Stress】。总变形和应力计算结果如图 18.5-6 所示，限用于拓扑优化计算合理性判断。

图 18.5-5　施加载荷与约束

图 18.5-6　后处理观察项

2. 模态分析流程

Step 1　模态分析设置

在【Analysis Settings】选项中提取模态 6 阶，频率搜索不限制范围。

Step 2 模态分析求解

（1）选择【Solution（C6）】节点，右击后选择【Insert】→【Solve】，完成模态求解。

（2）单击选中【Solution（C6）】节点，按住〈Ctrl〉键选择视窗右下侧【Tabular Data】模态频率数据，右击创建模态振型（Create Mode Shape Results）得到前 6 阶模态振型，图 18.5-7 所示为第 1~4 阶模态振型。

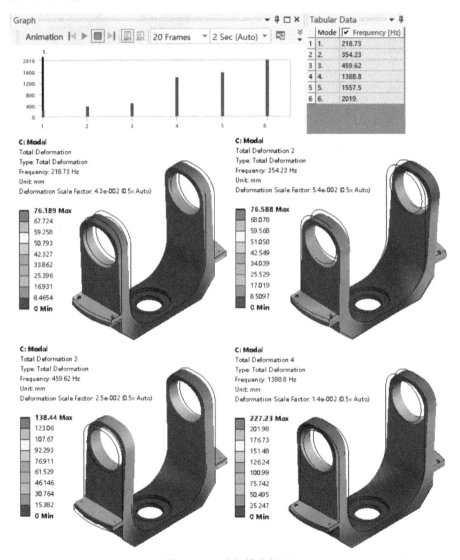

图 18.5-7 求解模态振型

3. 拓扑优化分析流程

Step 1 指定优化区域

优化区域定义如图 18.5-8 所示。

（1）在【Optimization Region】节点下，设计区域选择全部几何体。

（2）排除区域设为由边界条件定义，并选择全部边界条件，同时自定义 4 个排除区域，选择模型中的红色高亮几何表面。

（3）优化类型选择【Topology optimization-Density Based】方法。

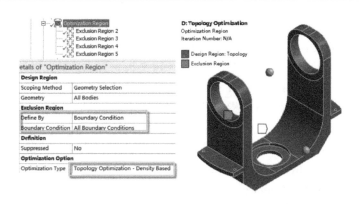

图 18.5-8　优化区域定义

Step 2　优化目标定义

优化目标定义如图 18.5-9 所示。设置静力学优化目标为最小柔度，模态分析优化目标为最大频率，参与优化的模态阶次为 1 阶和 2 阶。

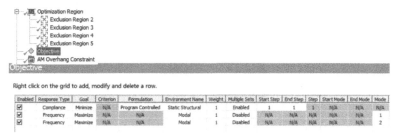

图 18.5-9　优化目标定义

Step 3　3D 打印悬垂约束定义

AM 悬垂约束创建悬垂角度约束，用于自支撑结构优化拓扑设计，按图 18.5-10 所示完成 AM 打印设置。

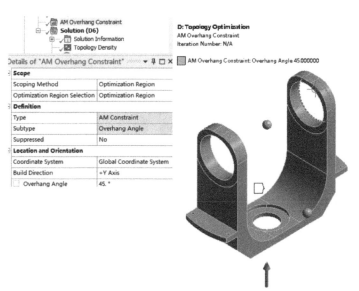

图 18.5-10　AM 悬垂约束

Step 4 加工约束定义

（1）选择【Topology Optimization（D5）】节点，右击后选择【Insert】→【Member Size】，进行成员尺寸的定义，如图 18.5-11 所示，最小成员尺寸定义为 3.5mm，最大成员尺寸采用程序控制。

（2）再次选择【Topology Optimization（D5）】节点，右击后选择【Insert】→【Symmetry】，插入 2 次拓扑几何对称性约束控制，分别指定对称面为 YZ 平面和 XY 平面。

Step 5 响应约束定义

（1）选择【Topology Optimization（D5）】节点，右击后选择【Insert】→【Global von-Mises Stress Constraint】，指定整体结构最大 von-Mises 应力 200MPa 作为约束。

（2）再次选择【Topology Optimization（D5）】节点，右击后选择【Insert】→【Volume Constraint】，插入体积约束，按照图 18.5-12 所示完成体积约束控制。

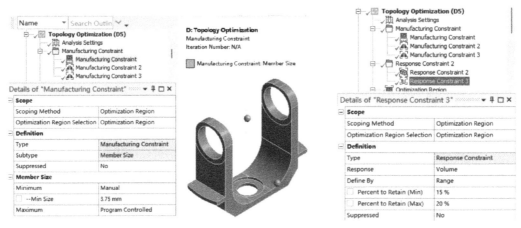

图 18.5-11 成员尺寸控制   图 18.5-12 体积约束控制

Step 6 求解及后处理

设置查看【Topology Density】和【Topology Elemental Density】结果，阈值【Retained Threshold】设置为 0.35，获得拓扑优化结果如图 18.5-13 所示。

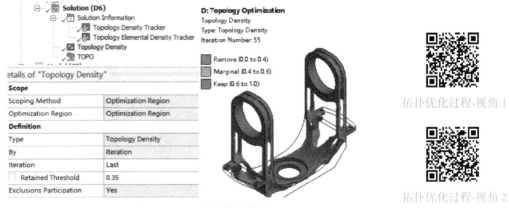

图 18.5-13 拓扑优化结果

拓扑优化过程-视角 1

拓扑优化过程-视角 2

Step 7 验证系统数据传递

如图 18.5-14 所示，选择【Transfer to Design Validation System（Geometry）】，进行验证系统的数据传递，后续需要在 SCDM 中修改几何模型后进行验证计算。

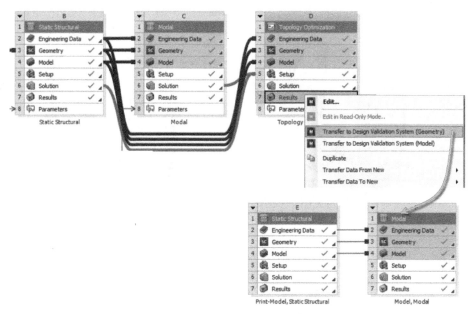

图 18.5-14　验证系统数据传递

4. 几何设计

微星卡架几何设计建模基于拓扑优化结果并结合结构装配定位工艺完成，耗时较多且不是动力学技术讨论重点，本例直接给出几何设计文件用于后续验证工作，其中模型如图 18.5-15 所示。

5. 设计验证流程

设计验证工作包括结构静力学加速度冲击能力验证和模态共振频率验证两项，其约束与边界条件等同于拓扑优化分析基础计算的静力学和模态分析，不再重述。

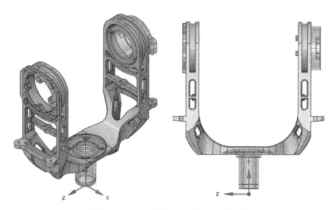

图 18.5-15　设计后的几何模型

结构强度验证结果如图 18.5-16 所示，模态频率验证结果如图 18.5-17 所示。

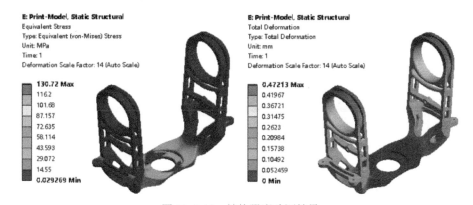

图 18.5-16　结构强度验证结果

拓扑优化再
设计-模态

拓扑优化再
设计-应力

图 18.5-17　模态频率验证结果

18.6　本章小结

　　本章主要介绍拓扑优化基本概念、拓扑优化设计建模方法、拓扑优化验证系统等，基于拓扑优化对产品动力学、强度、降重能力等提供设计方法，并给出案例进行分析过程讲解等。

第19章

不定振幅疲劳分析

19.1 疲劳分析概述

疲劳破坏是结构失效的主要原因，与重复加载有关。疲劳裂纹形成过程侦测困难，积累的损伤不会恢复，灾难性故障发生之前通常没有任何预警。疲劳失效循环载荷峰值通常低于静强度计算安全载荷，因此不能仅采用静强度计算方法解决疲劳破坏问题。结构疲劳被定义为结构某点或某些点承受交变应力，足够次数的循环扰动之后材料发生裂纹或完全断裂，形成永久或局部结构破坏的过程。

疲劳工具【Fatigue Tool】能够基于强度计算结合时序载荷谱（不定振幅）进行应力疲劳累积损伤计算，假定该不定振幅是一个时序载荷瞬态过程。

19.1.1 疲劳破坏机理

疲劳破坏通常是一个非线性过程，可以看成 3 个阶段，如图 19.1.1-1 所示。

（1）裂纹萌生：制造过程等引入初始缺陷、晶体界面滑移带挤出侵入，氧化、腐蚀、磨损形成损伤等都是裂纹萌生。

（2）裂纹扩展：滑移带生长成微观裂纹是按照最大剪应力方向生长的，经历 2 个或 3 个晶界后微观裂纹演变为疲劳裂纹，在循环载荷作用下局部塑性应力促使裂纹改变方向，沿最大主应力方向扩展。

（3）快速断裂：疲劳裂纹持续扩展，当应力强度因子超过材料断裂韧度时，破坏瞬间发生。

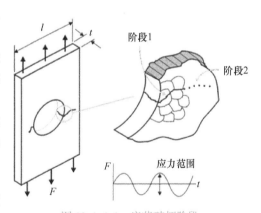

图 19.1.1-1　疲劳破坏阶段

19.1.2 疲劳问题分类

疲劳问题按照周次分类，可以分为高周和低周疲劳。高周疲劳是载荷循环次数高的情况下产生的失效，应力通常比材料极限强度低，一般把基于应力疲劳方法的疲劳计算用于高周疲劳。低周疲劳是载荷循环次数相对低的情况下产生的疲劳失效，塑性变形常常伴随低周疲劳，采用应变作为参数的应变疲劳方法常用于低周疲劳的计算。

按照载荷变化情况分类可以分为图 19.1.2-1 所示的最大和最小应力水平不变的恒定振幅载荷疲劳，图 19.1.2-2 所示的非恒定振幅载荷疲劳，图 19.1.2-3 所示的主应力比例恒定为 $S_1/S_2 = C$ 的比例载荷疲劳，图 19.1.2-4 所示的没有隐含各应力之间相互关系的非比例载荷疲劳等。

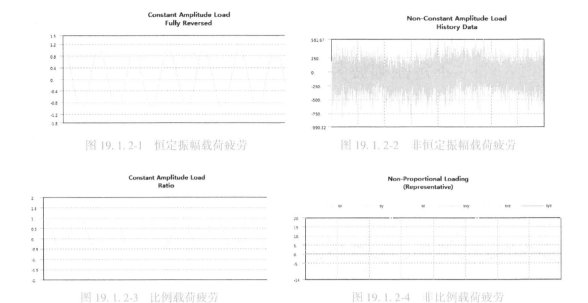

图 19.1.2-1　恒定振幅载荷疲劳　　　　　图 19.1.2-2　非恒定振幅载荷疲劳

图 19.1.2-3　比例载荷疲劳　　　　　　　图 19.1.2-4　非比例载荷疲劳

　　按照时序载荷与频域载荷分类可以分为时间序列、时间步长等时域载荷疲劳，定频、扫频振动和 PSD 随机振动的频域疲劳等。

　　按照计算对象区分为金属疲劳、焊点疲劳、焊缝疲劳、橡胶疲劳等。

　　【Fatigue Tool】能解决部分基于应力疲劳、应变疲劳、振动疲劳的基本计算问题，如图 19.1.2-5 所示，支持的载荷类型包括恒定振幅载荷、比例载荷、非比例载荷以及非恒定振幅载荷、简谐载荷、PSD 随机振动疲劳等。

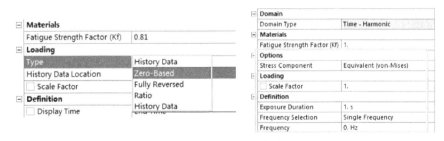

图 19.1.2-5　载荷类型

19.2　应力疲劳分析基础

19.2.1　疲劳应力术语

　　如图 19.2.1-1 所示，通过正弦恒定幅值载荷，对应力疲劳术语进行一般性介绍。

- σ_{min}：最小应力值。
- σ_{max}：最大应力值。
- $\Delta\sigma$：应力范围，$\Delta\sigma = \sigma_{max} - \sigma_{min}$。
- σ_m：平均应力，$\sigma_m = (\sigma_{max} + \sigma_{min})/2$。

- σ_a：应力幅或交变应力，$\sigma_a = \dfrac{\sigma_{max} - \sigma_{min}}{2} = \Delta\sigma/2$

- R：应力比，$R = \sigma_{min}/\sigma_{max}$。

- 对称循环载荷：施加的载荷是大小相等且方向相反的，称为对称循环载荷，其 $\sigma_m = 0$、$R = -1$。

- 脉动循环载荷：施加载荷后又撤除该载荷，发生脉动循环载荷，其 $\sigma_m = \sigma_{max}/2$、$R = 0$。

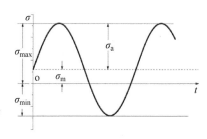

图 19.2.1-1　正弦恒定幅值载荷

一般应力（应变）幅值或者应力范围是影响疲劳寿命的决定因素，其他因素也对疲劳寿命产生影响。

19.2.2　SN 曲线

1. 线性 SN 曲线

应力与疲劳失效关系一般采用应力-寿命曲线（SN）表示，SN 曲线一般通过试件疲劳试验获得。描述 SN 关系可以通过经验公式给出线性 SN 曲线（Linear SN Curve），如图 19.2.2-1 所示。

经验计算公式为：

$$S^m \cdot N = A$$

对上式两边取对数，可得：

$$\log S = A_1 - \frac{1}{m}\log N$$

式中，N 为作用应力 S 破坏时的寿命；S 为应力幅；m 为疲劳强度指数；A 为疲劳强度系数；A_1 为常数。

2. 双线性 SN 曲线

⊟ 🔧 Linear S-N Curve	
Fatigue Strength Coefficient, A	
Fatigue Strength Exponent, m	

图 19.2.2-1　Linear SN Curve

当应力幅小于一定值后，结构可以在该应力幅下持续工作到无限次循环，称该应力幅为疲劳极限。实际中一般取某个较大的循环次数下的疲劳强度为疲劳极限，称该循环次数为 N_Q，一般取 10^7。在 SN 曲线上 N_Q 为曲线转折点对应的位置。双线性 SN 曲线（Bilinear S-N Curve）如图 19.2.2-2 所示。

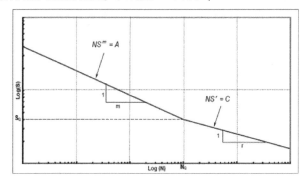

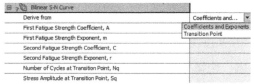

⊟ 🔧 Bilinear S-N Curve	
Derive from	Coefficients and... ▾
First Fatigue Strength Coefficient, A	Coefficients and Exponents
First Fatigue Strength Exponent, m	Transition Point
Second Fatigue Strength Coefficient, C	
Second Fatigue Strength Exponent, r	
Number of Cycles at Transition Point, Nq	
Stress Amplitude at Transition Point, Sq	

图 19.2.2-2　Bilinear S-N Curve

经验计算公式:

$$S^m \cdot N = A, S^r \cdot N = C$$

式中,m 为第一疲劳强度指数;A 为第一疲劳强度系数;r 为第二疲劳强度指数;C 为第二疲劳强度系数。另外,N_q 为应力转折点对应寿命;S_q 为转折点应力幅。

3. SN 曲线数据表

SN 曲线通过单轴拉伸或弯曲疲劳测试获得,通常反映的是单轴应力状态,计算寿命时需考虑应力结果和 SN 曲线关联,例如平均应力修正等。

数据表(SN Curve Table)输入应力幅值【Alternating Stress(MPa)】和循环次数【Cycles】,如图 19.2.2-3 所示,对于不同平均应力允许输入多重 SN 曲线。

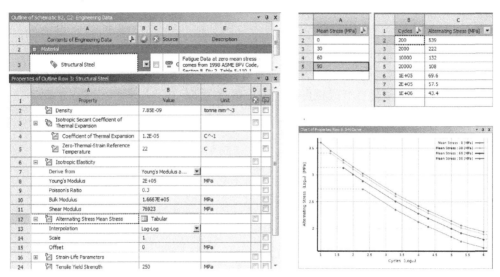

图 19.2.2-3　SN 曲线数据表定义

19.2.3　平均应力修正

【Fatigue Tool】可以设置平均应力修正,如图 19.2.3-1 所示。建议使用【Mean Stress Curves】方法,否则应从平均应力修正理论中进行选择,将单个 SN 曲线转化为考虑平均应力影响。

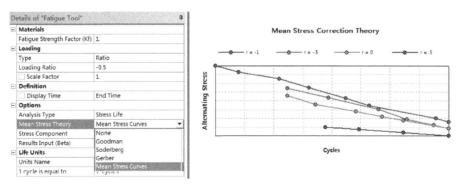

图 19.2.3-1　平均应力修正方法

(1) 不考虑平均应力影响,选择【None】。

(2) 使用平均应力修正理论,选择【Goodman】【Soderberg】和【Gerber】。

（3）使用多平均应力寿命曲线，选择【Mean Stress Curves】。

平均应力修正理论适用范围如图 19.2.3-2 所示。

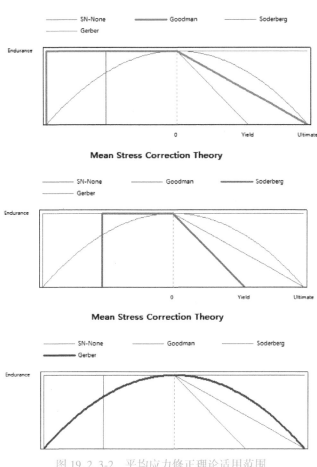

图 19.2.3-2　平均应力修正理论适用范围

（1）Goodman 理论适用于低韧性材料，对压缩平均应力没做修正。

$$\sigma_a = \sigma_{-1}(1 - \sigma_m/\sigma_b)$$

（2）Soderberg 理论比 Goodman 理论更保守，并且在有些情况下可用于脆性材料。

$$\sigma_a = \sigma_{-1}(1 - \sigma_m/\sigma_s)$$

（3）Gerber 理论能够对韧性材料的拉伸平均应力提供很好的拟合，但它不能正确地预测出压缩平均应力的有害影响。

$$\sigma_a = \sigma_{-1}\left[1 - \left(\frac{\sigma_m}{\sigma_b}\right)^2\right]$$

19.2.4　疲劳强度因子

材料属性（塑性、韧性、强度等）、缺口效应（孔、拐角等截面变化造成的局部应力集中）、尺寸效应（工艺因素、比例因素）、表面状态（表面粗糙度、表面强化）、加载频率、过载等也会影响 SN 曲线。

如图 19.2.4-1 所示，【Fatigue Tool】使用疲劳强度因子 K_f 考虑其他影响因素，用不大于 1 的值表达影响因素在实际部件和试验件中的差异程度。

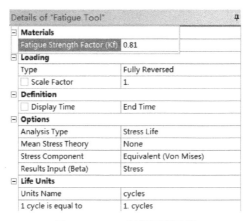

图 19. 2. 4-1　疲劳强度因子

19.2.5　雨流计数

当结构承受不规律载荷时需要确定每个应力/应变循环的幅值与数量。雨流计数是最常用的循环计数运算法则，如图 19.2.5-1 所示，把记录的应变-时间历程数据转过 90°，使时间坐标轴竖直向下，数据记录过程犹如一系列雨水顺着屋面往下流，故称为雨流计数法。

雨流计数法规则如下。

（1）雨流依次从每个峰（谷）的内侧向下流，在下一个谷（峰）处落下，直到对面没有一个比其更高的峰值（更低的谷值）停止。

（2）当雨流遇到自上面屋顶流下的雨流时即停止。

（3）取出所有的全循环，并记录各自的平均应力和应力幅值，最后用这组雨流循环完成疲劳计算。

雨流矩阵通过后处理直方图进行观察，每一个竖条（雨流计数法将任意载荷历程切分成竖条）代表若干特定应力幅值与平均应力的载荷循环，如图 19.2.5-2 所示。

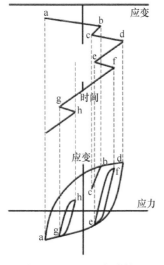

图 19. 2. 5-1　雨流计数法

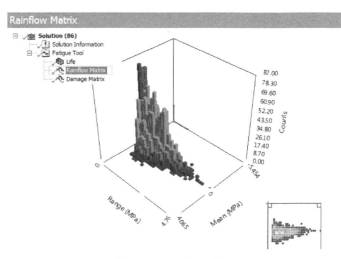

图 19. 2. 5-2　雨流矩阵

19.2.6 Miner 损伤累积

载荷时间历程（载荷谱）雨流计数得到载荷与循环次数的关系，不同应力幅循环次数都会对结构裂纹扩展产生贡献，当损伤累积到一定程度后结构就会发生疲劳失效破坏，称为疲劳损伤累积理论。【Fatigue Tool】疲劳损伤理论使用线性疲劳累积损伤 Miner 法则，认为各个应力幅疲劳损伤独立，总损伤是各独立疲劳损伤的累加，线性疲劳累积损伤 Miner 法则示意如图 19.2.6-1 所示。

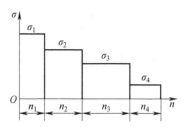

线性疲劳累积损伤 Miner 法则如下。

假设在恒定应力幅 σ_i 作用下经受 n_i 次循环，则该 σ_i 部分应力循环 n_i 对结构造成的损伤为

$$D_i = n_i / N_i$$

总损伤 D 是各级应力幅损伤 D_i 之和：

$$D = \frac{n_1}{N_1} + \frac{n_2}{N_2} + \cdots + \frac{n_n}{N_n}$$

设计中为保证不发生疲劳破坏需要 $D<1$，即

$$D = \frac{n_1}{N_1} + \frac{n_2}{N_2} + \cdots + \frac{n_n}{N_n} \leqslant 1$$

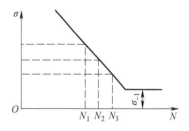

图 19.2.6-1　Miner 损伤理论

Miner 损伤理论没有考虑载荷的加载顺序，一般认为 $D = \sum n_i / N_i = 1$ 是损伤累积临界值。如果考虑加载顺序作用进行经验修正，临界值将等于某一个小于 1 的数值而不是 1。

19.3　应变疲劳分析基础

应变疲劳通常涉及金属塑性变形，用于低周疲劳分析。

下面仅对应变疲劳材料属性 $\varepsilon\text{-}N$ 曲线以及平均应力修正进行简要说明。

19.3.1　应变疲劳材料定义

1. 总应变 ε_a 和寿命 N_f 的关系方程

应变疲劳方法考虑塑性效应，总应变 ε_a 和寿命 N_f 的关系方程（对数形式表达）如图 19.3.1-1 所示。

$$\varepsilon_a = \frac{\sigma'_f}{E} (2N_f)^b + \varepsilon'_f (2N_f)^c$$

（1）高周疲劳区域采用弹性行为进行控制，Basquin 方程为

$$\frac{\Delta\varepsilon_e}{2} = \frac{\sigma'_f}{E} (2N_f)^b$$

（2）低周疲劳区域采用塑性行为进行控制，Coffin-Manson 方程为

$$\frac{\Delta\varepsilon_p}{2} = \varepsilon'_f (2N_f)^c$$

（3）总应变 ε_α 和寿命 N_f 的关系为

$$\varepsilon_a = \frac{\sigma'_f}{E} (2N_f)^b + \varepsilon'_f (2N_f)^c$$

式中，σ_f'是强度系数；b是强度指数；ε_f'延性系数；c是延性指数。

图 19.3.1-1 所示曲线中的弹性部分（公式中第一部分），b是斜率，σ_f'/E 是 Y 轴截距；塑性效应部分（公式中第二部分），c是斜率，ε_f'是 Y 轴截距；第三条曲线是弹性和塑性部分的总和。

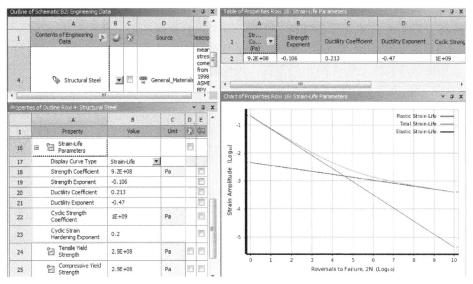

图 19.3.1-1　应变疲劳材料设置

2. Ramberg-Osgood 应力应变关系方程

应变疲劳分析中有限元求解不考虑塑性材料本构模型计算，塑性效应通过使用 Ramberg-Osgood 关系式进行转化。Ramberg-Osgood 关系式的应力应变关系如图 19.3.1-2 所示。

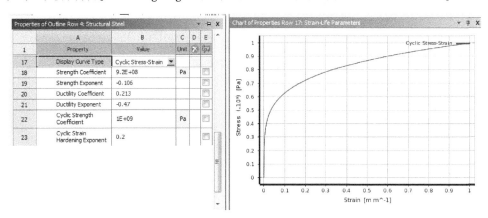

图 19.3.1-2　Ramberg-Osgood 关系式应力应变关系

$$\varepsilon_a = \frac{\sigma_a}{E} + \left(\frac{\sigma_a}{H'}\right)^{\frac{1}{n'}}$$

式中，H'是循环强度系数；n'是循环应变强度指数；σ_a是应力幅值。

19.3.2　平均应力修正

应变疲劳平均应力修正方法如图 19.3.2-1 所示。

1. Morrow 修正

Morrow 修正按照如下公式修正弹性项：

$$\varepsilon_a = \frac{\sigma'_f}{E}\left(1 - \frac{\sigma_m}{\sigma'_f}\right)(N_f)^b + \varepsilon''_f(2N_f)^c$$

式中，σ_m 是平均应力。

图 19.3.2-1　应变疲劳平均应力修正方法

Morrow 方程仅对应力部分进行了修正，认为平均压应力对寿命没有重要影响。

2. SWT 修正

该方法基于每次循环中的应变幅值和最大应力定义一个新的损伤参数。

$$P_{\text{SWT}} = \varepsilon_a \sigma_{\max}$$

有两种方式能够进行平均应力的修正，分别为 Formula 和 Iterative。

（1）Formula。Formula 采用如下公式进行弹性部分的修正：

$$\sigma_{\max}\varepsilon_a = \frac{(\sigma'_f)^2}{E}(2N_f)^{2b} + \sigma'_f \varepsilon''_f(2N_f)^{b+c}$$

式中，$\sigma_{\max} = \sigma_m + \sigma_a$。

（2）Iterative。如图 19.3.2-2 所示，在 Iterative 方法中 SWT 方法使用一个损伤系数 P_{SWT}，该损伤系数是一个被寻求的完全相反的载荷循环和需要进行分析的平均应力载荷循环的相等值。

$$P_{\text{SWT}} = \varepsilon_a \sigma_{\max} = \varepsilon_{a,\text{equiv}} \sigma_{\max,\text{equiv}}$$

等效完全循环的应变幅值和最大应力是相关的。

$$\varepsilon_{a,\text{equiv}} = \frac{\sigma_{\max,\text{equiv}}}{E} + \left(\frac{\sigma_{\max,\text{equiv}}}{K'}\right)^{1/n'}$$

因此方程能够进行求解，等效应力幅值能够通过标准应变寿命曲线查表获得。

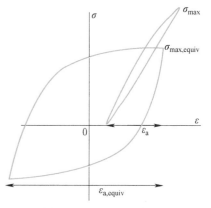

图 19.3.2-2　SWT 方法

19.4　不定振幅疲劳计算

利用不定振幅载荷形式，可以在【Fatigue Tool】疲劳工具中进行考虑单载荷通道瞬态时间历程应力的疲劳分析，非恒定振幅载荷疲劳计算流程如图 19.4-1 所示，疲劳工具明细栏对疲劳计算求解项进行集中控制，如图 19.4-2 所示。

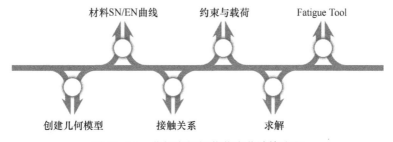

图 19.4-1　非恒定振幅载荷疲劳计算流程

1. 载荷类型

载荷类型使用历程数据【History Data】，比例因子【Scale Factor】用于放大载荷，如图 19.4-3

所示。时间序列载荷历程数据通过【History Data】选择，在【History Data Location】栏指定载荷存储路径，如图 19.4-4 所示。

图 19.4-2　疲劳工具明细栏　　　　　　　　图 19.4-3　载荷类型

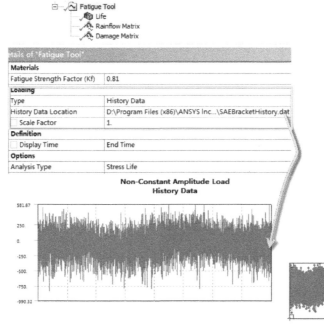

图 19.4-4　非恒定振幅载荷类型

2. 平均应力修正和疲劳强度因子

平均应力修正和疲劳强度因子如图 19.4-5 所示，计算理论参阅前文说明。

3. 应力成分

疲劳试验通常测定的是单轴应力状态，需要把单轴应力状态转换到一个标量值，以决定其在应力幅下对应 SN 曲线中的疲劳循环次数。【Fatigue Tool】通过应力分量【Stress Component】定义选用的应力结果如何与 SN 疲劳曲线进行比较，如图 19.4-6 所示。

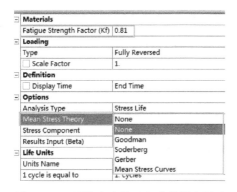

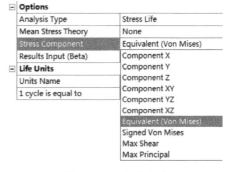

图 19.4-5　平均应力修正与疲劳强度因子　　　　图 19.4-6　应力成分

4. 创建求解结果

创建疲劳求解计算后处理内容，如图 19.4-7 所示。

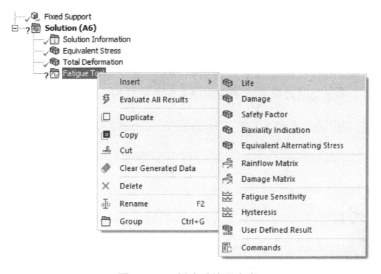

图 19.4-7　创建后处理内容

（1）寿命（Life）

等值线云图显示给定结构的疲劳可用寿命。加载载荷为非恒定幅值形式的一组数值，就表示失效之前加载这整个载荷序列的次数。例如给定载荷历程（非恒定振幅）代表一个月负载，计算寿命为 120 次，则模型具有的寿命为 120 个月。

（2）累积损伤（Damage）

疲劳损伤定义为设计寿命除以可用寿命。累积损伤大于 1 表示零件在达到设计寿命前将发生疲劳失效。

（3）安全系数（Safety Factor）

该结果为在给定设计寿命下疲劳失效的安全系数 F_s 的等值线图。报告的最大 F_s 为 15。

安全系数计算方法如下：计算应力幅值和平均应力，使用选定的应力分量从张量到标量进行交变和平均应力转换，最后计算安全系数。

安全系数计算公式为：

$$\frac{1}{F_s}=\frac{S_{alt}}{S_{eqv}}+\frac{S_{mean}}{S_{ultimate}}$$

（4）双轴指示（Biaxiality Indication）

应力双轴等值线有助于确定局部应力状态，双轴指示是较小与较大主应力的比值（主应力接近 0 的被忽略），因此单轴应力局部区域为 0，纯剪切为−1，双轴应力状态为 1。

（5）等效交变应力（Equivalent Alternating Stress）

等效交变应力是基于选择的应力类型考虑载荷类型和平均应力影响后，用于从 SN 曲线查询疲劳寿命的应力。

例如使用 Goodman 平均修正理论的等效应力计算方法如下：

$$Eqv_{AltStress}=\frac{S_{alt}}{1-\dfrac{S_{mean}}{S_{ultimate}}}$$

（6）雨流矩阵（Rainflow Matrix）

雨流矩阵描述每个 BIN 文件包含的周期计数，如图 19.4-8 所示。

雨流矩阵大小通过 BIN×BIN 确定。BIN 越大矩阵排序越大，放入每个 BIN 中的循环越少，平均应力和应力范围计算越准确。

（7）损伤矩阵（Damage Matrix）

损伤矩阵描述每个 BIN 文件造成的相对损伤程度。这个结果提供与总损伤的累积相关的信息，例如损伤包括了哪些小应力循环或哪些大应力循环的发生。损伤矩阵如图 19.4-9 所示。

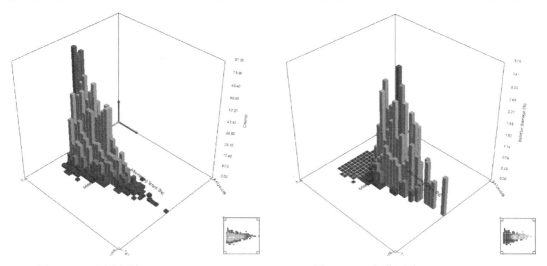

图 19.4-8　雨流矩阵（Rainflow Matrix）　　　　图 19.4-9　损伤矩阵（Damage Matrix）

（8）疲劳敏感度（Fatigue Sensitivity）

疲劳敏感度显示疲劳结果如何随关键位置载荷变化而变化，如图 19.4-10 所示。可以进行 Life、Damage 或 Safety Factor 等的敏感性分析，例如将疲劳灵敏度下限分别设置为 50% 和 150%，计算结果将沿着从 0.5 到 1.5 的比例因子尺度绘制数据点，可以指定曲线填充点数量，如 25 点。

（9）滞回（Hysteresis）

应变寿命疲劳分析中有限元计算应力是线性的，但局部弹/塑性响应可能不是线性的，Neuber

修正给定线性弹性输入的局部弹/塑性响应。重复加载非线性局部响应将形成紧密滞回环，滞回效应绘制关键位置的局部弹/塑性响应，可以帮助理解局部位置真实的结构反应，这是不容易推断的。滞回特性如图 19.4-11 所示。

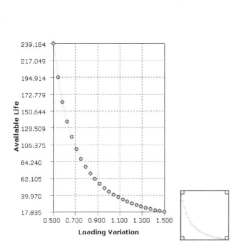

图 19.4-10　疲劳敏感度（Fatigue Sensitivity）

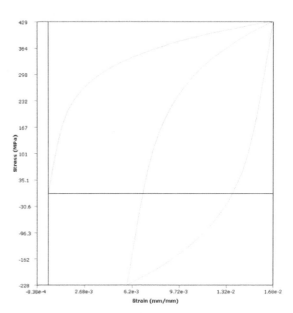

图 19.4-11　滞回（Hysteresis）

19.5　时间历程疲劳案例：架臂时序载荷应力疲劳计算

◇ 起始文件：exam/exam19-1/exam19-1_pre.wbpj
◇ 结果文件：exam/exam19-1/exam19-1.wbpj

1. 静力学分析流程

Step 1　创建分析系统

启动 ANSYS Workbench 程序，浏览打开分析起始文件【exam19-1_pre.wbpj】，时间历程应力分析准备文件【Static Structural】已经存在于分析系统。

Step 2　工程材料数据定义

进入【Engineering Data（A2）】单元格通用材料库进行铝合金【Aluminum Alloy】材料添加，疲劳计算 SN 曲线如图 19.5-1 所示，此曲线采用多应力比的应力幅值-寿命数据进行定义。

Step 3　几何行为特性定义

双击单元格【Model（A4）】，进入 Mechanical 静力学分析环境。

导航树【Geometry】节点下包括架臂结构主体几何实体体素，修改材料为【Aluminum Alloy】。

Step 4　网格划分

（1）选择【Mesh】节点，明细栏设置单元阶次为默认高阶单元。【Sizing】项设置：【Resolution】为 2 级，转化过渡【Transition】=【Fast】，跨度中心角【Span Angle Center】=【Medime】。【Advanced】项设置采用前沿推进法：【Triangle Surface Mesher】=【Advancing Front】。

（2）右击【Mesh】插入【Method】和【Body Sizing】，局部划分方法修改明细栏【Method】=【Patch Conforming Method】，设置单元尺寸为 2.5mm。

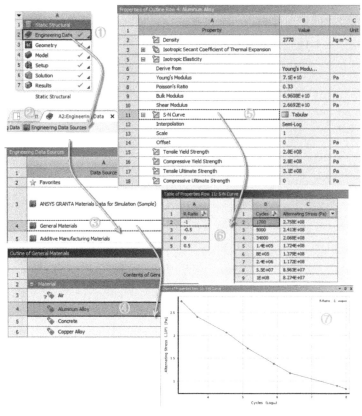

图 19.5-1　工程材料数据定义

Step 5　载荷与约束定义

（1）选择【Static Structural（A5）】节点，右击后选择【Insert】→【Force】，明细栏【Geometry】选中架臂结构的上端单独销轴孔，载荷大小 1000N，方向为 Z 轴。

（2）选择【Static Structural（A5）】节点，右击后选择【Insert】→【Fixed Support】，明细栏 Geometry 选中架臂零件下端安装座 3 个圆孔面，如图 19.5-2 所示。

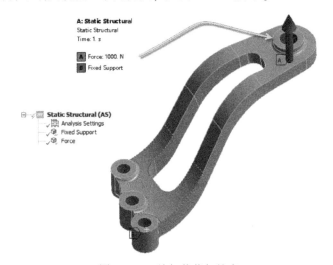

图 19.5-2　施加载荷与约束

Step 6 求解与后处理

选择【Solution（A6）】节点，右击后选择【Insert】→【Stress】，插入应力【Equivalent Stress】，计算结果如图 19.5-3 所示。

图 19.5-3 应力计算结果

2. 应力疲劳求解流程

Step 1 疲劳工具配置

（1）选择【Solution（A6）】节点，右击后选择【Insert】→【Fatigue Tool】，插入损伤【Damage】和寿命【Life】，如图 19.5-4 步骤①所示。

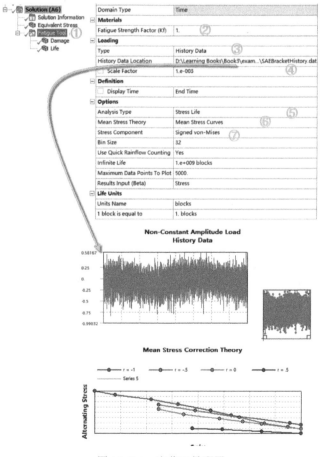

图 19.5-4 疲劳工具配置

（2）设置材料疲劳强度因子 Kf 为 1，如图 19.5-4 步骤②。

（3）载荷类型采用时间历程数据载荷【History Data】，比例因子设置为 0.001，时间载荷数据位置【History Data Location】选择时序载荷谱存放的文件"SAEBracketHistory. dat"，如图 19.5-4 步骤③、④所示。注意静力学载荷 1000N 乘以比例因子乘以时序载荷为加载在结构上的真实载荷数据。

（4）分析类型采用应力疲劳方法【Stress Life】，平均应力修正理论选择平均应力曲线【Mean Stress Curves】，应力组成选择带有符号的米塞斯应力【Signed von-Mises】，其他采用默认设置，如图 19.5-4 步骤⑤~⑦所示。

（5）寿命单位采用 blocks，一个 blocks 计算次数作为上述时序载荷谱作用的累计次数。

Step 2　疲劳求解

（1）损伤【Damage】设置重复 25000 个 blocks 的累积损伤，如图 19.5-5 所示。

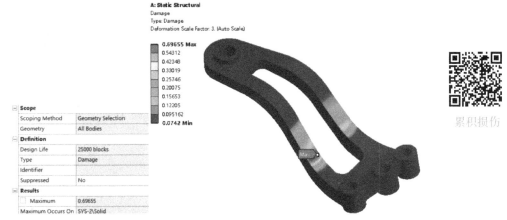

图 19.5-5　单次载荷谱累积损伤

（2）寿命【Life】云图如图 19.5-6 所示，可见经受时序载荷的总次数。

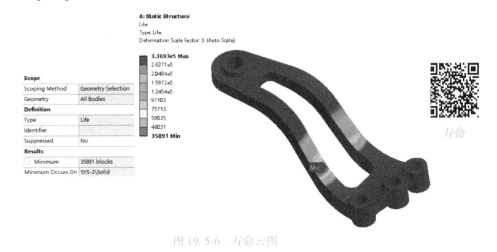

图 19.5-6　寿命云图

19.6　本章小结

本章对疲劳分析基本原理、疲劳曲线定义、应力与应变疲劳方法进行说明，特别对非恒定振幅载荷疲劳计算方法进行了描述，并给出时间历程应力疲劳分析计算案例进行操作说明。

第20章

频域基振动疲劳分析

20.1 谐响应疲劳分析

20.1.1 谐响应疲劳计算方法

【Fatigue Tool】基于谐响应分析能进行指定频、多点频率以及连续频率扫频（正弦扫频）等疲劳问题计算。计算假设谐响应分析应力完全反转，应力范围是最大谐响应应力的两倍。

（1）定频疲劳分析；指定频率下应力（最大或者热点频率）的疲劳计算问题。

（2）多点频率疲劳分析：指定多频率值点及其持续时间，计算不同指定频率对应的应力累积疲劳损伤。

（3）正弦扫频：指定频率值范围及其相应比例因子，从最低频率到最高频率进行，考虑总曝光耐久时间，配合振幅放缩比例完成疲劳损伤累积计算。

20.1.2 谐响应疲劳分析设置

【Fatigue Tool】谐响应疲劳分析选项如图 20.1.2-1 所示。

图 20.1.2-1　谐响应疲劳分析选项

（1）【Fatigue Strength Factor（Kf）】：疲劳强度因子，定义疲劳强度折减系数（见 19.2.4 节），疲劳分析计算根据指定系数（默认值为 1）调整 SN 或 EN 曲线，该系数用来考虑真实产品服役环境与数据收集实验室环境的现实折减状态。

（2）【Scale Factor】：比例因子，用于调整载荷的比例，例如设置值为 3，则对零平均应力载荷振幅比例的增值是自身应力的 1.5 倍。注意【Scale Factor】是在应力从张量折成标量后应用，符号敏感的多轴应力例如 Von-Mises、最大剪应力、最大主应力等的计算结果可能不尽相同。

（3）【Stress Component】：应力组成，见 19.4 节说明。

（4）【Exposure Duration】：耐久时间，用于谐响应疲劳计算的振动持续时长设置。获得的疲劳损伤统计结果是在整个持续时长内进行，默认评价 1s 的振动次数造成的损伤累积。谐响应分析中疲劳损伤累计次数取决于耐久时间乘以所选择频率。

（5）【Frequency Selection】：频率选择。

- 【Single Frequency】：指定特殊频率处的计算应力进行谐响应疲劳分析。
- 【Multiple Frequencies】：指定频率值、耐久时间，考虑不同频率应力作为计算应力并累积疲劳损伤。
- 【Sine Sweep】：指定频率值、比例因子，正弦扫频使用扫描速率、适当振幅尺度进行疲劳损伤累积，其中扫描频率范围从最低频率值（0.5Hz）到最高频率值。
- 谐响应分析响应最大应力相位角由程序自动选择。

（6）【Sweep Rate】：扫频率，在谐响应疲劳计算中频率选择【Sine Sweep】时可用，指定以 Hz/s 为单位进行频率扫描。

（7）【1 "Unit" is Equal To】：1 单位等效，"Unit" 作为基本循环单位或者是基于一定总量过程 "计算块" 的循环单位。

20.2　随机振动疲劳分析

20.2.1　随机振动疲劳分析方法

1. Steinberg 公式法

Steinberg 公式法假定符合高斯分布，如图 20.2.1-1 所示，利用应力（$1\sigma, 2\sigma, 3\sigma$）发生率以及 Miner 法则来计算系统总疲劳损伤。

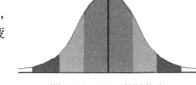

图 20.2.1-1　高斯分布

Steinberg 公式为：

$$D = \frac{n_{1\sigma}}{N_{1\sigma}} + \frac{n_{2\sigma}}{N_{2\sigma}} + \frac{n_{3\sigma}}{N_{3\sigma}}$$

式中，$n_{1\sigma}$ 为在或低于 1σ 水平的实际循环数（$0.6831 f_0 t$）；$n_{2\sigma}$ 为在或低于 2σ 水平的实际循环数（$0.271 f_0 t$）；$n_{3\sigma}$ 为在或低于 3σ 水平的实际循环数（$0.0433 f_0 t$）；$N_{1\sigma}$、$N_{2\sigma}$、$N_{3\sigma}$ 为 1σ、2σ、3σ 应力水平下对应疲劳曲线允许的循环发生次数；f_0 定义为统计频率。

2. Wirsching 公式法

Wirsching 公式法对 Narrow Band 公式法修正以考虑宽带问题，宽带问题计算不是使用更复杂的方法而是在窄带公式基础上考虑 Wirsching 修正因子计算疲劳损伤。

线性 SN 曲线使用疲劳强度指数 m，而双线性 SN 曲线使用两个疲劳强度指数 m 和 r 的平均值。

Narrow Band 公式如下。

（1）线性 SN 曲线：

$$D_{\mathrm{NB}} = \frac{f_0 t}{A}(\sqrt{2}\sigma)^m \Gamma\left(\frac{m}{2}+1\right)$$

（2）双线性 SN 曲线：

$$D_{\mathrm{NB}} = \frac{f_0 t}{A}(\sqrt{2}\sigma)^m \Gamma\left(\frac{m}{2}+1, z\right) + \frac{f_0 t}{C}(\sqrt{2}\sigma)^m \Gamma_0\left(\frac{r}{2}+1, \left(\frac{S_Q}{\sqrt{2}\sigma}\right)^2\right)$$

式中，f_0 为统计频率；t 为曝光耐久时间；σ 为等效应力幅值；Γ 为伽马函数；A、m 取自线性 SN

曲线经验公式 $S^m \cdot N = A$；C、r 取自双线性 SN 曲线经验公式：$S^m \cdot N = A$ & $S^r \cdot N = C$；S_Q 为斜率转换点对应应力：

$$\Gamma_0\left(\frac{r}{2}+1,\left(\frac{S_Q}{\sqrt{2}\sigma}\right)^2\right) = \Gamma\left(\frac{r}{2}+1\right) - \Gamma\left(\frac{r}{2}+1,\left(\frac{S_Q}{\sqrt{2}\sigma}\right)^2\right)$$

Wirsching 修正因子 λ：

$$\lambda = a(m) + [1-a(m)](1-\varepsilon)^{b(m)}$$

式中，$a(m) = 0.9260.033m$；$b(m) = 1.587m - 2.323$；带宽因子 $\varepsilon = \sqrt{1-\gamma^2}$，不规则因子 $\gamma^2 = \frac{m_2}{m_0 \times m_4}$，谱矩 m_0，m_2，m_4，$m_j = \int_0^\infty \omega_e^j S_{Rpsd} d\omega$。

20.2.2 随机振动疲劳分析设置

随机振动疲劳计算需要随机振动分析提供速度和加速度结果，分析设置输出信息控制中将速度计算【Calculate Velocity】和加速度计算【Calculate Acceration】设置为【Yes】，如图 20.2.2-1 所示。

【Fatigue Tool】工具随机振动疲劳分析选项如图 20.2.2-2 所示。

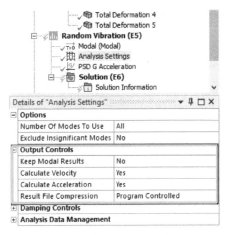

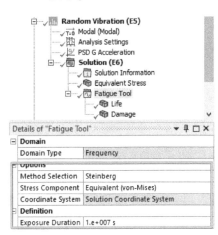

图 20.2.2-1　输出控制　　　　　图 20.2.2-2　【Fatigue Tool】工具选项

（1）【Method Selection】：方法选择，随机振动疲劳统计方法包括 Narrow Band、Steinberg、Wirsching。

（2）【Stress Component】：应力组成，见 19.4 节说明。

（3）【Exposure Duration】：耐久时间，用于随机振动疲劳计算的振动持续时长设置，获得的疲劳损伤统计结果是在整个持续时长内进行。

20.3 振动疲劳组合

【Fatigue Combination】可以组合随机振动疲劳、谐响应疲劳的计算结果进行总体损伤评判，如图 20.3-1 所示。

（1）完成谐响应疲劳分析、随机振动疲劳分析计算，如图中步骤①、②。

（2）插入疲劳组合工具：【Insert】→【Fatigue Combination】，如图中步骤③。

（3）在【Fatigue Combination】中插入损伤、寿命等结果评价内容，例如选择【Insert】→

【Damage】，如图中步骤④。

（4）通过疲劳组合工具工作表【Worksheet】菜单添加求解模块（随机或谐响应），指定求解模块对应疲劳工具以及计算比例因子等，如图中步骤⑤。

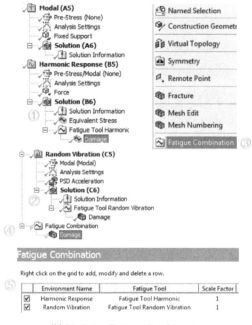

图 20.3-1　Fatigue Combination

20.4　频率基振动疲劳案例

20.4.1　屏幕支架谐响应疲劳计算案例

◇ 起始文件：exam/exam20-1/exam20-1_pre. wbpj

◇ 结果文件：exam/exam20-1/exam20-1. wbpj

1. 模态分析流程

Step 1　创建分析系统

启动 ANSYS Workbench 程序，浏览打开分析起始文件【exam20-1_pre. wbpj】。如图 20.4.1-1 所示，分析系统【Modal】已经在项目流程图建立并完成模态分析计算。拖拽分析系统【Harmonic Response】进入项目流程图共享继承【Modal】的【Engineering Data】【Model】【Solution】单元格内容。

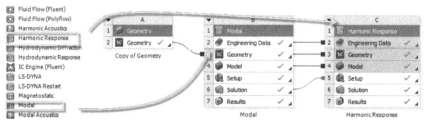

图 20.4.1-1　创建分析系统

Step 2　工程材料数据定义

进入【Engineering Data（A2）】单元格，材料选择通用材料库铝合金【Aluminum Alloy】，疲劳计算 SN 曲线数据如图 20.4.1-2 所示，SN 曲线采用多应力比应力幅值-寿命数据。

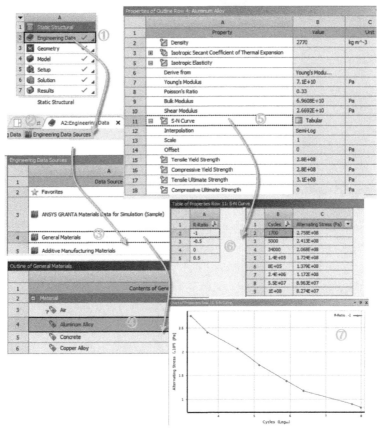

图 20.4.1-2　工程材料数据定义

Step 3　几何行为特性定义

双击单元格【Model（B4）】，进入 Mechanical 模态分析环境。

（1）导航树【Geometry】节点下包括支架结构几何实体体素，所有几何体材料定义为铝合金【Aluminum Alloy】。

（2）定义支架安装的屏幕质量，以集中点质量【Point Mass】进行表示。右击【Geometry】节点插入集中点质量，选择屏幕在支架上的安装表面，分别定义集中质量为 5kg，如图 20.4.1-3 所示。

Step 4　网格划分

（1）选择【Mesh】节点，明细栏设置单元阶次为线性：【Element Order】→【Linear】（线弹性计算推荐高阶单元，此处考虑计算速度与存储采用低阶单元）。【Sizing】项设置【Resolution】为 2 级，转化过渡【Transition】=【Fast】，跨度中心角【Span Angle Center】=【Medime】。【Advanced】项设置采用前沿推进法：【Triangle Surface Mesher】=【Advancing Front】。

（2）选择【Mesh】节点，右击插入【Method】和【Body Sizing】，选择全部 7 个实体几何，局部网格划分方法中修改明细栏【Method】=【Patch Conforming Method】，设置单元尺寸为 5mm。同时设置【Defeature Size】=2.5mm，对于低于该尺寸的几何特征忽略网格捕捉。

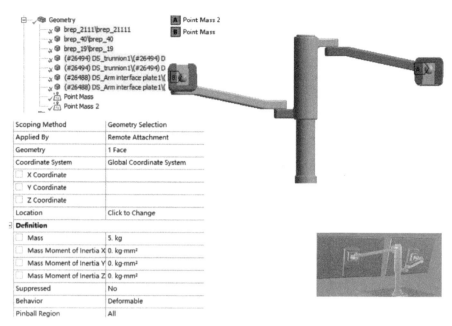

Scoping Method	Geometry Selection
Applied By	Remote Attachment
Geometry	1 Face
Coordinate System	Global Coordinate System
☐ X Coordinate	
☐ Y Coordinate	
☐ Z Coordinate	
Location	Click to Change
Definition	
☐ Mass	5. kg
☐ Mass Moment of Inertia X	0. kg·mm²
☐ Mass Moment of Inertia Y	0. kg·mm²
☐ Mass Moment of Inertia Z	0. kg·mm²
Suppressed	No
Behavior	Deformable
Pinball Region	All

图 20.4.1-3　几何行为特性定义

Step 5　运动副定义

对屏幕支架销轴连接位置进行运动副定义，均为【Fixed】，具体过程略，共完成 6 个固定副的定义，如图 20.4.1-4 所示。

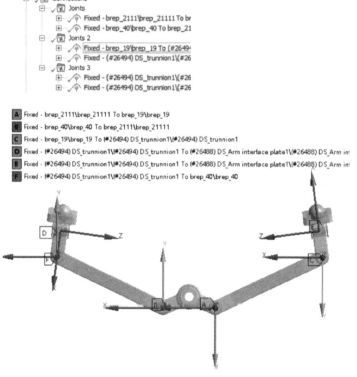

图 20.4.1-4　运动副定义

Step 6 载荷与约束定义

选择【Modal（B5）】节点，右击后选择【Insert】→【Fixed Support】，明细栏【Geometry】选中安装座底面，如图 20.4.1-5 所示。

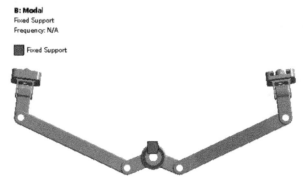

图 20.4.1-5 约束定义

Step 7 模态分析设置

在【Analysis Settings】中提取模态 6 阶，不设置频率搜索范围。

Step 8 模态求解

（1）选择【Solution（B6）】节点，右击后选择【Insert】→【Solve】完成模态求解。

（2）选择【Solution（B6）】节点，按住〈Ctrl〉键选择视窗右下侧【Tabular Data】模态频率数据，右击选择【Create Mode Shape Results】创建模态振型得到前 6 阶模态振型，图 20.4.1-6 所示为第 1 阶、2 阶模态振型。

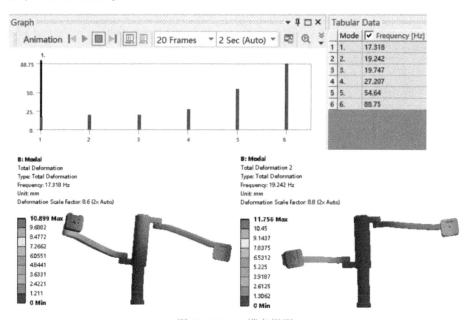

图 20.4.1-6 模态振型

2. 谐响应分析流程

Step 1 模态环境定义

模态环境定义采用默认设置。

Step 2 谐响应分析设置

（1）在【Analysis Settings】中设置【Options】：频率空间设置类型为线性，频率范围为 5～50Hz，求解间隔为 45 份，默认采用模态叠加法。

（2）在【Analysis Settings】中设置阻尼控制【Damping Controls】：采用阻尼比定义阻尼，阻尼比为 0.02，如图 20.4.1-7 所示。

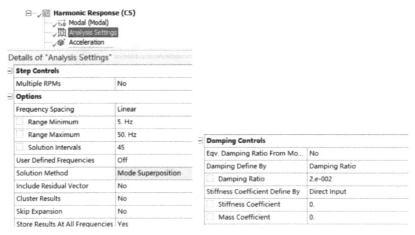

图 20.4.1-7 谐响应分析设置

Step 3 谐响应分析载荷定义

单击选中导航树【Harmonic Response（C5）】节点，右击后选择【Insert】→【Acceleration】，如图 20.4.1-8 所示，施加载荷力大小为 9806.6mm/s²，方向为 Z 轴，模拟支架处于 1g 简谐加速度载荷下的状态。

图 20.4.1-8 施加 1g 简谐加速度载荷

Step 4 求解及后处理

（1）选择【Solution（C6）】节点，右击后选择【Insert】→【Solve】，完成谐响应分析求解。

（2）选择【Solution（C6）】节点，右击后选择【Insert】→【Frequency Response】→【Stress】，插入基于应力的频率响应结果，方向选择 Z 轴，选择中心架上部高亮面作为响应观测面，求解获得频率、幅值、相位相应关系如图 20.4.1-9 所示，可知最大应力响应频率为 20Hz。

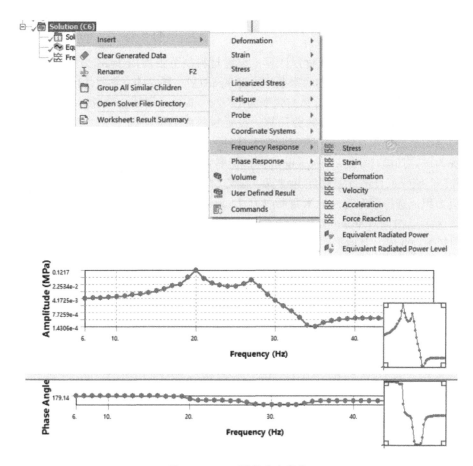

图 20.4.1-9　频率响应定义

（3）右击上一步生成的【Frequency Response】，选择【Create Contour Result】，生成应力计算项，修改应力类型为【Equivalent（von-Mises）Stress】，评价应力求解结果如图 20.4.1-10 所示。

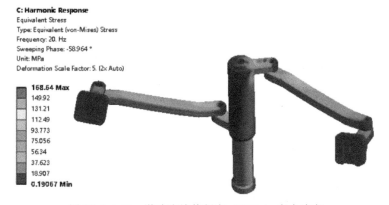

图 20.4.1-10　谐响应峰值频率（20Hz）应力响应

3. 谐响应分析疲劳计算流程

Step 1　疲劳工具配置

（1）选择【Solution（C6）】节点，右击后插入 3 次疲劳工具：【Insert】→【Fatigue Tool】。第 1

个与第 2 个疲劳工具插入寿命【Life】，第 3 个疲劳工具插入损伤【Damage】，各疲劳工具的频域振动疲劳计算设置如图 20.4.1-11 所示。

（2）第 1 个疲劳工具进行扫频疲劳计算，设置材料疲劳强度因子 Kf 为 1，应力结果输入为【Stress】，应力组成选择带有符号的米塞斯应力【Signed von-Mises】，载荷【Loading】比例因子为 1，频率选择正弦扫频【Sine Sweep】，扫频率为 1Hz/s，其他采用默认设置。

（3）第 2 个疲劳工具进行定频疲劳计算，设置材料疲劳强度因子 Kf 为 1，应力结果输入为【Stress】，应力组成选择带有符号的米塞斯应力【Signed von-Mises】，载荷【Loading】比例因子为 1，频率选择为单点扫频【Single Frequency】，扫频率为 20Hz，其他采用默认设置。

（4）第 3 个疲劳工具进行多频疲劳计算，设置材料疲劳强度因子 Kf 为 1，应力结果输入为【Stress】，应力组成选择带有符号的米塞斯应力【Signed von-Mises】，载荷【Loading】比例因子为 1，频率选择为多点扫频【Multiple Frequencies】，扫频率为 20Hz 和 27Hz，其中 20Hz 扫频 6000 次，27Hz 扫频 10000 次，其他采用默认设置。

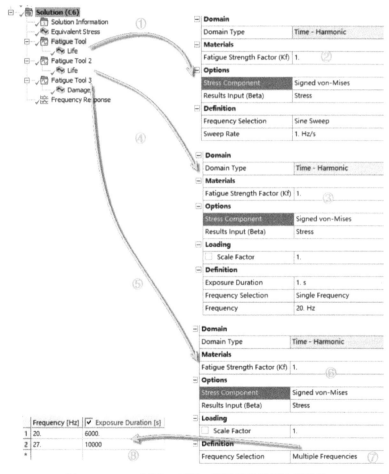

图 20.4.1-11　扫频、定频、多频振动疲劳计算设置

Step 2　疲劳结果求解

（1）第 1 个疲劳工具进行扫频疲劳计算，获得寿命【Life】云图，重复秒数（s）如图 20.4.1-12 所示。

（2）第 2 个疲劳工具进行定频疲劳计算，获得寿命【Life】云图，重复秒数（s）如图 20.4.1-13

所示。

（3）第3个疲劳工具进行多频疲劳计算，获得损伤【Damage】云图，累积损伤值如图20.4.1-14所示。

图 20.4.1-12　扫频疲劳寿命

扫频疲劳寿命

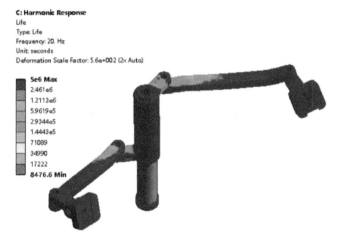

图 20.4.1-13　定频疲劳寿命

定频疲劳寿命

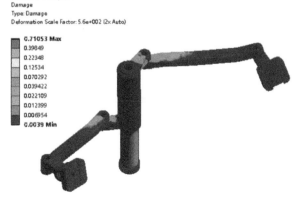

图 20.4.1-14　多频累积损伤

多频累积损伤

20.4.2　山地车随机振动疲劳计算案例

◇ 起始文件：exam/exam20-2/exam20-2_pre. wbpj
◇ 结果文件：exam/exam20-2/exam20-2. wbpj

1. 模态分析流程

Step 1　创建分析系统

启动 ANSYS Workbench 程序，浏览打开分析起始文件【exam20-2_pre. wbpj】。如图 20.4.1-1 所示，模态分析系统【Modal】已经完成模态计算分析，拖拽分析系统【Random Vibration】进行项目流程图共享，继承【Modal】的【Engineering Data】【Model】【Solution】单元格内容。

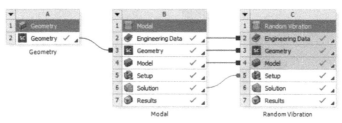

图 20.4.2-1　创建分析系统

Step 2　工程材料数据定义

计算材料采用 nCode 材料库钛合金 Ti-6Al-4V。如图 20.4.2-2 所示，进行【Engineering Data (B2)】材料选择，疲劳 SN 曲线数据采用多应力比的应力幅值-寿命数据。

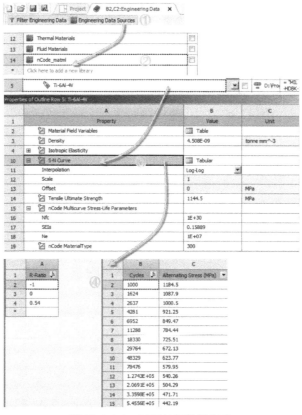

图 20.4.2-2　工程材料数据定义

Step 3 几何行为特性定义

双击单元格【Model（B4）】，进入 Mechanical 模态分析环境。

（1）导航树【Geometry】节点下包括车架结构几何实体体素，所有几何体材料定义为钛合金。

（2）定义车架人体载重质量，以集中点质量【Point Mass】表示，右击【Geometry】节点插入集中点质量，选择车座与车把安装孔，定义集中质量为 150kg，如图 20.4.2-3 所示。

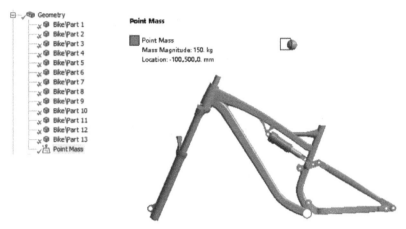

图 20.4.2-3 几何行为特性定义

Step 4 网格划分

（1）选择【Mesh】节点，明细栏设置单元阶次为低阶：【Element Order】→【Linear】（线弹性计算推荐高阶单元，此处考虑计算速度与存储采用低阶单元）。【Sizing】项设置：【Resolution】为 2 级，转化过渡【Transition】=【Fast】，跨度中心角【Span Angle Center】=【Medime】。【Advanced】项设置采用前沿推进法：【Triangle Surface Mesher】=【Advancing Front】。

（2）右击【Mesh】插入【Method】和【Body Sizing】，选择全部 13 个实体几何，局部划分方法修改明细栏【Method】=【Patch Conforming Method】，设置单元尺寸为 5mm。同时设置【Defeature Size】=3mm，对于小于该尺寸的几何特征不进行网格划分。

Step 5 运动副与接触定义

（1）车架连接关节位置进行运动副定义，均为旋转运动副，如图 20.4.2-4 所示，共 10 处，具体过程略，见模型文件。

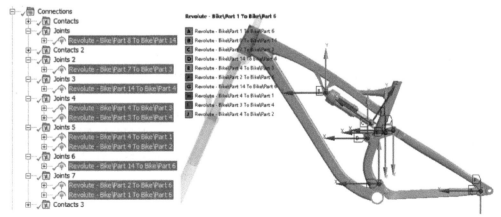

图 20.4.2-4 运动副定义

（2）车架连接位置进行接触对定义，均为绑定接触对，如图 20.4.2-5 所示，共 7 处，具体过程略，见模型文件。

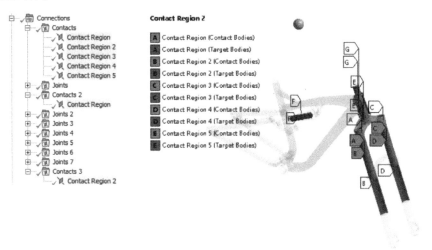

图 20.4.2-5　接触定义

Step 6　载荷与约束定义

仅定义约束。选择【Static Structural（B5）】节点，右击连续插入 2 次远程位移约束：【Insert】→【Remote Displacement】，明细栏【Geometry】分别选择图 20.4.2-6 所示的轮辐连接销孔 A、B。

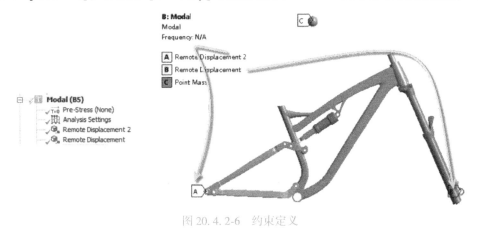

图 20.4.2-6　约束定义

Step 7　模态分析设置

在【Analysis Settings】中设置提取模态 6 阶，不设置频率搜索范围。

Step 8　模态求解

（1）选择导航树【Solution（B6）】节点，右击后选择【Insert】→【Solve】完成模态求解。

（2）选择【Solution（B6）】节点，按住〈Ctrl〉键选择视窗右下侧的模态频率数据【Tabular Data】，右击创建模态振型（Create Mode Shape Results）得到前 6 阶模态振型，其中图 20.4.2-7 所示为 1 阶、2 阶模态振型。

2. 随机振动分析流程

Step 1　模态选项定义

模态选项定义采用默认设置。

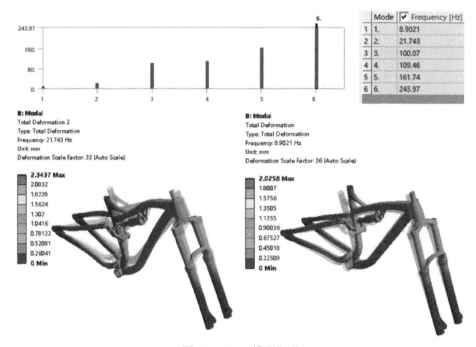

图 20.4.2-7　模态振型

Step 2　随机振动分析设置

（1）在【Analysis Settings】中设置【Options】：使用所有模态。

（2）在【Analysis Settings】中设置阻尼控制【Damping Controls】：采用阻尼比定义，阻尼比为 0.02。

（3）在【Analysis Settings】中设置输出控制【Output Controls】：输出计算速度和加速度选项，如图 20.4.2-8 所示。

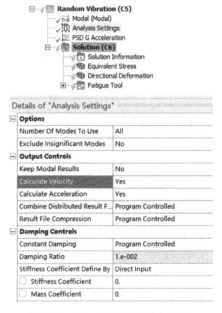

图 20.4.2-8　随机振动分析设置

Step 3　谐响应分析载荷定义

选择【Random Vibration（C5）】节点，右击后选择【Insert】→【PSD G Acceleration】，如图 20.4.2-9 所示，施加所有边界的随机振动载荷，方向 Y 轴。

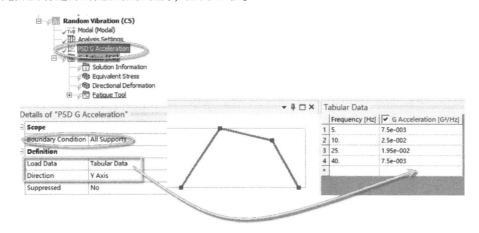

图 20.4.2-9　随机振动载荷施加

Step 4　求解及后处理

（1）选择【Solution（C6）】节点，右击后选择【Insert】→【Solve】，完成随机振动求解。

（2）选择【Solution（C6）】节点，右击后选择【Insert】→【Stress】，插入【Equivalent（von-Mises）Stress】，同理插入 Y 轴方向变形【Directional Deformation】。如图 20.4.2-10 所示，获得 1σ 概率下的应力和位移求解结果。

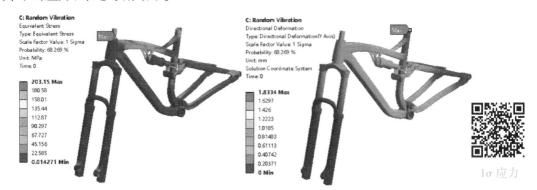

1σ 应力

图 20.4.2-10　随机振动 1σ 应力与位移响应

3. 随机振动疲劳分析计算流程

Step 1　疲劳工具设置

（1）选择【Solution（C6）】节点，右击后选择疲劳工具：【Insert】→【Fatigue Tool】，分别对 4 个评价几何插入寿命【Life】，如图 20.4.2-11 所示。

（2）疲劳计算方法选择【Steinberg】，应力组成选择【Equivalent（von-Mises）】，疲劳求解时长【Exposure Duration】=1s，其他采用默认设置。

Step 2　疲劳求解

提交求解，获得 4 个零件在随机振动载荷条件下的疲劳寿命【Life】，以秒数（s）为单位，如图 20.4.2-12 所示。

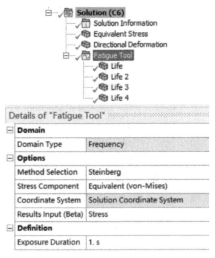

随机振动疲劳

图 20.4.2-11　随机振动疲劳工具设置

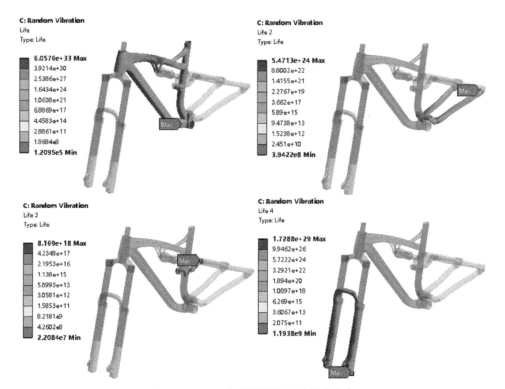

图 20.4.2-12　各零件随机振动疲劳寿命

20.5　本章小结

本章对疲劳工具【Fatigue Tool】的频率基疲劳计算方法进行讲解，涉及谐响应分析疲劳求解方法和随机振动分析疲劳求解方法，给出计算案例对扫频、定频、随机振动疲劳计算方法进行操作说明。

参 考 文 献

［1］付稣昇．ANSYS Workbench17.0 数值模拟与实例精解 ［M］．北京：人民邮电出版社，2017.

［2］付稣昇．ANSYS nCode DesignLife 疲劳分析与实例教程 ［M］．北京：人民邮电出版社，2020.

［3］维尼，王崧，刘丽娟，等．ANSYS 理论与应用 theory and application with ANSYS ［M］．北京：电子工业出版社，2008.

［4］欧文，辛顿，曾国平．塑性力学有限元：理论与应用 ［M］．北京：兵器工业出版社，1989.

［5］陈政清，樊伟，李寿英，康厚军．结构动力学 ［M］．北京：人民交通出版社，2021.

［6］刘晶波，杜修力．结构动力学 ［M］．北京：机械工业出版社，2021.

［7］卞晓兵，黄广炎，王芳．ANSYS/Workbench 显式动力学数值仿真 ［M］．北京：化学工业出版社，2023.

［8］纳什，郭长铭．静力学与材料力学 ［M］．北京：科学出版社，2002.